普通高等学校“十三五”规划教材

线 性 代 数

主　编　谭琼华
主　审　欧阳自根

北京大学出版社
PEKING UNIVERSITY PRESS

内容简介

本书系统地介绍了线性代数的基本理论和方法，层次清晰、论证严谨、联系实际、例题丰富.内容包括行列式、矩阵、向量空间、线性方程组、矩阵的对角化、二次型、线性空间与线性变换等，并配有适量习题供读者练习，书后还给出了部分习题参考答案.

本书可作为高等院校理工、经管等专业的教材及教学参考书，也可供读者自学及有关科技人员参考.

总　序

数学是人一生中学得最多的一门功课.中小学里就已开设了很多数学课程,涉及算术、平面几何、三角、代数、立体几何、解析几何等众多科目,看起来洋洋大观、琳琅满目,但均属于初等数学的范畴,实际上只能用来解决一些相对简单的问题,面对现实世界中一些复杂的情况则往往无能为力.正因为如此,在大学学习阶段,专攻数学专业的学生不必说了,就是广大非数学专业的大学生,也都必须选学一些数学基础课程,花相当多的时间和精力学习高等数学,这就对非数学专业的大学数学基础教材提出了迫切的需求.

这些年来,各种大学数学基础教材已经林林总总地出版了许多,但平心而论,除少数精品以外,大多均偏于雷同,难以使人满意.而学习数学这门学科,关键又在理解与熟练,同一类型的教材只需精读一本好的就足够了.这样,精选并推出一些优秀的大学数学基础教材,就理所当然地成为编辑出版这一丛书的宗旨.

大学数学基础课程的名目并不多,所涵盖的内容又大体上相似,但教材的编写不仅仅是材料的堆积和梳理,更体现编写者的教学思想和理念.同一门课程,应该鼓励有不同风格的教材来诠释和体现;针对不同程度的教学对象,也应该有不同层次的教材来使用和适应.特别是,大学非数学专业是一个相当广泛的概念,对分属工程类、财经管理类、医药类、农林类、社科类,甚至文史类的众多大学生,不分青红皂白,一刀切地采用统一的数学教材进行教学,很难密切联系有关专业的实际,很难充分针对有关专业的迫切需要和特殊要求,是不值得提倡的.相反,通过教材编写者和相应专业工作者的密切结合和协作,针对该专业的特点编写出来的教材,才能特色鲜明、有血有肉,才能深受欢迎,并产生重要而深远的影响.这是专业类大学数学基础教材应有的定位和标准,也是大家的迫切期望,但却是当前明显的短板,因而使我们对这套丛书可以大有作为有了足够的信心和依据.

说得更远一些，我们一些教师往往把数学看成是定义、公式、定理及证明的堆积，千方百计地要把这些知识灌输到学生头脑中去，但却忘记了有关数学最根本的三件事：一是数学知识的来龙去脉——从哪儿来，又可以到哪儿去. 割断数学与生动活泼的现实世界的血肉联系，学生就不会有学习数学持续的积极性. 二是数学的精神实质和思想方法. 只讲知识，不讲精神，只讲技巧，不讲思想，学生就不可能学到数学的精髓，不能对数学有真正的领悟. 三是数学的人文内涵. 数学在人类认识世界和改造世界的过程中起着关键的、不可代替的作用，是人类文明的坚实基础和重要支柱. 不自觉地接受数学文化的熏陶，是不可能真正走近数学、了解数学、领悟数学并热爱数学的. 在数学教学中抓住了上面这三点，就抓住了数学的灵魂，学生对数学的学习就一定会更有成效. 但客观地说，现有的大学数学基础教材，能够真正体现这三方面要求的，恐怕为数不多. 这一现实为大学数学基础教材的编写提供了广阔的发展空间，很多探索有待进行，很多经验有待总结，可以说是任重而道远. 从这个意义上说，由北京大学出版社推出的这套“新经度”大学数学丛书实际上已经为一批有特色、高品质的大学数学基础教材的面世搭建了一个很好的平台，特别值得称道，也相信一定会得到各方面广泛而有力的支持.

特为之序.

李大潜

2015 年 1 月 28 日

李大潜先生简介

前　言

线性代数是研究矩阵理论以及与矩阵相结合的有限维向量空间与其线性变换理论的一门学科，是其他数学分支的基础，在力学、物理和其他技术学科中有许多重要的应用，一直以来是理工科各专业的重要基础课. 线性代数的理论是计算技术的基础. 随着科学技术的发展和计算机的普及，线性代数知识在更多的领域得到应用，因此，线性代数已成为许多专业(不仅仅是理工科)的大学生必修的一门基础课. 不仅如此，该学科所蕴含的数学公理化方法、严谨的逻辑推证、发现问题解决问题的数学方法等，对于培养学生的数学思维、科学素养有着重要意义.

本书的编写力求体系严谨、编排合理，并展现蕴含在线性代数中的数学思想方法. 全书从解线性方程组引入，以矩阵理论为主线对整个教学内容进行编排：第一章介绍行列式与克拉默法则；第二章介绍矩阵基本理论与线性方程组的矩阵解法；第三章介绍 n 维向量及向量空间与线性方程组解空间；第四章介绍方阵的特征值与特征向量，以及矩阵的对角化；第五章介绍二次型；第六章介绍线性空间与线性变换的基础知识.

本书编写过程中，所在院校的老师提出了许多宝贵的修改意见，欧阳自根教授认真审阅了此书. 北京大学出版社的编辑们为本书的出版付出了辛勤努力. 赵子平编辑了学习资源，魏楠、苏娟提供了版式和装帧设计方案. 在此一并表示感谢.

由于编者水平有限，书中不妥之处在所难免，恳请同行和读者批评指正.

编　者

目 录

第一章 行列式

解方程是代数学的基本问题之一. 中学阶段,我们学习了一元一次方程、二元一次方程组和三元一次方程组,现阶段,我们将在线性代数学习中研究更一般的多元一次方程组(即线性方程组). 为了解决这一问题,我们需要引进新的数学工具和方法. 本章,我们将引入行列式来求解线性方程组,首先研究行列式的性质及计算,然后介绍线性方程组的行列式解法——克拉默(Cramer)法则.

第一节 行列式的概念

一、行列式的起源

1. *二元一次方程组与二阶行列式*

对于二元一次方程组

$$\begin{cases} a_{11}x_1 + a_{12}x_2 = b_1, \\ a_{21}x_1 + a_{22}x_2 = b_2, \end{cases} \tag{1.1.1}$$

由消元法易知,当 $a_{11}a_{22} - a_{12}a_{21} \neq 0$ 时,其解为

$$x_1 = \frac{b_1a_{22} - b_2a_{12}}{a_{11}a_{22} - a_{12}a_{21}}, \quad x_2 = \frac{a_{11}b_2 - a_{21}b_1}{a_{11}a_{22} - a_{12}a_{21}}. \tag{1.1.2}$$

于是,在方程组有解的条件下,我们得到了一个二元一次方程组的解的公式. 然而,此公式形式繁杂,不便记忆,实用性不强. 经过进一步观察发现,公式(1.1.2)的分母相同,且仅由方程组(1.1.1)的系数确定,把它们按照在方程组中的位置顺序排列成如下数表

$$\begin{matrix} a_{11} & a_{12} \\ a_{21} & a_{22} \end{matrix}$$

发现，公式(1.1.2)的分母恰好等于上数表中两对角线上两数乘积的代数和，于是，我们记

$$\begin{vmatrix} a_{11} & a_{12} \\ a_{21} & a_{22} \end{vmatrix} = a_{11}a_{22} - a_{12}a_{21}. \tag{1.1.3}$$

称 $\begin{vmatrix} a_{11} & a_{12} \\ a_{21} & a_{22} \end{vmatrix}$ 为二阶行列式，通常用符号 D 表示，其中数 a_{ij} $(i=1,2;j=1,2)$ 称为二阶行列式的元素，下标 i 表示元素 a_{ij} 所在的行的位置，称为行标，j 称为列标.

二阶行列式表示对其中 4 个元素按公式(1.1.3)进行运算，该定义可以利用如下对角线法则帮助记忆：

$$\begin{vmatrix} a_{11} & a_{12} \\ a_{21} & a_{22} \end{vmatrix} = a_{11}a_{22} - a_{12}a_{21},$$

即二阶行列式是两项的代数和，第一项是主对角线(实线)上两元素的乘积，并取正号，第二项是副对角线(虚线)上两元素的乘积，取负号. 于是，对数学研究和应用带来极大便利的数学工具——行列式便由此创立了.

由定义式(1.1.3)，我们可以把公式(1.1.2)的分子用行列式表示为

$$D_1 = \begin{vmatrix} b_1 & a_{12} \\ b_2 & a_{22} \end{vmatrix} = b_1a_{22} - a_{12}b_2,$$

$$D_2 = \begin{vmatrix} a_{11} & b_1 \\ a_{21} & b_2 \end{vmatrix} = a_{11}b_2 - b_1a_{21}.$$

于是当 $D \neq 0$ 时，方程组(1.1.1)的解公式(1.1.2)简化为

$$x_1 = \frac{D_1}{D}, \quad x_2 = \frac{D_2}{D}. \tag{1.1.4}$$

例 1 解方程组

$$\begin{cases} 2x_1 + 3x_2 = 8, \\ x_1 - 2x_2 = -3. \end{cases}$$

解 计算二阶行列式

$$D = \begin{vmatrix} 2 & 3 \\ 1 & -2 \end{vmatrix} = 2\times(-2) - 3\times 1 = -7 \neq 0,$$

$$D_1 = \begin{vmatrix} 8 & 3 \\ -3 & -2 \end{vmatrix} = 8\times(-2) - 3\times(-3) = -7,$$

$$D_2=\begin{vmatrix}2 & 8\\1 & -3\end{vmatrix}=2\times(-3)-8\times 1=-14.$$

所以方程组的解为

$$x_1=\frac{D_1}{D}=\frac{-7}{-7}=1,\quad x_2=\frac{D_2}{D}=\frac{-14}{-7}=2.$$

2. 三元线性方程组与三阶行列式

类似地,对于三元线性方程组

$$\begin{cases}a_{11}x_1+a_{12}x_2+a_{13}x_3=b_1,\\a_{21}x_1+a_{22}x_2+a_{23}x_3=b_2,\\a_{31}x_1+a_{32}x_2+a_{33}x_3=b_3,\end{cases}\tag{1.1.5}$$

令

$$D=\begin{vmatrix}a_{11} & a_{12} & a_{13}\\a_{21} & a_{22} & a_{23}\\a_{31} & a_{32} & a_{33}\end{vmatrix}=a_{11}a_{22}a_{33}+a_{12}a_{23}a_{31}+a_{13}a_{21}a_{32}$$
$$-a_{13}a_{22}a_{31}-a_{12}a_{21}a_{33}-a_{11}a_{23}a_{32},\tag{1.1.6}$$

并称 D 为三阶行列式.

三阶行列式是对其中 9 个元素进行运算,这种运算可以用如下对角线法则帮助记忆:

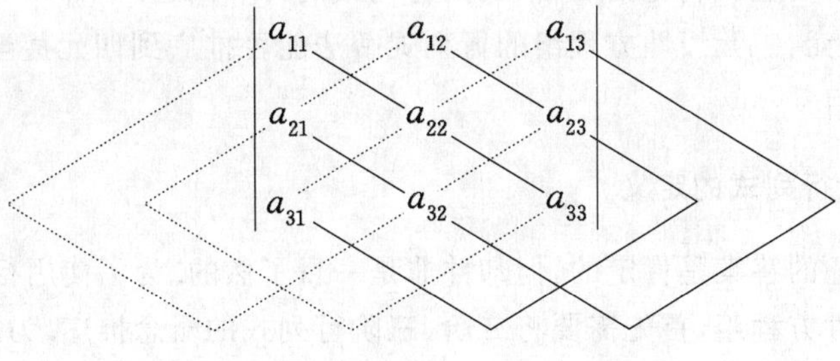

利用三阶行列式的定义,可得方程组(1.1.5)的解公式.当 $D\neq 0$ 时,方程组有唯一解

$$x_1=\frac{D_1}{D},\quad x_2=\frac{D_2}{D},\quad x_3=\frac{D_3}{D},\tag{1.1.7}$$

其中,$D_i(i=1,2,3)$ 表示 D 中第 i 列用常数项替换后所得的行列式.

例 2 求解三元线性方程组

$$\begin{cases}3x_1+x_2+x_3=8,\\x_1+x_2+x_3=6,\\x_1+2x_2+x_3=8.\end{cases}$$

解 计算行列式

$$D=\begin{vmatrix}3&1&1\\1&1&1\\1&2&1\end{vmatrix}=3\times1\times1+1\times1\times1+1\times2\times1$$

$$-1\times1\times1-1\times2\times3-1\times1\times1=-2\neq0.$$

类似可得

$$D_1=\begin{vmatrix}8&1&1\\6&1&1\\8&2&1\end{vmatrix}=-2,\quad D_2=\begin{vmatrix}3&8&1\\1&6&1\\1&8&1\end{vmatrix}=-4,$$

$$D_3=\begin{vmatrix}3&1&8\\1&1&6\\1&2&8\end{vmatrix}=-6.$$

因此,方程组的解为

$$x_1=\frac{D_1}{D}=\frac{-2}{-2}=1,\quad x_2=\frac{D_2}{D}=\frac{-4}{-2}=2,$$

$$x_3=\frac{D_3}{D}=\frac{-6}{-2}=3$$

由此可见,当我们引入行列式这一数学工具后,二元线性方程组、三元线性方程组的求解问题就转化为二阶、三阶行列式的计算问题.

问题:二元、三元线性方程组的行列式解法能否推广到四元甚至更一般的 n 元线性方程组?

二、n 阶行列式的定义

以上问题的答案是肯定的,但却并非是一目了然的.为了使用行列式求解一般的 n 元线性方程组,首先需要将二阶、三阶行列式的概念推广.为此,我们先介绍全排列及其逆序数的有关知识.

1. 全排列及其逆序数

把 n 个不同元素按某种次序排成一列,称为 n 个元素的一个全排列(或称 n 级全排列),简称全排列.n 个元素的全排列个数为 $n!$.在行列式的研究中,我们约定 n 个元素为 $1,2,\cdots,n$,此时,一个 n 级全排列即为由数字 $1,2,\cdots,n$ 组成的一个有序数组.例如,32514 是一个 5 级全排列,2413 是一个 4 级全排列.

规定,按 $123\cdots n$ 顺序的全排列称为自然排列或标准次序.在 n 个数的一个全排列中,若其中两个数的先后次序与标准次序不同,则称这两个数构成一个逆序.一个排列中所有逆序的总数称为该排列的逆序数.排列 $p_1p_2\cdots p_n$ 的逆序数记为$\tau(p_1p_2\cdots p_n)$. 例如，在排列 32514 中，3 和 2 构成一个逆序，3 和 1 也构成一个逆序，同样，21，51，54 都是逆序，所以 32514 的逆序数为 5，即 $\tau(32514)=5$.

我们以排列 32514 为例说明计算一个排列的逆序数的方法.

方法一：对于一个排列，按照从左至右的顺序，计算每个位置上数字的逆序数(观察该数字前面比它大的数字个数)，然后求和.

排列：	3	2	5	1	4
	⋮	⋮	⋮	⋮	⋮
对应的逆序数：	0	1	0	3	1

所以

$$\tau(32514)=0+1+0+3+1=5.$$

方法二：按数字从小到大的顺序计算每个数的逆序数，然后求和. 如上例中的排列 32514，1 的逆序数为 3，2 的逆序数为 1，3 的逆序数为 0，4 的逆序数为 1，5 的逆序数为 0，所以

$$\tau(32514)=3+1+0+1+0=5.$$

例 3　计算下列各排列的逆序数：

(1) 42531；　(2) 45231；　(3) $135\cdots(2n-1)246\cdots(2n)$.

解　(1) 对于排列 42531，4 在首位，前面没有比它大的数，故逆序数为 0；2 的前面有一个比它大的数，逆序数为 1；5 的前面没有比它的数，逆序数为 0；3 的前面有两个比它大的数，逆序数为 2；1 的前面有 4 个比它大的数，逆序数为 4. 因此

$$\tau(42531)=0+1+0+2+4=7.$$

(2) 同理可得

$$\tau(45231)=0+0+2+2+4=8.$$

(3) $$\tau[135\cdots(2n-1)246\cdots(2n)]=0+(n-1)+(n-2)+\cdots+2+1+0=\frac{n(n-1)}{2}.$$

逆序数为奇数的排列叫作奇排列，逆序数为偶数的排列叫作偶排列. 例如，排列 42531 是奇排列，排列 45231 是偶排列.

在一个排列中，任意两个元素对调，其余元素不动，而得到一个新排列的方法叫作对换. 将相邻的两个元素对换叫作相邻对换，例如，排列 42531 经过相邻对换得到排列 45231.

定理 1.1.1　一个排列中任意两个元素对换，排列的奇偶性改变.

2. n 阶行列式的定义

有了前面的准备工作，现在我们可以将二阶、三阶行列式推广到更为一般的 n 阶行列式. 二阶、三阶行列式可以按对角线法则进行运算，但对角线法则不能

推广到四阶以上的行列式，因此，我们首先研究二阶、三阶行列式的结构.

(1) 二阶行列式

$$\begin{vmatrix} a_{11} & a_{12} \\ a_{21} & a_{22} \end{vmatrix} = a_{11}a_{22} - a_{12}a_{21}.$$

(Ⅰ) 二阶行列式是两项的代数和；

(Ⅱ) 每一项是位于不同行、列的两个元素的积；

(Ⅲ) 各项的符号，当行标按标准次序排列时，由列标排列的逆序数确定.

(2) 三阶行列式

$$\begin{vmatrix} a_{11} & a_{12} & a_{13} \\ a_{21} & a_{22} & a_{23} \\ a_{31} & a_{32} & a_{33} \end{vmatrix} = a_{11}a_{22}a_{33} + a_{12}a_{23}a_{31} + a_{13}a_{21}a_{32}$$

$$- a_{13}a_{22}a_{31} - a_{12}a_{21}a_{33} - a_{11}a_{23}a_{32}.$$

(Ⅰ) 三阶行列式是 6 项的代数和；

(Ⅱ) 每一项是位于不同行、列的 3 个元素的积；

(Ⅲ) 各项的符号，当行标按标准次序排列时，由列标排列的逆序数确定，即 $a_{1p_1}a_{2p_2}a_{3p_3}$ 的符号为 $(-1)^{\tau(p_1p_2p_3)}$.

因此，三阶行列式可表示为

$$\begin{vmatrix} a_{11} & a_{12} & a_{13} \\ a_{21} & a_{22} & a_{23} \\ a_{31} & a_{32} & a_{33} \end{vmatrix} = \sum_{p_1p_2p_3} (-1)^{\tau(p_1p_2p_3)} a_{1p_1}a_{2p_2}a_{3p_3}.$$

由此推广可得 n 阶行列式的定义.

定义 1.1.1 n 阶行列式

$$\begin{vmatrix} a_{11} & a_{12} & \cdots & a_{1n} \\ a_{21} & a_{22} & \cdots & a_{2n} \\ \vdots & \vdots & & \vdots \\ a_{n1} & a_{n2} & \cdots & a_{nn} \end{vmatrix}$$

等于所有取自不同行、不同列的元素的乘积 $a_{1j_1}a_{2j_2}\cdots a_{nj_n}$ 的代数和，其中 $j_1j_2\cdots j_n$ 是 $1,2,\cdots,n$ 的一个排列，该项的符号为 $(-1)^{\tau(j_1j_2\cdots j_n)}$，即

$$\begin{vmatrix} a_{11} & a_{12} & \cdots & a_{1n} \\ a_{21} & a_{22} & \cdots & a_{2n} \\ \vdots & \vdots & & \vdots \\ a_{n1} & a_{n2} & \cdots & a_{nn} \end{vmatrix} = \sum_{j_1j_2\cdots j_n} (-1)^{\tau(j_1j_2\cdots j_n)} a_{1j_1}a_{2j_2}\cdots a_{nj_n}.$$

由定义可知，n 阶行列式共有 $n!$ 项. n 阶行列式是对上表中 n^2 个数进行运

算,运算法则由以上定义确定.

在以上定义中,为了便于确定行列式各项的符号,我们将行标自然排列,那么,我们是否可以将列标排成自然排列,或将行标和列标都任意排列呢?答案是肯定的.

由定理1.1.1可得 n 阶行列式的另外两种表示:

定义 1.1.2

$$D=\begin{vmatrix} a_{11} & a_{12} & \cdots & a_{1n} \\ a_{21} & a_{22} & \cdots & a_{2n} \\ \vdots & \vdots & & \vdots \\ a_{n1} & a_{n2} & \cdots & a_{nn} \end{vmatrix}=\sum_{i_1i_2\cdots i_n}(-1)^{\tau(i_1i_2\cdots i_n)}a_{i_11}a_{i_22}\cdots a_{i_nn}.$$

定义 1.1.3

$$D=\begin{vmatrix} a_{11} & a_{12} & \cdots & a_{1n} \\ a_{21} & a_{22} & \cdots & a_{2n} \\ \vdots & \vdots & & \vdots \\ a_{n1} & a_{n2} & \cdots & a_{nn} \end{vmatrix}=\sum(-1)^{\tau(i_1i_2\cdots i_n)+\tau(j_1j_2\cdots j_n)}a_{i_1j_1}a_{i_2j_2}\cdots a_{i_nj_n}.$$

特别地,当 $n=1$ 时,一阶行列式 $|a|=a$,此时应注意与绝对值符号区别.

例 4 按定义计算下三角行列式

$$\begin{vmatrix} a_{11} & 0 & 0 & \cdots & 0 \\ a_{21} & a_{22} & 0 & \cdots & 0 \\ a_{31} & a_{32} & a_{33} & \cdots & 0 \\ \vdots & \vdots & \vdots & & \vdots \\ a_{n1} & a_{n2} & a_{n3} & \cdots & a_{nn} \end{vmatrix}.$$

解 由 n 阶行列式的定义知,行列式的值为

$$\sum_{j_1j_2\cdots j_n}(-1)^{\tau(j_1j_2\cdots j_n)}a_{1j_1}a_{2j_2}\cdots a_{nj_n},$$

只需对和式中的非零项求和即可.于是在 $a_{1j_1}a_{2j_2}\cdots a_{nj_n}$ 中,第一个数只能取 a_{11},由定义第二个数 a_{2j_2} 只能取 a_{22},以此类推,第 n 个数 a_{nj_n} 只能取 a_{nn}.因此,非零项仅有一项 $a_{11}a_{22}\cdots a_{nn}$,其符号为 $(-1)^{\tau(12\cdots n)}=1$.所以

$$\begin{vmatrix} a_{11} & 0 & 0 & \cdots & 0 \\ a_{21} & a_{22} & 0 & \cdots & 0 \\ a_{31} & a_{32} & a_{33} & \cdots & 0 \\ \vdots & \vdots & \vdots & & \vdots \\ a_{n1} & a_{n2} & a_{n3} & \cdots & a_{nn} \end{vmatrix}=a_{11}a_{22}\cdots a_{nn}.$$

类似可得,上三角行列式

$$\begin{vmatrix} a_{11} & a_{12} & a_{13} & \cdots & a_{1n} \\ 0 & a_{22} & a_{23} & \cdots & a_{2n} \\ 0 & 0 & a_{33} & \cdots & a_{3n} \\ \vdots & \vdots & \vdots & & \vdots \\ 0 & 0 & 0 & \cdots & a_{nn} \end{vmatrix} = a_{11}a_{22}\cdots a_{nn};$$

对角行列式

$$\begin{vmatrix} a_{11} & 0 & 0 & \cdots & 0 \\ 0 & a_{22} & 0 & \cdots & 0 \\ 0 & 0 & a_{33} & \cdots & 0 \\ \vdots & \vdots & \vdots & & \vdots \\ 0 & 0 & 0 & \cdots & a_{nn} \end{vmatrix} = a_{11}a_{22}\cdots a_{nn}.$$

练习 1.1

1. 填空题：

(1) 排列 4123 的逆序数为________.

(2) 排列 $13\cdots(2n-1)24\cdots(2n)$ 的逆序数为________.

(3) 排列 $13\cdots(2n-1)(2n)(2n-2)\cdots42$ 的逆序数为________.

(4) 要使 6 级排列 $4i2j51$ 为奇排列，则 $i=$ ________, $j=$ ________.

(5) 已知排列 $a_1a_2a_3\cdots a_n$ 的逆序数为 k，那么排列 $a_na_{n-1}\cdots a_2a_1$ 的逆序数为________.

(6) 四阶行列式中带负号且包含因子 a_{12} 和 a_{21} 的项为________.

(7) 如果 n 阶行列式中等于零的元素个数大于 n^2-n，那么此行列式的值为________.

(8) 在函数 $f(x)=\begin{vmatrix} 2x & x & -1 \\ -x & -x & x \\ 1 & 2 & x \end{vmatrix}$ 中，x^3 的系数是________.

2. 用对角线法则计算下列行列式：

(1) $\begin{vmatrix} 2 & 1 \\ -1 & 2 \end{vmatrix}$;　　(2) $\begin{vmatrix} x-1 & 1 \\ x^2 & x^2+x+1 \end{vmatrix}$;

(3) $\begin{vmatrix} a & b \\ a^2 & b^2 \end{vmatrix}$;　　(4) $\begin{vmatrix} 1 & 1 & 1 \\ 3 & 1 & 4 \\ 8 & 9 & 5 \end{vmatrix}$;

(5) $\begin{vmatrix} 0 & a & 0 \\ b & 0 & c \\ 0 & d & 0 \end{vmatrix}$;　　(6) $\begin{vmatrix} 1 & 2 & 3 \\ 3 & 1 & 2 \\ 2 & 3 & 1 \end{vmatrix}$.

3. 用行列式的定义计算下列行列式：

(1) $D_3 = \begin{vmatrix} 5 & 0 & 0 \\ 0 & 4 & 3 \\ 0 & 2 & 1 \end{vmatrix}$；　　(2) $D_n = \begin{vmatrix} 0 & 0 & \cdots & 0 & 1 \\ 0 & 0 & \cdots & 2 & 0 \\ \vdots & \vdots & & \vdots & \vdots \\ 0 & n-1 & \cdots & 0 & 0 \\ n & 0 & \cdots & 0 & 0 \end{vmatrix}$；

(3) $D_4 = \begin{vmatrix} 1 & -1 & 0 & 0 \\ 1 & 1 & 0 & 0 \\ 0 & 0 & 2 & 1 \\ 0 & 0 & -1 & 2 \end{vmatrix}$；　　(4) $D_5 = \begin{vmatrix} 0 & 1 & 0 & 0 & 0 \\ 0 & 0 & 2 & 0 & 0 \\ 0 & 0 & 0 & 3 & 0 \\ 0 & 0 & 0 & 0 & 4 \\ 5 & 0 & 0 & 0 & 0 \end{vmatrix}$.

第二节　行列式的性质

除特殊情况外，利用行列式的定义计算行列式运算量很大. 为了简化运算，下面我们研究行列式的基本性质.

设

$$D = \begin{vmatrix} a_{11} & a_{12} & \cdots & a_{1n} \\ a_{21} & a_{22} & \cdots & a_{2n} \\ \vdots & \vdots & & \vdots \\ a_{n1} & a_{n2} & \cdots & a_{nn} \end{vmatrix},$$

将 D 的行、列互换，得到的新行列式，叫作 D 的转置行列式，记为 D^{T}，即

$$D^{\mathrm{T}} = \begin{vmatrix} a_{11} & a_{21} & \cdots & a_{n1} \\ a_{12} & a_{22} & \cdots & a_{n2} \\ \vdots & \vdots & & \vdots \\ a_{1n} & a_{2n} & \cdots & a_{nn} \end{vmatrix}.$$

显然 $(D^{\mathrm{T}})^{\mathrm{T}} = D$.

性质 1　行列式与它的转置行列式相等，即 $D = D^{\mathrm{T}}$.

证明　由行列式定义的不同表示法立即可得.

该性质表明，在行列式中行与列的地位相同，所有关于行的性质对列同样成立，反之亦然.

性质 2　交换行列式的两行(列)，行列式的值改变符号.

证明　设行列式

$$D=\begin{vmatrix} a_{11} & a_{12} & \cdots & a_{1n} \\ \vdots & \vdots & & \vdots \\ a_{i1} & a_{i2} & \cdots & a_{in} \\ \vdots & \vdots & & \vdots \\ a_{j1} & a_{j2} & \cdots & a_{jn} \\ \vdots & \vdots & & \vdots \\ a_{n1} & a_{n2} & \cdots & a_{nn} \end{vmatrix},$$

将 D 的第 i 行,第 j 行交换,得行列式

$$D_1=\begin{vmatrix} a_{11} & a_{12} & \cdots & a_{1n} \\ \vdots & \vdots & & \vdots \\ a_{j1} & a_{j2} & \cdots & a_{jn} \\ \vdots & \vdots & & \vdots \\ a_{i1} & a_{i2} & \cdots & a_{in} \\ \vdots & \vdots & & \vdots \\ a_{n1} & a_{n2} & \cdots & a_{nn} \end{vmatrix}.$$

由行列式定义,得

$$\begin{aligned} D &= \sum(-1)^{\tau(p_1\cdots p_i\cdots p_j\cdots p_n)}a_{1p_1}\cdots a_{ip_i}\cdots a_{jp_j}\cdots a_{np_n}, \\ D_1 &= \sum(-1)^{\tau(p_1\cdots p_j\cdots p_i\cdots p_n)}a_{1p_1}\cdots a_{jp_j}\cdots a_{ip_i}\cdots a_{np_n} \\ &= \sum(-1)(-1)^{\tau(p_1\cdots p_i\cdots p_j\cdots p_n)}a_{1p_1}\cdots a_{ip_i}\cdots a_{jp_j}\cdots a_{np_n} \\ &= -\sum(-1)^{\tau(p_1\cdots p_i\cdots p_j\cdots p_n)}a_{1p_1}\cdots a_{ip_i}\cdots a_{jp_j}\cdots a_{np_n} \\ &= -D. \end{aligned}$$

推论 1 若行列式有两行(列)的元素完全相同,则此行列式为零.

性质 3 把行列式中某一行(列)的所有元素都乘以数 k,等于用数 k 乘以整个行列式,即

$$\begin{vmatrix} a_{11} & a_{12} & \cdots & a_{1n} \\ \vdots & \vdots & & \vdots \\ ka_{i1} & ka_{i2} & \cdots & ka_{in} \\ \vdots & \vdots & & \vdots \\ a_{n1} & a_{n2} & \cdots & a_{nn} \end{vmatrix} = k\begin{vmatrix} a_{11} & a_{12} & \cdots & a_{1n} \\ \vdots & \vdots & & \vdots \\ a_{i1} & a_{i2} & \cdots & a_{in} \\ \vdots & \vdots & & \vdots \\ a_{n1} & a_{n2} & \cdots & a_{nn} \end{vmatrix}.$$

推论 2 行列式某一行(列)的所有元素的公因子可以提到行列式符号的外面.

推论 3 行列式的某一行(列)的元素全为 0,则行列式的值为 0.

由推论 2 和推论 1 立即可得：

性质 4 若行列式中有两行(列)的元素成比例,则行列式的值为零.

性质 5 行列式的某一行(列)的元素都是两数之和,那么该行列式可以表示为两个行列式之和,即

$$\begin{vmatrix} a_{11} & a_{12} & \cdots & a_{1n} \\ \vdots & \vdots & & \vdots \\ a_{i1}+a'_{i1} & a_{i2}+a'_{i2} & \cdots & a_{in}+a'_{in} \\ \vdots & \vdots & & \vdots \\ a_{n1} & a_{n2} & \cdots & a_{nn} \end{vmatrix}$$

$$= \begin{vmatrix} a_{11} & a_{12} & \cdots & a_{1n} \\ \vdots & \vdots & & \vdots \\ a_{i1} & a_{i2} & \cdots & a_{in} \\ \vdots & \vdots & & \vdots \\ a_{n1} & a_{n2} & \cdots & a_{nn} \end{vmatrix} + \begin{vmatrix} a_{11} & a_{12} & \cdots & a_{1n} \\ \vdots & \vdots & & \vdots \\ a'_{i1} & a'_{i2} & \cdots & a'_{in} \\ \vdots & \vdots & & \vdots \\ a_{n1} & a_{n2} & \cdots & a_{nn} \end{vmatrix}.$$

证明 利用行列式定义(略).

由性质 5、性质 4 立即可得性质 6.

性质 6 行列式的某一行(列)的元素乘以数 k 加到另一行(列)对应的元素上,行列式的值不变,即

$$\begin{vmatrix} a_{11} & a_{12} & \cdots & a_{1n} \\ \vdots & \vdots & & \vdots \\ a_{i1} & a_{i2} & \cdots & a_{in} \\ \vdots & \vdots & & \vdots \\ a_{j1}+ka_{i1} & a_{j2}+ka_{i2} & \cdots & a_{jn}+ka_{in} \\ \vdots & \vdots & & \vdots \\ a_{n1} & a_{n2} & \cdots & a_{nn} \end{vmatrix} = \begin{vmatrix} a_{11} & a_{12} & \cdots & a_{1n} \\ \vdots & \vdots & & \vdots \\ a_{i1} & a_{i2} & \cdots & a_{in} \\ \vdots & \vdots & & \vdots \\ a_{j1} & a_{j2} & \cdots & a_{jn} \\ \vdots & \vdots & & \vdots \\ a_{n1} & a_{n2} & \cdots & a_{nn} \end{vmatrix}.$$

例 1 利用行列式性质计算下列行列式：

(1) $\begin{vmatrix} 2 & -5 & 1 & 2 \\ -3 & 7 & -1 & 4 \\ 5 & -9 & 2 & 7 \\ 4 & -6 & 1 & 2 \end{vmatrix}$； (2) $\begin{vmatrix} a & b & b & b \\ b & a & b & b \\ b & b & a & b \\ b & b & b & a \end{vmatrix}$；

(3) $\begin{vmatrix} 1 & 1 & \cdots & 1 \\ 1 & 2 & & 0 \\ \vdots & & \ddots & \\ 1 & 0 & & n \end{vmatrix}$.

解 (1) $\begin{vmatrix} 2 & -5 & 1 & 2 \\ -3 & 7 & -1 & 4 \\ 5 & -9 & 2 & 7 \\ 4 & -6 & 1 & 2 \end{vmatrix} \xlongequal{c_1 \leftrightarrow c_3} -\begin{vmatrix} 1 & -5 & 2 & 2 \\ -1 & 7 & -3 & 4 \\ 2 & -9 & 5 & 7 \\ 1 & -6 & 4 & 2 \end{vmatrix}$

$$\xlongequal[\substack{r_3-2r_1 \\ r_4-r_1}]{r_2+r_1} -\begin{vmatrix} 1 & -5 & 2 & 2 \\ 0 & 2 & -1 & 6 \\ 0 & 1 & 1 & 3 \\ 0 & -1 & 2 & 0 \end{vmatrix} \xlongequal{r_2 \leftrightarrow r_3} \begin{vmatrix} 1 & -5 & 2 & 2 \\ 0 & 1 & 1 & 3 \\ 0 & 2 & -1 & 6 \\ 0 & -1 & 2 & 0 \end{vmatrix}$$

$$\xlongequal[r_4+r_2]{r_3-2r_2} \begin{vmatrix} 1 & -5 & 2 & 2 \\ 0 & 1 & 1 & 3 \\ 0 & 0 & -3 & 0 \\ 0 & 0 & 3 & 3 \end{vmatrix} \xlongequal{r_4+r_3} \begin{vmatrix} 1 & -5 & 2 & 2 \\ 0 & 1 & 1 & 3 \\ 0 & 0 & -3 & 0 \\ 0 & 0 & 0 & 3 \end{vmatrix}$$

$$= -9.$$

(注:r_i 表示第 i 行,c_j 表示第 j 列)

(2) 原行列式 $\xlongequal{r_1+r_2+r_3+r_4} \begin{vmatrix} a+3b & a+3b & a+3b & a+3b \\ b & a & b & b \\ b & b & a & b \\ b & b & b & a \end{vmatrix}$

$$= (a+3b)\begin{vmatrix} 1 & 1 & 1 & 1 \\ b & a & b & b \\ b & b & a & b \\ b & b & b & a \end{vmatrix}$$

$$\xlongequal[\substack{r_3-br_1 \\ r_4-br_1}]{r_2-br_1} (a+3b)\begin{vmatrix} 1 & 1 & 1 & 1 \\ 0 & a-b & 0 & 0 \\ 0 & 0 & a-b & 0 \\ 0 & 0 & 0 & a-b \end{vmatrix}$$

$$= (a+3b)(a-b)^3.$$

(3) 原行列式 $\xlongequal[j=2,3,\cdots,n]{c_1-\frac{1}{j}c_j} \begin{vmatrix} 1-\sum\limits_{j=2}^{n}\frac{1}{j} & 1 & \cdots & 1 \\ 0 & 2 & \cdots & 0 \\ \vdots & \vdots & & \vdots \\ 0 & 0 & \cdots & n \end{vmatrix}$

$$= \left(1-\sum_{j=2}^{n}\frac{1}{j}\right)\cdot 2\cdot 3\cdot \cdots \cdot n$$
$$= \left(1-\sum_{j=2}^{n}\frac{1}{j}\right)n!.$$

练习 1.2

1. 填空题：

(1) 三阶行列式 $D_3=\begin{vmatrix} a_{11} & 2a_{12} & 3a_{13} \\ 2a_{21} & 4a_{22} & 6a_{23} \\ 3a_{31} & 6a_{32} & 9a_{33}\end{vmatrix}=6$，则 $D=\begin{vmatrix} a_{11} & a_{12} & a_{13} \\ a_{21} & a_{22} & a_{23} \\ a_{31} & a_{32} & a_{33}\end{vmatrix}=$ ______.

(2) 若 n 阶行列式 $\det(a_{ij})=2$，则 n 阶行列式 $\det(-a_{ij})=$ ______.

2. 计算下列行列式：

(1) $D_4=\begin{vmatrix} 1 & 2 & 3 & 4 \\ 2 & 3 & 4 & 1 \\ 3 & 4 & 1 & 2 \\ 4 & 1 & 2 & 3\end{vmatrix}$； (2) $D_3=\begin{vmatrix} 1+a & 1 & 1 \\ 1 & 1+b & 1 \\ 1 & 1 & 1+c\end{vmatrix}$ $(abc\neq 0)$.

3. 计算 n 阶行列式

$$D_n=\begin{vmatrix} x+a_1 & a_2 & a_3 & \cdots & a_n \\ a_1 & x+a_2 & a_3 & \cdots & a_n \\ a_1 & a_2 & x+a_3 & \cdots & a_n \\ \vdots & \vdots & \vdots & & \vdots \\ a_1 & a_2 & a_3 & \cdots & x+a_n\end{vmatrix}.$$

4. 若函数 $f(x)=\begin{vmatrix} x & 2 & 2 & 2 \\ 2 & x & 2 & 2 \\ 2 & 2 & x & 2 \\ 2 & 2 & 2 & x\end{vmatrix}$，求 $f(x)=0$ 的解.

5. 证明题：

(1) 证明 $\begin{vmatrix} b+c & c+a & a+b \\ b_1+c_1 & c_1+a_1 & a_1+b_1 \\ b_2+c_2 & c_2+a_2 & a_2+b_2\end{vmatrix}=2\begin{vmatrix} a & b & c \\ a_1 & b_1 & c_1 \\ a_2 & b_2 & c_2\end{vmatrix}$；

(2) 设函数 $f(x)=\begin{vmatrix} 1 & x-1 & 2x^2-1 \\ 1 & 2x-2 & 3x^2-2 \\ 1 & 4x-3 & 4x^2-3\end{vmatrix}$，证明存在 $\xi\in(0,1)$，使 $f'(\xi)=0$.

第三节　行列式按一行(列)展开

解决数学问题的基本思路是将未知问题转化为已知问题,或将繁杂问题转化为简单问题而求解.在行列式的计算中,我们已知三角行列式的计算,于是可以利用行列式性质将一般行列式化为三角行列式,从而求得所求行列式的值.从另一角度考虑,我们知道二阶行列式的计算非常简单,三阶行列式的计算相对复杂,四阶以上行列式的计算就更加复杂了,一般而言,行列式的阶数越高,计算量越大.于是,我们又想,在行列式计算中能否将高阶行列式化为较低阶的行列式?下面我们来讨论这一问题.为此,我们首先引入余子式和代数余子式概念.

定义 1.3.1　对于 n 阶行列式 D,划掉 a_{ij} 所在的第 i 行和第 j 列的所有元素,余下的元素按原来的排法构成一个 $n-1$ 阶行列式,称为元素 a_{ij} 的余子式,记为 M_{ij}.行列式 $(-1)^{i+j}M_{ij}$ 称为元素 a_{ij} 的代数余子式,记为 A_{ij}.

例如,对三阶行列式

$$\begin{vmatrix} a_{11} & a_{12} & a_{13} \\ a_{21} & a_{22} & a_{23} \\ a_{31} & a_{32} & a_{33} \end{vmatrix},$$

元素 a_{11}, a_{12}, a_{13} 的余子式分别为

$$M_{11}=\begin{vmatrix} a_{22} & a_{23} \\ a_{32} & a_{33} \end{vmatrix},\quad M_{12}=\begin{vmatrix} a_{21} & a_{23} \\ a_{31} & a_{33} \end{vmatrix},\quad M_{13}=\begin{vmatrix} a_{21} & a_{22} \\ a_{31} & a_{32} \end{vmatrix}.$$

它们的代数余子式分别为

$$A_{11}=(-1)^{1+1}M_{11}=\begin{vmatrix} a_{22} & a_{23} \\ a_{32} & a_{33} \end{vmatrix},$$

$$A_{12}=(-1)^{1+2}M_{12}=-\begin{vmatrix} a_{21} & a_{23} \\ a_{31} & a_{33} \end{vmatrix},$$

$$A_{13}=(-1)^{1+3}M_{13}=\begin{vmatrix} a_{21} & a_{22} \\ a_{31} & a_{32} \end{vmatrix}.$$

由三阶行列式的定义得

$$\begin{aligned} D=&\begin{vmatrix} a_{11} & a_{12} & a_{13} \\ a_{21} & a_{22} & a_{23} \\ a_{31} & a_{32} & a_{33} \end{vmatrix} \\ =&a_{11}a_{22}a_{33}+a_{12}a_{23}a_{31}+a_{13}a_{21}a_{32}-a_{11}a_{23}a_{32}-a_{12}a_{21}a_{33}-a_{13}a_{22}a_{31} \\ =&a_{11}(a_{22}a_{33}-a_{23}a_{32})+a_{12}(a_{23}a_{31}-a_{21}a_{33})+a_{13}(a_{21}a_{32}-a_{22}a_{31}) \end{aligned}$$

$$= a_{11}\begin{vmatrix} a_{22} & a_{23} \\ a_{32} & a_{33} \end{vmatrix} - a_{12}\begin{vmatrix} a_{21} & a_{23} \\ a_{31} & a_{33} \end{vmatrix} + a_{13}\begin{vmatrix} a_{21} & a_{22} \\ a_{31} & a_{32} \end{vmatrix}$$

$$= a_{11}A_{11} + a_{12}A_{12} + a_{13}A_{13},$$

即三阶行列式等于第一行的元素与其对应的代数余子式的乘积之和.进一步,我们发现三阶行列式等于它的任一行(列)的元素与其对应的代数余子式的乘积之和,即

$$D = a_{i1}A_{i1} + a_{i2}A_{i2} + a_{i3}A_{i3} \quad (i = 1,2,3),$$

或

$$D = a_{1j}A_{1j} + a_{2j}A_{2j} + a_{3j}A_{3j} \quad (j = 1,2,3).$$

一般地,有

定理 1.3.1 n 阶行列式等于它的任一行(列)的元素与其对应的代数余子式的乘积之和,即

$$D = a_{i1}A_{i1} + a_{i2}A_{i2} + \cdots + a_{in}A_{in} \quad (i = 1,2,\cdots,n),$$

或

$$D = a_{1j}A_{1j} + a_{2j}A_{2j} + \cdots + a_{nj}A_{nj} \quad (j = 1,2,\cdots,n).$$

证明 首先,我们证定理的特殊情况:若行列式 D 的第 i 行只有元素 $a_{ij} \neq 0$,其余的元素全为 0,则 $D = a_{ij}A_{ij}$.

先证 $i = j = 1$ 的特殊情形,此时第一行只有 $a_{11} \neq 0$,则

$$D = \begin{vmatrix} a_{11} & 0 & \cdots & 0 \\ a_{21} & a_{22} & \cdots & a_{2n} \\ \vdots & \vdots & & \vdots \\ a_{n1} & a_{n2} & \cdots & a_{nn} \end{vmatrix} \xlongequal{\text{由定义}} \sum (-1)^{\tau(p_1p_2\cdots p_n)} a_{1p_1}a_{2p_2}\cdots a_{np_n}$$

$$= \sum (-1)^{\tau(1p_2\cdots p_n)} a_{11}a_{2p_2}\cdots a_{np_n}$$

$$= a_{11}\sum (-1)^{\tau(p_2\cdots p_n)} a_{2p_2}\cdots a_{np_n}$$

$$= a_{11}M_{11} = a_{11}A_{11}.$$

再证第 i 行只有 $a_{ij} \neq 0$ 的一般情形,此时

$$D = \begin{vmatrix} a_{11} & a_{12} & \cdots & a_{1j} & \cdots & a_{1n} \\ \vdots & \vdots & & \vdots & & \vdots \\ 0 & 0 & \cdots & a_{ij} & \cdots & 0 \\ \vdots & \vdots & & \vdots & & \vdots \\ a_{n1} & a_{n2} & \cdots & a_{nj} & \cdots & a_{nn} \end{vmatrix}.$$

将 D 的第 i 行依次与第 $i-1$ 行,第 $i-2$ 行……第 1 行对调,这样经过 $i-1$ 次对调后,a_{ij} 被调到了第 1 行,然后再将第 j 列依次与第 $j-1$ 列,第 $j-2$ 列……第 1 列对调,这样又经过 $j-1$ 次对调后,a_{ij} 被调到了第 1 行、第 1 列的位置,即

$$D=(-1)^{i+j-2}\begin{vmatrix} a_{ij} & 0 & \cdots & 0 \\ a_{1j} & a_{11} & \cdots & a_{1n} \\ a_{2j} & a_{21} & \cdots & a_{2n} \\ \vdots & \vdots & & \vdots \\ a_{nj} & a_{n1} & \cdots & a_{nn} \end{vmatrix}$$

$$=a_{ij}(-1)^{i+j}M_{ij}=a_{ij}A_{ij}.$$

现在,证明定理的一般情形,即

$$D=\begin{vmatrix} a_{11} & a_{12} & \cdots & a_{1n} \\ \vdots & \vdots & & \vdots \\ a_{i1} & a_{i2} & \cdots & a_{in} \\ \vdots & \vdots & & \vdots \\ a_{n1} & a_{n2} & \cdots & a_{nn} \end{vmatrix}=a_{i1}A_{i1}+a_{i2}A_{i2}+\cdots+a_{in}A_{in}.$$

事实上,

$$D=\begin{vmatrix} a_{11} & a_{12} & \cdots & a_{1n} \\ \vdots & \vdots & & \vdots \\ a_{i1}+0+\cdots+0 & 0+a_{i2}+\cdots+0 & \cdots & 0+0+\cdots+a_{in} \\ \vdots & \vdots & & \vdots \\ a_{n1} & a_{n2} & \cdots & a_{nn} \end{vmatrix}$$

$$=\begin{vmatrix} a_{11} & a_{12} & \cdots & a_{1n} \\ \vdots & \vdots & & \vdots \\ a_{i1} & 0 & \cdots & 0 \\ \vdots & \vdots & & \vdots \\ a_{n1} & a_{n2} & \cdots & a_{nn} \end{vmatrix}+\begin{vmatrix} a_{11} & a_{12} & \cdots & a_{1n} \\ \vdots & \vdots & & \vdots \\ 0 & a_{i2} & \cdots & 0 \\ \vdots & \vdots & & \vdots \\ a_{n1} & a_{n2} & \cdots & a_{nn} \end{vmatrix}+\cdots$$

$$+\begin{vmatrix} a_{11} & a_{12} & \cdots & a_{1n} \\ \vdots & \vdots & & \vdots \\ 0 & 0 & \cdots & a_{in} \\ \vdots & \vdots & & \vdots \\ a_{n1} & a_{n2} & \cdots & a_{nn} \end{vmatrix}$$

$$=a_{i1}A_{i1}+a_{i2}A_{i2}+\cdots+a_{in}A_{in}.$$

由定理 1.3.1 可得以下推论.

推论 1 行列式某一行(列)的元素与另一行(列)的对应元素的代数余子式的乘积之和等于零,即

$$a_{i1}A_{j1}+a_{i2}A_{j2}+\cdots+a_{in}A_{jn}=0\quad(i\neq j),$$

或

$$a_{1i}A_{1j}+a_{2i}A_{2j}+\cdots+a_{ni}A_{nj}=0\quad(i\neq j).$$

证明 由定理 1.3.1 知

$$a_{i1}A_{j1}+a_{i2}A_{j2}+\cdots+a_{in}A_{jn}=\begin{vmatrix} a_{11} & a_{12} & \cdots & a_{1n} \\ \vdots & \vdots & & \vdots \\ a_{i1} & a_{i2} & \cdots & a_{in} \\ \vdots & \vdots & & \vdots \\ a_{i1} & a_{i2} & \cdots & a_{in} \\ \vdots & \vdots & & \vdots \\ a_{n1} & a_{n2} & \cdots & a_{nn} \end{vmatrix}\begin{matrix} \\ \\ \text{第 } i \text{ 行} \\ \\ \text{第 } j \text{ 行} \\ \\ \\ \end{matrix}=0.$$

将定理 1.3.1 与推论 1 结合起来,得

$$a_{i1}A_{j1}+a_{i2}A_{j2}+\cdots+a_{in}A_{jn}=\begin{cases} D, & i=j, \\ 0, & i\neq j, \end{cases}$$

或

$$a_{1i}A_{1j}+a_{2i}A_{2j}+\cdots+a_{ni}A_{nj}=\begin{cases} D, & i=j, \\ 0, & i\neq j. \end{cases}$$

例 1 计算

$$D=\begin{vmatrix} 5 & 3 & -1 & 2 & 0 \\ 1 & 7 & 2 & 5 & 2 \\ 0 & -2 & 3 & 1 & 0 \\ 0 & -4 & -1 & 4 & 0 \\ 0 & 2 & 3 & 5 & 0 \end{vmatrix}.$$

解 $$D=2\times(-1)^{2+5}\begin{vmatrix} 5 & 3 & -1 & 2 \\ 0 & -2 & 3 & 1 \\ 0 & -4 & -1 & 4 \\ 0 & 2 & 3 & 5 \end{vmatrix}=-2\times 5\begin{vmatrix} -2 & 3 & 1 \\ -4 & -1 & 4 \\ 2 & 3 & 5 \end{vmatrix}$$

$$=-10\begin{vmatrix} -2 & 3 & 1 \\ 0 & -7 & 2 \\ 0 & 6 & 6 \end{vmatrix}=-10\times(-2)\begin{vmatrix} -7 & 2 \\ 6 & 6 \end{vmatrix}$$

$$=20\times(-7\times 6-2\times 6)=-1\,080.$$

例 2 已知四阶行列式

$$D=\begin{vmatrix} a & b & c & d \\ c & b & d & a \\ d & b & c & a \\ a & b & d & c \end{vmatrix},$$

求 $A_{14}+A_{24}+A_{34}+A_{44}$.

解 $A_{14}+A_{24}+A_{34}+A_{44}=\begin{vmatrix} a & b & c & 1 \\ c & b & d & 1 \\ d & b & c & 1 \\ a & b & d & 1 \end{vmatrix}=0.$

例 3 计算

$$D_n=\begin{vmatrix} x & -1 & 0 & \cdots & 0 & 0 \\ 0 & x & -1 & \cdots & 0 & 0 \\ 0 & 0 & x & \cdots & 0 & 0 \\ \vdots & \vdots & \vdots & & \vdots & \vdots \\ 0 & 0 & 0 & \cdots & x & -1 \\ a_n & a_{n-1} & a_{n-2} & \cdots & a_2 & a_1 \end{vmatrix}.$$

解 将行列式按第一列展开,得

$$D_n=x\begin{vmatrix} x & -1 & \cdots & 0 & 0 \\ 0 & x & \cdots & 0 & 0 \\ \vdots & \vdots & & \vdots & \vdots \\ 0 & 0 & \cdots & x & -1 \\ a_{n-1} & a_{n-2} & \cdots & a_2 & a_1 \end{vmatrix}$$

$$+a_n(-1)^{n+1}\begin{vmatrix} -1 & 0 & \cdots & \cdots & 0 \\ x & -1 & \cdots & \cdots & 0 \\ \vdots & \vdots & \ddots & & \vdots \\ \vdots & \vdots & & \ddots & \vdots \\ 0 & 0 & \cdots & x & -1 \end{vmatrix}$$

$$=xD_{n-1}+a_n(-1)^{n+1}(-1)^{n-1}$$

$$=xD_{n-1}+a_n.$$

由此得递推公式 $D_n=xD_{n-1}+a_n$,因此

$$\begin{aligned} D_n &= xD_{n-1}+a_n=x(xD_{n-2}+a_{n-1})+a_n \\ &= x^2D_{n-2}+a_{n-1}x+a_n=x^2(xD_{n-3}+a_{n-2})+a_{n-1}x+a_n \\ &= x^3D_{n-3}+a_{n-2}x^2+a_{n-1}x+a_n \\ &\cdots\cdots \\ &= x^{n-2}D_2+a_3x^{n-3}+\cdots+a_{n-1}x+a_n \\ &= x^{n-2}(a_1x+a_2)+a_3x^{n-3}+\cdots+a_{n-1}x+a_n \\ &= a_1x^{n-1}+a_2x^{n-2}+\cdots+a_{n-1}x+a_n. \end{aligned}$$

例 4 证明范德蒙(Vandermonde)行列式

$$D_n = \begin{vmatrix} 1 & 1 & \cdots & 1 \\ x_1 & x_2 & \cdots & x_n \\ x_1^2 & x_2^2 & \cdots & x_n^2 \\ \vdots & \vdots & & \vdots \\ x_1^{n-1} & x_2^{n-1} & \cdots & x_n^{n-1} \end{vmatrix} = \prod_{1 \leqslant j < i \leqslant n} (x_i - x_j),$$

其中记号“$\prod$”表示所有同类型因子的连乘积.

证明 用数学归纳法.当 $n=2$ 时,$D_2 = x_2 - x_1$,公式成立.

设对于 $n-1$ 阶范德蒙行列式公式成立,现对于 D_n,从第 n 行起,后一行依次减去前一行的 x_1 倍,得

$$D_n = \begin{vmatrix} 1 & 1 & \cdots & 1 \\ 0 & x_2 - x_1 & \cdots & x_n - x_1 \\ 0 & x_2(x_2 - x_1) & \cdots & x_n(x_n - x_1) \\ \vdots & \vdots & & \vdots \\ 0 & x_2^{n-2}(x_2 - x_1) & \cdots & x_n^{n-2}(x_n - x_1) \end{vmatrix} \text{(按第一列展开,然后各列提出公因式)}$$

$$= (x_2 - x_1)(x_3 - x_1)\cdots(x_n - x_1) \begin{vmatrix} 1 & 1 & \cdots & 1 \\ x_2 & x_3 & \cdots & x_n \\ x_2^2 & x_3^2 & \cdots & x_n^2 \\ \vdots & \vdots & & \vdots \\ x_2^{n-2} & x_3^{n-2} & \cdots & x_n^{n-2} \end{vmatrix} \text{(这是 } n-1 \text{ 阶范德蒙行列式,由归纳假设可得其结果)}$$

$$= (x_2 - x_1)(x_3 - x_1)\cdots(x_n - x_1) \prod_{2 \leqslant j < i \leqslant n} (x_i - x_j) = \prod_{1 \leqslant j < i \leqslant n} (x_i - x_j).$$

显然,范德蒙行列式不等于 0 的充要条件是 $x_1, x_2, \cdots, x_n$ 互不相等.

例 5 已知 $a_i, b_j (i, j = 1,2,3,4)$ 均不为 0,计算

$$\begin{vmatrix} a_1^3 & a_1^2 b_1 & a_1 b_1^2 & b_1^3 \\ a_2^3 & a_2^2 b_2 & a_2 b_2^2 & b_2^3 \\ a_3^3 & a_3^2 b_3 & a_3 b_3^2 & b_3^3 \\ a_4^3 & a_4^2 b_4 & a_4 b_4^2 & b_4^3 \end{vmatrix}.$$

解 因为 $a_i, b_j (i, j = 1,2,3,4)$ 均不为 0,所以

$$\begin{vmatrix} a_1^3 & a_1^2b_1 & a_1b_1^2 & b_1^3 \\ a_2^3 & a_2^2b_2 & a_2b_2^2 & b_2^3 \\ a_3^3 & a_3^2b_3 & a_3b_3^2 & b_3^3 \\ a_4^3 & a_4^2b_4 & a_4b_4^2 & b_4^3 \end{vmatrix} = a_1^3a_2^3a_3^3a_4^3 \begin{vmatrix} 1 & \dfrac{b_1}{a_1} & \dfrac{b_1^2}{a_1^2} & \dfrac{b_1^3}{a_1^3} \\ 1 & \dfrac{b_2}{a_2} & \dfrac{b_2^2}{a_2^2} & \dfrac{b_2^3}{a_2^3} \\ 1 & \dfrac{b_3}{a_3} & \dfrac{b_3^2}{a_3^2} & \dfrac{b_3^3}{a_3^3} \\ 1 & \dfrac{b_4}{a_4} & \dfrac{b_4^2}{a_4^2} & \dfrac{b_4^3}{a_4^3} \end{vmatrix} \text{（四阶范德蒙行列式）}$$

$$= a_1^3a_2^3a_3^3a_4^3 \prod_{1\leqslant j<i\leqslant 4}\left(\frac{b_i}{a_i}-\frac{b_j}{a_j}\right).$$

练习 1.3

1. 填空题：

(1) $\begin{vmatrix} 0 & x & y \\ -x & 0 & z \\ -y & -z & 0 \end{vmatrix} =$ ________，其中元素 x 的余子式为________.

(2) 三阶行列式 D_3 的第二列的元素分别为 $-1,2,3$，对应的代数余子式分别为 $-2,0,1$，则行列式 $D_3 =$ ________.

(3) 设 a,b 为实数，则当 $a =$ ________且 $b =$ ________时，$\begin{vmatrix} a & b & 0 \\ -b & a & 0 \\ -1 & 0 & -1 \end{vmatrix} = 0$.

2. 计算下列行列式：

(1) $D_5 = \begin{vmatrix} 0 & 1 & 0 & -1 & 0 \\ 2 & 0 & 1 & 3 & 1 \\ -1 & 0 & 0 & 1 & 0 \\ 3 & 2 & -1 & 2 & 1 \\ 1 & 4 & 0 & 3 & 0 \end{vmatrix}$；　(2) $D_n = \begin{vmatrix} x & y & 0 & \cdots & 0 & 0 \\ 0 & x & y & \cdots & 0 & 0 \\ \vdots & \vdots & \vdots & & \vdots & \vdots \\ 0 & 0 & 0 & \cdots & x & y \\ y & 0 & 0 & \cdots & 0 & x \end{vmatrix}$；

(3) $D_4 = \begin{vmatrix} 2 & 1 & 1 & 1 \\ 2 & 2 & 4 & 8 \\ 2 & 3 & 9 & 27 \\ 2 & 4 & 16 & 64 \end{vmatrix}$.

3. 设 $D_4 = \begin{vmatrix} 1 & -5 & 1 & 3 \\ 1 & 1 & 3 & 4 \\ 1 & 1 & 2 & 3 \\ 2 & 2 & 3 & 4 \end{vmatrix}$，求 $A_{41}+A_{42}+A_{43}+A_{44}$ 的值，其中 $A_{4j}\,(j=1,2,3,4)$ 是

行列式 D_4 中元素 a_{4j} 的代数余子式.

4. 证明：$D_n = \begin{vmatrix} 2 & -1 & 0 & \cdots & 0 & 0 \\ -1 & 2 & -1 & \cdots & 0 & 0 \\ 0 & -1 & 2 & \cdots & 0 & 0 \\ \vdots & \vdots & \vdots & & \vdots & \vdots \\ 0 & 0 & 0 & \cdots & 2 & -1 \\ 0 & 0 & 0 & \cdots & -1 & 2 \end{vmatrix} = n+1.$

第四节　克拉默法则

利用 n 阶行列式，我们可以将二元、三元线性方程组的行列式解法推广到一般的 n 元线性方程组.

对于 n 元线性方程组

$$\begin{cases} a_{11}x_1 + a_{12}x_2 + \cdots + a_{1n}x_n = b_1, \\ a_{21}x_1 + a_{22}x_2 + \cdots + a_{2n}x_n = b_2, \\ \cdots\cdots \\ a_{n1}x_1 + a_{n2}x_2 + \cdots + a_{nn}x_n = b_n, \end{cases} \tag{1.4.1}$$

有如下结论(克拉默(Cramer) 法则).

定理 1.4.1　若方程组(1.4.1) 的系数行列式

$$D = \begin{vmatrix} a_{11} & a_{12} & \cdots & a_{1n} \\ a_{21} & a_{22} & \cdots & a_{2n} \\ \vdots & \vdots & & \vdots \\ a_{n1} & a_{n2} & \cdots & a_{nn} \end{vmatrix} \neq 0,$$

则方程组有唯一解

$$x_1 = \frac{D_1}{D},\quad x_2 = \frac{D_2}{D},\quad \cdots,\quad x_n = \frac{D_n}{D}, \tag{1.4.2}$$

其中，$D_j\,(j=1,2,\cdots,n)$ 是将 D 中第 j 列元素用常数项替换而得到的 n 阶行列式.

分析：定理的证明分两步. (1) 证明公式(1.4.2) 是方程组(1.4.1) 的解；(2) 证明若方程组有解，则其解必由公式(1.4.2) 给出.

证明　(1) 首先证明公式(1.4.2) 是方程组(1.4.1) 的解.

将式(1.4.2) 代入式(1.4.1) 的第 i 个方程左边，得

$$a_{i1}\frac{D_1}{D} + a_{i2}\frac{D_2}{D} + \cdots + a_{in}\frac{D_n}{D} = \frac{1}{D}\sum_{j=1}^{n} a_{ij}D_j.$$

又

$$D_j = b_1A_{1j} + b_2A_{2j} + \cdots + b_nA_{nj} = \sum_{s=1}^{n} b_sA_{sj},$$

所以

$$\begin{aligned}\frac{1}{D}\sum_{j=1}^{n} a_{ij}D_j &= \frac{1}{D}\sum_{j=1}^{n} a_{ij}\sum_{s=1}^{n} b_sA_{sj} = \frac{1}{D}\sum_{j=1}^{n}\sum_{s=1}^{n} a_{ij}A_{sj}b_s \\ &= \frac{1}{D}\sum_{s=1}^{n}(\sum_{j=1}^{n} a_{ij}A_{sj})b_s = \frac{1}{D}\cdot D\cdot b_i \\ &= b_i,\end{aligned}$$

即把式(1.4.2)代入方程组的每个方程,它们同时变成等式,因此公式(1.4.2)是方程组(1.4.1)的解.

(2) 再证若方程组(1.4.1)有解,则其解必由公式(1.4.2)给出.

设 $x_1,x_2,\cdots,x_n$ 是方程组的解,由行列式的性质得

$$Dx_j = \begin{vmatrix} a_{11} & \cdots & a_{1j}x_j & \cdots & a_{1n} \\ a_{21} & \cdots & a_{2j}x_j & \cdots & a_{2n} \\ \vdots & & \vdots & & \vdots \\ a_{n1} & \cdots & a_{nj}x_j & \cdots & a_{nn} \end{vmatrix} \begin{matrix}(\text{将第 } s \text{ 列乘以 } x_s \text{ 加到第 } j \text{ 列} \\ (s=1,2,\cdots,n \text{ 且 } s\neq j))\end{matrix}$$

$$= \begin{vmatrix} a_{11} & \cdots & \sum_{s=1}^{n} a_{1s}x_s & \cdots & a_{1n} \\ a_{21} & \cdots & \sum_{s=1}^{n} a_{2s}x_s & \cdots & a_{2n} \\ \vdots & & \vdots & & \vdots \\ a_{n1} & \cdots & \sum_{s=1}^{n} a_{ns}x_s & \cdots & a_{nn} \end{vmatrix} = \begin{vmatrix} a_{11} & \cdots & b_1 & \cdots & a_{1n} \\ a_{21} & \cdots & b_2 & \cdots & a_{2n} \\ \vdots & & \vdots & & \vdots \\ a_{n1} & \cdots & b_n & \cdots & a_{nn} \end{vmatrix} = D_j.$$

由 $D\neq 0$,得

$$x_j = \frac{D_j}{D} \quad (j=1,2,\cdots,n),$$

即若方程组(1.4.1)有解,则其解必由公式(1.4.2)给出.

综合(1),(2)可得,当系数行列式 $D\neq 0$ 时,方程组有唯一解

$$x_1 = \frac{D_1}{D},\quad x_2 = \frac{D_2}{D},\quad \cdots,\quad x_n = \frac{D_n}{D}.$$

例 1 解方程组

$$\begin{cases} x_1 - x_2 + x_3 + 2x_4 = 1, \\ x_1 + x_2 - 2x_3 + x_4 = 1, \\ x_1 + x_2 + x_4 = 2, \\ x_1 + x_3 - x_4 = 1. \end{cases}$$

解 $D = \begin{vmatrix} 1 & -1 & 1 & 2 \\ 1 & 1 & -2 & 1 \\ 1 & 1 & 0 & 1 \\ 1 & 0 & 1 & -1 \end{vmatrix} \xlongequal[r_3-r_1 \atop r_4-r_1]{r_2-r_1} \begin{vmatrix} 1 & -1 & 1 & 2 \\ 0 & 2 & -3 & -1 \\ 0 & 2 & -1 & -1 \\ 0 & 1 & 0 & -3 \end{vmatrix}$

$$= \begin{vmatrix} 2 & -3 & -1 \\ 2 & -1 & -1 \\ 1 & 0 & -3 \end{vmatrix} \xlongequal{c_3+3c_1} \begin{vmatrix} 2 & -3 & 5 \\ 2 & -1 & 5 \\ 1 & 0 & 0 \end{vmatrix} = \begin{vmatrix} -3 & 5 \\ -1 & 5 \end{vmatrix} = -10;$$

$$D_1 = \begin{vmatrix} 1 & -1 & 1 & 2 \\ 1 & 1 & -2 & 1 \\ 2 & 1 & 0 & 1 \\ 1 & 0 & 1 & -1 \end{vmatrix} = -8; \quad D_2 = \begin{vmatrix} 1 & 1 & 1 & 2 \\ 1 & 1 & -2 & 1 \\ 1 & 2 & 0 & 1 \\ 1 & 1 & 1 & -1 \end{vmatrix} = -9;$$

$$D_3 = \begin{vmatrix} 1 & -1 & 1 & 2 \\ 1 & 1 & 1 & 1 \\ 1 & 1 & 2 & 1 \\ 1 & 0 & 1 & -1 \end{vmatrix} = -5; \quad D_4 = \begin{vmatrix} 1 & -1 & 1 & 1 \\ 1 & 1 & -2 & 1 \\ 1 & 1 & 0 & 2 \\ 1 & 0 & 1 & 1 \end{vmatrix} = -3.$$

因此,方程组的解为

$$x_1 = \frac{D_1}{D} = \frac{-8}{-10} = \frac{4}{5}, \quad x_2 = \frac{-9}{-10} = \frac{9}{10},$$

$$x_3 = \frac{-5}{-10} = \frac{1}{2}, \quad x_4 = \frac{-3}{-10} = \frac{3}{10}.$$

使用克拉默法则时必须注意:(1) 未知量个数等于方程个数;(2) 系数行列式 $D \neq 0$. 不满足(1),(2) 的更一般的线性方程组留待以后研究.

对于线性方程组(1.4.1),若常数项全为0,即

$$\begin{cases} a_{11}x_1 + a_{12}x_2 + \cdots + a_{1n}x_n = 0, \\ a_{21}x_1 + a_{22}x_2 + \cdots + a_{2n}x_n = 0, \\ \cdots\cdots \\ a_{n1}x_1 + a_{n2}x_2 + \cdots + a_{nn}x_n = 0, \end{cases} \tag{1.4.3}$$

则称其为齐次线性方程组. 若常数项不全为0,则称其为非齐次线性方程组.

显然,$x_1 = 0, x_2 = 0, \cdots, x_n = 0$ 是齐次线性方程组的解,称为零解. 零解是平凡的,因此,对于齐次线性方程组,我们着重研究是否存在 $x_1, x_2, \cdots, x_n$ 不全

为 0 的解(称为非零解).

由克拉默法则易知：

定理 1.4.2 若齐次线性方程组(1.4.3) 的系数行列式 $D \neq 0$,则方程组(1.4.3) 只有零解.

该命题等价于:若齐次线性方程组有非零解,则其系数行列式 $D = 0$,亦即,齐次线性方程组有非零解的充要条件是系数行列式等于 0.

例 2 λ 为何值时,齐次线性方程组

$$\begin{cases} (5-\lambda)x + 2y + 2z = 0, \\ 2x + (6-\lambda)y = 0, \\ 2x + (4-\lambda)z = 0 \end{cases}$$

有非零解?

解 方程组的系数行列式

$$D = \begin{vmatrix} 5-\lambda & 2 & 2 \\ 2 & 6-\lambda & 0 \\ 2 & 0 & 4-\lambda \end{vmatrix} = (2-\lambda)(5-\lambda)(8-\lambda).$$

若齐次线性方程组有非零解,则系数行列式 $D = 0$,从而可得 $\lambda = 2, \lambda = 5, \lambda = 8$.因此,当 $\lambda = 2, \lambda = 5, \lambda = 8$ 时,方程组有非零解.

练习 1.4

1. 填空题:

(1) 当 k 满足条件______时,方程组 $\begin{cases} 2x + 3(k+1)y = 8, \\ (k+2)y + z = 3(k+1), \\ 4kx + z = 7 \end{cases}$ 有唯一解.

(2) 当 a,b 满足条件______时,线性方程组 $\begin{cases} ax + y + z = 0, \\ x + by + z = 0, \\ x + 2by + z = 0 \end{cases}$ 有非零解.

2. 用克拉默法则求解非齐次线性方程组

$$\begin{cases} x_1 + x_2 = 1, \\ x_2 + x_3 = 2, \\ 2x_1 + x_3 = 3. \end{cases}$$

3. λ, μ 取何值时,以下齐次线性方程组有非零解?

$$\begin{cases} \lambda x_1 + x_2 + x_3 = 0, \\ x_1 + \mu x_2 + x_3 = 0, \\ x_1 + 2\mu x_2 + x_3 = 0. \end{cases}$$

习 题 一

1. 求下列排列的逆序数：

(1) 34215； (2) 4312； (3) $n(n-1)\cdots 21$； (4) $13\cdots(2n-1)(2n)\cdots 42$.

2. 写出四阶行列式中含因子 $a_{11}a_{23}$ 的项.

3. 计算下列行列式：

(1) $\begin{vmatrix} 4 & 1 & 2 & 4 \\ 1 & 2 & 0 & 2 \\ 10 & 5 & 2 & 0 \\ 0 & 1 & 1 & 7 \end{vmatrix}$； (2) $\begin{vmatrix} 0 & 1 & 1 & 1 \\ 1 & 0 & 1 & 1 \\ 1 & 1 & 0 & 1 \\ 1 & 1 & 1 & 0 \end{vmatrix}$；

(3) $\begin{vmatrix} -ab & ac & ae \\ bd & -cd & de \\ bf & cf & -ef \end{vmatrix}$； (4) $\begin{vmatrix} a & 1 & 0 & 0 \\ -1 & b & 1 & 0 \\ 0 & -1 & c & 1 \\ 0 & 0 & -1 & d \end{vmatrix}$；

(5) $\begin{vmatrix} a-b-c & 2a & 2a \\ 2b & b-a-c & 2b \\ 2c & 2c & c-a-b \end{vmatrix}$； (6) $\begin{vmatrix} -2 & 2 & -4 & 0 \\ 4 & -1 & 3 & 5 \\ 3 & 1 & -2 & -3 \\ 2 & 0 & 5 & 1 \end{vmatrix}$；

(7) $\begin{vmatrix} 1 & 2 & 2 & \cdots & 2 \\ 2 & 2 & 2 & \cdots & 2 \\ 2 & 2 & 3 & \cdots & 2 \\ \vdots & \vdots & \vdots & & \vdots \\ 2 & 2 & 2 & \cdots & n \end{vmatrix}$； (8) $D_n = \begin{vmatrix} a & 0 & \cdots & 0 & 1 \\ 0 & a & \cdots & 0 & 0 \\ \vdots & \vdots & & \vdots & \vdots \\ 0 & 0 & \cdots & a & 0 \\ 1 & 0 & \cdots & 0 & a \end{vmatrix}$.

4. 证明下列等式：

(1) $\begin{vmatrix} a^2 & ab & b^2 \\ 2a & a+b & 2b \\ 1 & 1 & 1 \end{vmatrix} = (a-b)^3$；

(2) $\begin{vmatrix} a^2 & (a+1)^2 & (a+2)^2 & (a+3)^2 \\ b^2 & (b+1)^2 & (b+2)^2 & (b+3)^2 \\ c^2 & (c+1)^2 & (c+2)^2 & (c+3)^2 \\ d^2 & (d+1)^2 & (d+2)^2 & (d+3)^2 \end{vmatrix} = 0$.

5. 计算下列各题：

(1) 设 x_1, x_2, x_3 是方程 $x^3 + px + q = 0$ 的 3 个根，计算行列式 $\begin{vmatrix} x_1 & x_2 & x_3 \\ x_3 & x_1 & x_2 \\ x_2 & x_3 & x_1 \end{vmatrix}$.

(2) 已知 $f(x)=\begin{vmatrix} x & x & 1 & 0 \\ 1 & x & 2 & 3 \\ 2 & 3 & x & 2 \\ 1 & 1 & 2 & x \end{vmatrix}$,用行列式的定义求 x^3 的系数.

(3) 设四阶行列式 $D_4=\begin{vmatrix} a & b & c & d \\ c & b & d & a \\ d & b & c & a \\ a & b & d & c \end{vmatrix}$,求 $A_{14}+A_{24}+A_{34}+A_{44}$,其中 A_{i4} 为元素 a_{i4} 的代数余子式.

(4) 设 n 阶行列式 $D=\begin{vmatrix} x & a & \cdots & a \\ a & x & \cdots & a \\ \vdots & \vdots & & \vdots \\ a & a & \cdots & x \end{vmatrix}$,求 $A_{n1}+A_{n2}+\cdots+A_{nn}$.

6. 解下列方程:

(1) $\begin{vmatrix} x-5 & -6 & 3 \\ 1 & x & -1 \\ -1 & -2 & x-1 \end{vmatrix}=0$; (2) $\begin{vmatrix} 1 & 3 & 9 \\ 1 & x & x^2 \\ 1 & -2 & 4 \end{vmatrix}=0$;

(3) $\begin{vmatrix} a & b & c & d \\ a & x-c+d & c & d \\ a & b & x-b+d & d \\ a & b & c & x-b+c \end{vmatrix}=0$(这里 a,b,c,d 是实数).

7. 若 $D=\begin{vmatrix} a_{11} & a_{12} & a_{13} \\ a_{21} & a_{22} & a_{23} \\ a_{31} & a_{32} & a_{33} \end{vmatrix}$,$f(\lambda)=\begin{vmatrix} a_{11}-\lambda & a_{12} & a_{13} \\ a_{21} & a_{22}-\lambda & a_{23} \\ a_{31} & a_{32} & a_{33}-\lambda \end{vmatrix}$,用行列式定义证明:

(1) $f(\lambda)$ 是关于 λ 的三次多项式;

(2) $\lambda^3,\lambda^2,\lambda^0$ 的系数分别为 $-1,a_{11}+a_{22}+a_{33},D$.

8. 计算下列各行列式(D_k 为 k 阶行列式):

(1) $D_n=\begin{vmatrix} x_1-m & x_2 & \cdots & x_n \\ x_1 & x_2-m & \cdots & x_n \\ \vdots & \vdots & & \vdots \\ x_1 & x_2 & \cdots & x_n-m \end{vmatrix}$;

(2) $D_n=\begin{vmatrix} 1 & 2 & 3 & \cdots & n-1 & n \\ 1 & -1 & 0 & \cdots & 0 & 0 \\ 0 & 2 & -2 & \cdots & 0 & 0 \\ \vdots & \vdots & \vdots & & \vdots & \vdots \\ 0 & 0 & 0 & \cdots & n-1 & 1-n \end{vmatrix}$;

(3) $D_{2n}=\begin{vmatrix} a & & & & & b \\ & \ddots & & & \iddots & \\ & & a & b & & \\ & & c & d & & \\ & \iddots & & & \ddots & \\ c & & & & & d \end{vmatrix}$,其中未写出的元素为 0;

(4) $D_n=\begin{vmatrix} 1+a_1 & 1 & \cdots & 1 \\ 1 & 1+a_2 & \cdots & 1 \\ \vdots & \vdots & & \vdots \\ 1 & 1 & \cdots & 1+a_n \end{vmatrix}$;

(5) $D_{n+1}=\begin{vmatrix} a^n & (a-1)^n & \cdots & (a-n)^n \\ a^{n-1} & (a-1)^{n-1} & \cdots & (a-n)^{n-1} \\ \vdots & \vdots & & \vdots \\ a & a-1 & \cdots & a-n \\ 1 & 1 & \cdots & 1 \end{vmatrix}$.

提示:用范德蒙行列式计算.

9. 计算行列式

$$\begin{vmatrix} b+c+d & c+d+a & a+b+d & a+b+c \\ a & b & c & d \\ a^2 & b^2 & c^2 & d^2 \\ a^3 & b^3 & c^3 & d^3 \end{vmatrix}.$$

10. 用克拉默法则解下列方程组:

(1) $\begin{cases} x+2y+z=0, \\ 2x-y+z=1, \\ x-y+2z=3; \end{cases}$

(2) $\begin{cases} x_1-2x_2+3x_3-4x_4=4, \\ x_2-x_3+x_4=-3, \\ x_1+3x_2+x_4=1, \\ -7x_2+3x_3+x_4=-3. \end{cases}$

11. 设 $a_1,a_2,\cdots,a_n$ 是互不相等的实数,$b_1,b_2,\cdots,b_n$ 是任意一组确定的实数,用克拉默法则证明:方程组

$$\begin{cases} a_1^{n-1}x_1+a_1^{n-2}x_2+\cdots+a_1x_{n-1}+x_n=b_1, \\ a_2^{n-1}x_1+a_2^{n-2}x_2+\cdots+a_2x_{n-1}+x_n=b_2, \\ \cdots\cdots \\ a_n^{n-1}x_1+a_n^{n-2}x_2+\cdots+a_nx_{n-1}+x_n=b_n \end{cases}$$

有唯一解.

12. 证明:平面上三条不同直线 $\begin{cases} ax+by+c=0, \\ bx+cy+a=0, \\ cx+ay+b=0 \end{cases}$ 相交于一点的必要条件是 $a+b+c=0$.

第二章　矩　　阵

前一章介绍了行列式的有关知识.利用行列式(克拉默法则),我们可以解某些特殊的线性方程组,但对于更一般的线性方程组的求解问题,还需引进新的数学工具 —— 矩阵.矩阵是数学中一个非常重要且应用广泛的概念,许多数学问题以及其他学科的应用问题都可转化为矩阵问题,因而矩阵也就成了代数学最基础的研究对象之一.本课程中,矩阵是后续各章学习最重要的基础.

第一节　矩阵的概念

在线性方程组的研究中,我们发现方程组的解由其系数和常数项所确定,而与表示未知量的符号无关.一旦方程的系数和常数项已知,那么方程也就随之确定.例如,对于前一章的方程(1.4.1),若我们忽略未知量的符号,而把未知量的系数和常数项按原来的位置排成一个数表

$$\begin{matrix} a_{11} & a_{12} & \cdots & a_{1n} & b_1 \\ a_{21} & a_{22} & \cdots & a_{2n} & b_2 \\ \vdots & \vdots & & \vdots & \vdots \\ a_{n1} & a_{n2} & \cdots & a_{nn} & b_n \end{matrix},$$

那么,这个数表包含了线性方程组的一切信息,对方程组的研究就可以转化为对此数表的研究.我们把这个数表称为矩阵.

定义 2.1.1　由 $m\times n$ 个数 $a_{ij}\,(i=1,2,\cdots,m;\ j=1,2,\cdots,n)$ 排列成 m 行 n 列的数表

$$\begin{pmatrix} a_{11} & a_{12} & \cdots & a_{1n} \\ a_{21} & a_{22} & \cdots & a_{2n} \\ \vdots & \vdots & & \vdots \\ a_{m1} & a_{m2} & \cdots & a_{mn} \end{pmatrix}$$

称为 m 行 n 列的矩阵,或 $m\times n$ 矩阵.通常用大写黑体字母 $\boldsymbol{A},\boldsymbol{B}$ 等表示矩阵,简记为

$$\boldsymbol{A}=(a_{ij})_{m\times n}\quad 或\quad \boldsymbol{A}=(a_{ij})_{mn},$$

其中 a_{ij} 表示矩阵第 i 行,第 j 列交叉位置的元素.元素全为实数的矩阵称为实矩阵(本课程仅研究实矩阵).$m \times n$ 矩阵也记为 $\boldsymbol{A}_{m\times n}$.

注意:矩阵与行列式形式相似,但意义却完全不同.行列式表示对表中 n^2 个数进行运算,其结果是一个数值,而矩阵仅仅是一个数表.从形式上看,行列式的行数与列数必须相等,而矩阵行数 m 不一定等于列数 n.

若矩阵 $\boldsymbol{A}$ 的行数与列数都等于 n,则称 $\boldsymbol{A}$ 为 n 阶方阵.

若行数 $m=1$,则 $\boldsymbol{A}=(a_{11},a_{12},\cdots,a_{1n})$ 称为行矩阵.

若列数 $n=1$,则

$$\boldsymbol{A}=\begin{pmatrix} a_{11} \\ a_{21} \\ \vdots \\ a_{m1} \end{pmatrix}$$

称为列矩阵.

若两个矩阵的行数与列数分别对应相等,则称它们是同型矩阵.

矩阵 $\boldsymbol{A}=(a_{ij})_{m\times n}$,$\boldsymbol{B}=(b_{ij})_{m\times n}$ 是同型矩阵.若它们的对应元素都相等,即 $a_{ij}=b_{ij}(i=1,2,\cdots,m;j=1,2,\cdots,n)$,则称矩阵 $\boldsymbol{A}$ 与 $\boldsymbol{B}$ 相等,记为 $\boldsymbol{A}=\boldsymbol{B}$.

元素全为零的矩阵称为零矩阵,记为 $\boldsymbol{0}$.

注意:不同型的零矩阵是不相等的.

显然,对于给定的矩阵,若未知量 $x_1,x_2,\cdots,x_n$ 的顺序确定,则方程组也随之确定,因此方程组与矩阵是一一对应的.于是我们可以利用矩阵来研究方程组.事实上,除线性方程组外,还有许多的问题都可归结为矩阵问题.矩阵是数学中一个极其重要且应用广泛的基本工具,是代数学最基础的研究对象之一.

在实际问题中,会遇到一组变量到另一组变量的变换问题.例如,设一组变量 $x_1,x_2,\cdots,x_n$ 到另一组变量 $y_1,y_2,\cdots,y_n$ 的变换由 n 个表示式给出:

$$\begin{cases} y_1 = a_{11}x_1 + a_{12}x_2 + \cdots + a_{1n}x_n, \\ y_2 = a_{21}x_1 + a_{22}x_2 + \cdots + a_{2n}x_n, \\ \qquad\cdots\cdots \\ y_n = a_{n1}x_1 + a_{n2}x_2 + \cdots + a_{nn}x_n, \end{cases}$$

其中 $a_{ij}(i,j=1,2,\cdots,n)$ 为常数,称为变换的系数.这种变换称为从 $x_1,x_2,\cdots,x_n$ 到 $y_1,y_2,\cdots,y_n$ 的线性变换,也称 $y_1,y_2,\cdots,y_n$ 可以由 $x_1,x_2,\cdots,x_n$ 线性表示.变换的系数按原来的位置排列成矩阵

$$\begin{pmatrix} a_{11} & a_{12} & \cdots & a_{1n} \\ a_{21} & a_{22} & \cdots & a_{2n} \\ \vdots & \vdots & & \vdots \\ a_{n1} & a_{n2} & \cdots & a_{nn} \end{pmatrix},$$

称为变换的系数矩阵.

例1 变量 $x_1,x_2,\cdots,x_n$ 到 $y_1,y_2,\cdots,y_n$ 的线性变换

$$\begin{cases} y_1 = x_1, \\ y_2 = x_2, \\ \cdots\cdots \\ y_n = x_n \end{cases}$$

称为恒等变换,其系数矩阵

$$\boldsymbol{E} = \begin{pmatrix} 1 & 0 & \cdots & 0 \\ 0 & 1 & \cdots & 0 \\ \vdots & \vdots & & \vdots \\ 0 & 0 & \cdots & 1 \end{pmatrix}_{n\times n}$$

称为n阶单位矩阵.其特点是:主对角线上的元素全为1,其余元素全为0,即$\boldsymbol{E}=(\delta_{ij})_{n\times n}$,其中

$$\delta_{ij} = \begin{cases} 1, & i = j, \\ 0, & i \neq j. \end{cases}$$

单位矩阵是一种非常重要的矩阵.下面再介绍几种常见的重要矩阵.

对角矩阵

$$\begin{pmatrix} \lambda_1 & & & \boldsymbol{0} \\ & \lambda_2 & & \\ & & \ddots & \\ \boldsymbol{0} & & & \lambda_n \end{pmatrix}.$$

其特点是主对角线上元素不全为0,其余位置上元素全为0,简称对角阵.当$\lambda_1 = \lambda_2 = \cdots = \lambda_n$时,它称为数量矩阵.

上三角矩阵

$$\begin{pmatrix} a_{11} & a_{12} & \cdots & a_{1n} \\ 0 & a_{22} & \cdots & a_{2n} \\ \vdots & \vdots & & \vdots \\ 0 & 0 & \cdots & a_{nn} \end{pmatrix}.$$

其特点是主对角线以下的元素全为0,主对角线以上(含主对角线)的元素不全为0.

类似地,可定义下三角矩阵

$$\begin{pmatrix} a_{11} & 0 & \cdots & 0 \\ a_{21} & a_{22} & \cdots & 0 \\ \vdots & \vdots & & \vdots \\ a_{n1} & a_{n2} & \cdots & a_{nn} \end{pmatrix}.$$

第二节　矩阵的运算

现在我们来定义矩阵的运算.首先定义矩阵的基本运算:矩阵加法、矩阵与数的乘法、矩阵与矩阵的乘法、矩阵的转置.然后介绍一种简化运算的方法:矩阵分块.

一、矩阵加法

定义 2.2.1　设有两 $m\times n$ 矩阵 $\boldsymbol{A}=(a_{ij})_{m\times n}$, $\boldsymbol{B}=(b_{ij})_{m\times n}$,则矩阵 $\boldsymbol{A}$ 与 $\boldsymbol{B}$ 的和(记为 $\boldsymbol{A}+\boldsymbol{B}$)为

$$\boldsymbol{A}+\boldsymbol{B}=(a_{ij}+b_{ij})_{m\times n}=\begin{pmatrix} a_{11}+b_{11} & a_{12}+b_{12} & \cdots & a_{1n}+b_{1n} \\ a_{21}+b_{21} & a_{22}+b_{22} & \cdots & a_{2n}+b_{2n} \\ \vdots & \vdots & & \vdots \\ a_{m1}+b_{m1} & a_{m2}+b_{m2} & \cdots & a_{mn}+b_{mn} \end{pmatrix}.$$

矩阵加法是同型矩阵间的一种运算,即将两个同型矩阵对应的元素相加.因此,易知矩阵加法满足:

(1) 交换律　$\boldsymbol{A}+\boldsymbol{B}=\boldsymbol{B}+\boldsymbol{A}$;

(2) 结合律　$(\boldsymbol{A}+\boldsymbol{B})+\boldsymbol{C}=\boldsymbol{A}+(\boldsymbol{B}+\boldsymbol{C})$.

二、矩阵与数的乘法

定义 2.2.2　设 λ 是常数, $\boldsymbol{A}=(a_{ij})_{m\times n}$,则数 λ 与矩阵 $\boldsymbol{A}$ 的乘积

$$\lambda\boldsymbol{A}=\boldsymbol{A}\lambda=(\lambda a_{ij})_{m\times n}=\begin{pmatrix} \lambda a_{11} & \lambda a_{12} & \cdots & \lambda a_{1n} \\ \lambda a_{21} & \lambda a_{22} & \cdots & \lambda a_{2n} \\ \vdots & \vdots & & \vdots \\ \lambda a_{m1} & \lambda a_{m2} & \cdots & \lambda a_{mn} \end{pmatrix}.$$

特别地,设 $\lambda=-1$,则有

$$-\boldsymbol{A}=(-1)\cdot\boldsymbol{A}=(-a_{ij})_{m\times n}=\begin{pmatrix} -a_{11} & -a_{12} & \cdots & -a_{1n} \\ -a_{21} & -a_{22} & \cdots & -a_{2n} \\ \vdots & \vdots & & \vdots \\ -a_{m1} & -a_{m2} & \cdots & -a_{mn} \end{pmatrix}.$$

称 $-\boldsymbol{A}$ 为 $\boldsymbol{A}$ 的负矩阵,显然 $\boldsymbol{A}+(-\boldsymbol{A})=\boldsymbol{0}$.由此可定义矩阵减法:

$$\boldsymbol{A}-\boldsymbol{B}=\boldsymbol{A}+(-\boldsymbol{B}).$$

设 $\boldsymbol{A},\boldsymbol{B}$ 是 $m\times n$ 矩阵, λ,μ 为实数,由定义可得下列运算律成立:

(1) $(\lambda\mu)\boldsymbol{A}=\lambda(\mu\boldsymbol{A})=\mu(\lambda\boldsymbol{A})$;

(2) $(\lambda+\mu)\boldsymbol{A}=\lambda\boldsymbol{A}+\mu\boldsymbol{A}$;

(3) $\lambda(\boldsymbol{A}+\boldsymbol{B})=\lambda\boldsymbol{A}+\lambda\boldsymbol{B}$.

三、矩阵与矩阵相乘

定义 2.2.3 设矩阵 $\boldsymbol{A}=(a_{ij})_{m\times s}$，$\boldsymbol{B}=(b_{ij})_{s\times n}$，则矩阵 $\boldsymbol{A}$ 与 $\boldsymbol{B}$ 的积定义为

$$\boldsymbol{AB}=\boldsymbol{C}=(c_{ij})_{m\times n},$$

其中

$$c_{ij}=a_{i1}b_{1j}+a_{i2}b_{2j}+\cdots+a_{is}b_{sj}\quad(i=1,2,\cdots,m;j=1,2,\cdots,n).$$

即矩阵 $\boldsymbol{A}$ 与 $\boldsymbol{B}$ 的积 $\boldsymbol{AB}$ 中元素 c_{ij} 等于 $\boldsymbol{A}$ 的第 i 行的元素与 $\boldsymbol{B}$ 的第 j 列的对应元素的乘积之和.

该定义表明，仅当第一个矩阵的列数等于第二个矩阵的行数时，矩阵的乘法运算才能进行，且 $m\times s$ 矩阵与 $s\times n$ 矩阵的乘积是一个 $m\times n$ 矩阵.

例 1 设 $\boldsymbol{A}=\begin{pmatrix}1&0&3\\2&1&0\end{pmatrix}$，$\boldsymbol{B}=\begin{pmatrix}4&1\\-1&1\\2&0\end{pmatrix}$，求 $\boldsymbol{AB}$.

解
$$\boldsymbol{AB}=\begin{pmatrix}1&0&3\\2&1&0\end{pmatrix}\begin{pmatrix}4&1\\-1&1\\2&0\end{pmatrix}$$
$$=\begin{pmatrix}1\times4+0\times(-1)+3\times2&1\times1+0\times1+3\times0\\2\times4+1\times(-1)+0\times2&2\times1+1\times1+0\times0\end{pmatrix}$$
$$=\begin{pmatrix}10&1\\7&3\end{pmatrix}.$$

例 2 设 $\boldsymbol{A}=\begin{pmatrix}1&1\\-1&-1\end{pmatrix}$，$\boldsymbol{B}=\begin{pmatrix}1&-1\\-1&1\end{pmatrix}$，求 $\boldsymbol{AB}$ 与 $\boldsymbol{BA}$.

解
$$\boldsymbol{AB}=\begin{pmatrix}1&1\\-1&-1\end{pmatrix}\begin{pmatrix}1&-1\\-1&1\end{pmatrix}=\begin{pmatrix}0&0\\0&0\end{pmatrix},$$
$$\boldsymbol{BA}=\begin{pmatrix}1&-1\\-1&1\end{pmatrix}\begin{pmatrix}1&1\\-1&-1\end{pmatrix}=\begin{pmatrix}2&2\\-2&-2\end{pmatrix}.$$

一般地，矩阵乘法不满足交换律，即 $\boldsymbol{AB}\neq\boldsymbol{BA}$. 首先 $\boldsymbol{AB}$ 有意义时，$\boldsymbol{BA}$ 不一定有意义. 其次，即使 $\boldsymbol{AB}$ 和 $\boldsymbol{BA}$ 都有意义也不一定相等，如例 2. 由例 2 还可知，由 $\boldsymbol{AB}=\boldsymbol{0}$ 不能推出 $\boldsymbol{A}=\boldsymbol{0}$ 或 $\boldsymbol{B}=\boldsymbol{0}$.

由定义可以证明，矩阵乘法满足以下运算律：

(1) $(\boldsymbol{A}_{m\times s}\cdot\boldsymbol{B}_{s\times t})\cdot\boldsymbol{C}_{t\times n}=\boldsymbol{A}_{m\times s}\cdot(\boldsymbol{B}_{s\times t}\cdot\boldsymbol{C}_{t\times n})$；

(2) $\boldsymbol{A}(\boldsymbol{B}+\boldsymbol{C})=\boldsymbol{AB}+\boldsymbol{AC}$；$(\boldsymbol{B}+\boldsymbol{C})\boldsymbol{A}=\boldsymbol{BA}+\boldsymbol{CA}$；

(3) $\lambda(\boldsymbol{AB})=(\lambda\boldsymbol{A})\boldsymbol{B}=\boldsymbol{A}(\lambda\boldsymbol{B})$；

(4) $\boldsymbol{E}_m\cdot\boldsymbol{A}_{m\times n}=\boldsymbol{A}_{m\times n}=\boldsymbol{A}_{m\times n}\cdot\boldsymbol{E}_n$.

对于方阵可以定义方幂. 设 $\boldsymbol{A}$ 是 n 阶方阵，定义 $\boldsymbol{A}^k=\underbrace{\boldsymbol{A}\cdot\boldsymbol{A}\cdot\cdots\cdot\boldsymbol{A}}_{k个\boldsymbol{A}}$，即 $\boldsymbol{A}^k$ 是

k 个 $\boldsymbol{A}$ 的乘积,称为 $\boldsymbol{A}$ 的 k 次幂. 规定 $\boldsymbol{A}^0=\boldsymbol{E}$.

由矩阵乘法的结合律易知

$$\boldsymbol{A}^k\boldsymbol{A}^l=\boldsymbol{A}^{k+l},\quad (\boldsymbol{A}^k)^l=\boldsymbol{A}^{kl},$$

其中 k,l 为非负整数.

但一般情况下 $(\boldsymbol{AB})^k\neq\boldsymbol{A}^k\boldsymbol{B}^k$.

例 3　求证

$$\begin{pmatrix}\cos\theta & -\sin\theta\\ \sin\theta & \cos\theta\end{pmatrix}^n=\begin{pmatrix}\cos n\theta & -\sin n\theta\\ \sin n\theta & \cos n\theta\end{pmatrix}.$$

证明　利用数学归纳法. 当 $n=1$ 时,等式显然成立.

假设当 $n=k$ 时等式成立,即

$$\begin{pmatrix}\cos\theta & -\sin\theta\\ \sin\theta & \cos\theta\end{pmatrix}^k=\begin{pmatrix}\cos k\theta & -\sin k\theta\\ \sin k\theta & \cos k\theta\end{pmatrix},$$

那么当 $n=k+1$ 时,

$$\begin{aligned}\begin{pmatrix}\cos\theta & -\sin\theta\\ \sin\theta & \cos\theta\end{pmatrix}^{k+1}&=\begin{pmatrix}\cos\theta & -\sin\theta\\ \sin\theta & \cos\theta\end{pmatrix}^k\begin{pmatrix}\cos\theta & -\sin\theta\\ \sin\theta & \cos\theta\end{pmatrix}\\&=\begin{pmatrix}\cos k\theta & -\sin k\theta\\ \sin k\theta & \cos k\theta\end{pmatrix}\begin{pmatrix}\cos\theta & -\sin\theta\\ \sin\theta & \cos\theta\end{pmatrix}\\&=\begin{pmatrix}\cos k\theta\cos\theta-\sin k\theta\sin\theta & -\cos k\theta\sin\theta-\sin k\theta\cos\theta\\ \sin k\theta\cos\theta+\cos k\theta\sin\theta & -\sin k\theta\sin\theta+\cos k\theta\cos\theta\end{pmatrix}\\&=\begin{pmatrix}\cos(k+1)\theta & -\sin(k+1)\theta\\ \sin(k+1)\theta & \cos(k+1)\theta\end{pmatrix},\end{aligned}$$

等式也成立. 因此,对一切自然数 n,等式成立.

四、矩阵的转置

定义 2.2.4　将矩阵 $\boldsymbol{A}=(a_{ij})_{m\times n}$ 的行列互换所得到的矩阵称为 $\boldsymbol{A}$ 的转置,记为 $\boldsymbol{A}^{\mathrm{T}}$(或 $\boldsymbol{A}'$),即

$$\boldsymbol{A}^{\mathrm{T}}=\begin{pmatrix}a_{11} & a_{21} & \cdots & a_{m1}\\ a_{12} & a_{22} & \cdots & a_{m2}\\ \vdots & \vdots & & \vdots\\ a_{1n} & a_{2n} & \cdots & a_{mn}\end{pmatrix}.$$

矩阵的转置满足:

(1) $(\boldsymbol{A}^{\mathrm{T}})^{\mathrm{T}}=\boldsymbol{A}$;

(2) $(\boldsymbol{A}+\boldsymbol{B})^{\mathrm{T}}=\boldsymbol{A}^{\mathrm{T}}+\boldsymbol{B}^{\mathrm{T}}$;

(3) $(\lambda\boldsymbol{A})^{\mathrm{T}}=\lambda\boldsymbol{A}^{\mathrm{T}}$;

(4) $(\boldsymbol{AB})^{\mathrm{T}}=\boldsymbol{B}^{\mathrm{T}}\boldsymbol{A}^{\mathrm{T}}$.

(1),(2),(3) 可由定义直接得出,下面证明 (4).

证明 设 $\boldsymbol{A}=(a_{ij})_{m\times s}$，$\boldsymbol{B}=(b_{ij})_{s\times n}$，则 $\boldsymbol{AB}=\boldsymbol{C}_{m\times n}=(c_{ij})_{m\times n}$.

矩阵 $(\boldsymbol{AB})^{\mathrm{T}}$ 中第 i 行，第 j 列的元素，即 $\boldsymbol{AB}$ 中的元素 c_{ji} 为

$$a_{j1}b_{1i}+a_{j2}b_{2i}+\cdots+a_{js}b_{si}\quad(j=1,2,\cdots,m;i=1,2,\cdots,n).$$

矩阵 $\boldsymbol{B}^{\mathrm{T}}\boldsymbol{A}^{\mathrm{T}}$ 的第 i 行，第 j 列的元素为 $\boldsymbol{B}^{\mathrm{T}}$ 中第 i 行乘以 $\boldsymbol{A}^{\mathrm{T}}$ 中的第 j 列，即 $\boldsymbol{B}$ 的第 i 列乘以 $\boldsymbol{A}$ 的第 j 行，为

$$b_{1i}a_{j1}+b_{2i}a_{j2}+\cdots+b_{si}a_{js}.$$

可见 $(\boldsymbol{AB})^{\mathrm{T}}$ 与 $\boldsymbol{B}^{\mathrm{T}}\boldsymbol{A}^{\mathrm{T}}$ 的对应元素相等. 又 $(\boldsymbol{AB})^{\mathrm{T}}$ 与 $\boldsymbol{B}^{\mathrm{T}}\boldsymbol{A}^{\mathrm{T}}$ 都是 $n\times m$ 矩阵，所以

$$(\boldsymbol{AB})^{\mathrm{T}}=\boldsymbol{B}^{\mathrm{T}}\boldsymbol{A}^{\mathrm{T}}.$$

性质(2)、性质(4) 推广到一般情形为

$$(\boldsymbol{A}_1+\boldsymbol{A}_2+\cdots+\boldsymbol{A}_n)^{\mathrm{T}}=\boldsymbol{A}_1^{\mathrm{T}}+\boldsymbol{A}_2^{\mathrm{T}}+\cdots+\boldsymbol{A}_n^{\mathrm{T}},$$
$$(\boldsymbol{A}_1\boldsymbol{A}_2\cdots\boldsymbol{A}_n)^{\mathrm{T}}=\boldsymbol{A}_n^{\mathrm{T}}\boldsymbol{A}_{n-1}^{\mathrm{T}}\cdots\boldsymbol{A}_1^{\mathrm{T}}.$$

定义 2.2.5 对于 n 阶方阵 $\boldsymbol{A}$，若 $\boldsymbol{A}^{\mathrm{T}}=\boldsymbol{A}$，即 $a_{ij}=a_{ji}$，则称 $\boldsymbol{A}$ 为对称矩阵.

例如，

$$\boldsymbol{A}=\begin{pmatrix}2&0&3\\0&-1&-4\\3&-4&1\end{pmatrix}$$

即为对称矩阵. 对称矩阵的特点是其元素以主对角线为对称轴，关于此对称轴对称的元素对应相等.

定义 2.2.6 对于 n 阶方阵 $\boldsymbol{A}$，若 $\boldsymbol{A}^{\mathrm{T}}=-\boldsymbol{A}$，即 $a_{ij}=-a_{ji}$，则称 $\boldsymbol{A}$ 为反对称矩阵.

其特点是，主对角线上的元素全为 0，关于主对角线对称的元素互为相反数. 例如，

$$\boldsymbol{A}=\begin{pmatrix}0&1&3\\-1&0&4\\-3&-4&0\end{pmatrix}$$

为反对称矩阵.

例 4 设列矩阵 $\boldsymbol{X}=(x_1,x_2,\cdots,x_n)^{\mathrm{T}}$ 满足 $\boldsymbol{X}^{\mathrm{T}}\boldsymbol{X}=1$，$\boldsymbol{E}$ 为 n 阶单位矩阵，$\boldsymbol{H}=\boldsymbol{E}-2\boldsymbol{X}\boldsymbol{X}^{\mathrm{T}}$，证明：$\boldsymbol{H}$ 是对称矩阵，且 $\boldsymbol{H}\boldsymbol{H}^{\mathrm{T}}=\boldsymbol{E}$.

证明 因为

$$\boldsymbol{H}^{\mathrm{T}}=(\boldsymbol{E}-2\boldsymbol{X}\boldsymbol{X}^{\mathrm{T}})^{\mathrm{T}}=\boldsymbol{E}^{\mathrm{T}}-(2\boldsymbol{X}\boldsymbol{X}^{\mathrm{T}})^{\mathrm{T}}=\boldsymbol{E}-2\boldsymbol{X}\boldsymbol{X}^{\mathrm{T}}=\boldsymbol{H},$$

所以 $\boldsymbol{H}$ 是对称矩阵.

$$\begin{aligned}\boldsymbol{H}\boldsymbol{H}^{\mathrm{T}}=\boldsymbol{H}^2&=(\boldsymbol{E}-2\boldsymbol{X}\boldsymbol{X}^{\mathrm{T}})(\boldsymbol{E}-2\boldsymbol{X}\boldsymbol{X}^{\mathrm{T}})\\&=\boldsymbol{E}-4\boldsymbol{X}\boldsymbol{X}^{\mathrm{T}}+4(\boldsymbol{X}\boldsymbol{X}^{\mathrm{T}})(\boldsymbol{X}\boldsymbol{X}^{\mathrm{T}})\\&=\boldsymbol{E}-4\boldsymbol{X}\boldsymbol{X}^{\mathrm{T}}+4\boldsymbol{X}(\boldsymbol{X}^{\mathrm{T}}\boldsymbol{X})\boldsymbol{X}^{\mathrm{T}}\\&=\boldsymbol{E}-4\boldsymbol{X}\boldsymbol{X}^{\mathrm{T}}+4\boldsymbol{X}\boldsymbol{X}^{\mathrm{T}}=\boldsymbol{E}.\end{aligned}$$

五、矩阵分块

当我们处理较高阶矩阵时，为了简化运算，常采用矩阵分块的方法，即把一个“大”矩阵（阶数较高的矩阵）看成由一些“小”矩阵（阶数较低的矩阵）构成，把每一个“小”矩阵看作是“大”矩阵的元素. 例如，

$$\boldsymbol{A}=\left(\begin{array}{cc:cc}1&0&0&0\\0&1&0&0\\ \hdashline -1&2&1&0\\1&1&0&1\end{array}\right)=\begin{pmatrix}\boldsymbol{E}_2&\boldsymbol{0}\\\boldsymbol{A}_1&\boldsymbol{E}_2\end{pmatrix},$$

其中

$$\boldsymbol{A}_1=\begin{pmatrix}-1&2\\1&1\end{pmatrix},\quad \boldsymbol{0}=\begin{pmatrix}0&0\\0&0\end{pmatrix}.$$

一般地，对于 $\boldsymbol{A}=(a_{ij})_{m\times n}$，可以用若干条竖线和横线分成若干小块，每一个小块构成的小矩阵称为 $\boldsymbol{A}$ 的子块，以子块为元素的矩阵称为 $\boldsymbol{A}$ 的分块矩阵. 将矩阵 $\boldsymbol{A}$ 化为 $\boldsymbol{A}$ 的分块矩阵叫矩阵的分块：

$$\boldsymbol{A}=(a_{ij})_{m\times n}=\begin{array}{c}\begin{matrix}n_1&n_2&\cdots&n_t\end{matrix}\\\begin{pmatrix}\boldsymbol{A}_{11}&\boldsymbol{A}_{12}&\cdots&\boldsymbol{A}_{1t}\\\boldsymbol{A}_{21}&\boldsymbol{A}_{22}&\cdots&\boldsymbol{A}_{2t}\\\vdots&\vdots&&\vdots\\\boldsymbol{A}_{s1}&\boldsymbol{A}_{s2}&\cdots&\boldsymbol{A}_{st}\end{pmatrix}\end{array}\begin{matrix}m_1\\m_2\\\vdots\\m_s\end{matrix},$$

其中 $m_1+m_2+\cdots+m_s=m$，$n_1+n_2+\cdots+n_t=n$，$\boldsymbol{A}_{ij}$ 是 $m_i\times n_j$ 矩阵.

矩阵分块的方法不是唯一的，例如，

$$\boldsymbol{A}=\left(\begin{array}{cc:cc}a_{11}&a_{12}&a_{13}&a_{14}\\a_{21}&a_{22}&a_{23}&a_{24}\\ \hdashline a_{31}&a_{32}&a_{33}&a_{34}\\a_{41}&a_{42}&a_{43}&a_{44}\end{array}\right)=\begin{pmatrix}\boldsymbol{A}_{11}&\boldsymbol{A}_{12}\\\boldsymbol{A}_{21}&\boldsymbol{A}_{22}\end{pmatrix},$$

或

$$\boldsymbol{A}=\left(\begin{array}{ccc:c}a_{11}&a_{12}&a_{13}&a_{14}\\a_{21}&a_{22}&a_{23}&a_{24}\\ \hdashline a_{31}&a_{32}&a_{33}&a_{34}\\a_{41}&a_{42}&a_{43}&a_{44}\end{array}\right)=\begin{pmatrix}\boldsymbol{A}_{11}&\boldsymbol{A}_{12}\\\boldsymbol{A}_{21}&\boldsymbol{A}_{22}\end{pmatrix},$$

或

$$\boldsymbol{A}=\left(\begin{array}{c:c:c:c}a_{11}&a_{12}&a_{13}&a_{14}\\a_{21}&a_{22}&a_{23}&a_{24}\\a_{31}&a_{32}&a_{33}&a_{34}\\a_{41}&a_{42}&a_{43}&a_{44}\end{array}\right)=(\boldsymbol{A}_1,\boldsymbol{A}_2,\boldsymbol{A}_3,\boldsymbol{A}_4).$$

究竟按何种方式分块，视具体情况而定.

现在我们来研究分块矩阵的运算.一般说来，矩阵分块的目的是简化运算，分块后将子块作为元素按普通矩阵的运算法则进行运算.但必须注意要满足：

(1) 分块矩阵的运算是有意义的；

(2) 对应子块的运算也是有意义的.

例如，对于两个 $m\times n$ 矩阵 $\boldsymbol{A},\boldsymbol{B}$ 相加，分块后两个分块矩阵应该是同型矩阵，同时每个对应子块也应该是同型矩阵，这样才能保证分块矩阵的加法运算可以进行.因此对于加法运算，矩阵 $\boldsymbol{A},\boldsymbol{B}$ 的分块应该是完全一致的.

同样地，对于矩阵 $\boldsymbol{A}$ 与 $\boldsymbol{B}$ 相乘，要求 $\boldsymbol{A}$ 的列的分法应该与 $\boldsymbol{B}$ 的行的分法相同.一般而言，加法、数乘、转置不必分块，而对于乘法及后面将要学习的有关运算，应用矩阵分块常常可以使运算简化.

例 5 设 $\boldsymbol{A}=\begin{pmatrix}1&0&0&0&0\\0&1&0&0&0\\0&1&1&0&0\\1&2&0&1&0\\-2&0&0&0&1\end{pmatrix}$，$\boldsymbol{B}=\begin{pmatrix}-1&2&1&0\\4&0&0&1\\0&1&0&0\\-2&0&0&0\\2&-1&0&0\end{pmatrix}$，求 $\boldsymbol{AB}$.

解
$$\boldsymbol{A}=\left(\begin{array}{cc:ccc}1&0&0&0&0\\0&1&0&0&0\\\hdashline 0&1&1&0&0\\1&2&0&1&0\\-2&0&0&0&1\end{array}\right)=\begin{pmatrix}\boldsymbol{E}_2&\boldsymbol{0}_{2\times3}\\\boldsymbol{A}_1&\boldsymbol{E}_3\end{pmatrix},$$

$$\boldsymbol{B}=\left(\begin{array}{cc:cc}-1&2&1&0\\4&0&0&1\\\hdashline 0&1&0&0\\-2&0&0&0\\2&-1&0&0\end{array}\right)=\begin{pmatrix}\boldsymbol{B}_1&\boldsymbol{E}_2\\\boldsymbol{B}_2&\boldsymbol{0}_{3\times2}\end{pmatrix},$$

$$\boldsymbol{AB}=\begin{pmatrix}\boldsymbol{E}_2&\boldsymbol{0}_{2\times3}\\\boldsymbol{A}_1&\boldsymbol{E}_3\end{pmatrix}\begin{pmatrix}\boldsymbol{B}_1&\boldsymbol{E}_2\\\boldsymbol{B}_2&\boldsymbol{0}_{3\times2}\end{pmatrix}=\begin{pmatrix}\boldsymbol{B}_1&\boldsymbol{E}_2\\\boldsymbol{A}_1\boldsymbol{B}_1+\boldsymbol{B}_2&\boldsymbol{A}_1\end{pmatrix},$$

$$\boldsymbol{A}_1\boldsymbol{B}_1+\boldsymbol{B}_2=\begin{pmatrix}0&1\\1&2\\-2&0\end{pmatrix}\begin{pmatrix}-1&2\\4&0\end{pmatrix}+\begin{pmatrix}0&1\\-2&0\\2&-1\end{pmatrix}=\begin{pmatrix}4&1\\5&2\\4&-5\end{pmatrix},$$

所以

$$\boldsymbol{AB}=\begin{pmatrix}-1&2&1&0\\4&0&0&1\\4&1&0&1\\5&2&1&2\\4&-5&-2&0\end{pmatrix}.$$

注意:(1) $\boldsymbol{A}$ 的列的分法与 $\boldsymbol{B}$ 的行的分法一致;(2) 如何分块使运算简便.

练习 2.1—2.2

1. 判断题:

(1) 所有的零矩阵都相等;所有的单位矩阵都相等. ( )

(2) 矩阵的运算规律与数的运算规律是一样的. ( )

(3) $(\boldsymbol{A}+\boldsymbol{B})^2=\boldsymbol{A}^2+2\boldsymbol{AB}+\boldsymbol{B}^2$, 其中 $\boldsymbol{A},\boldsymbol{B}$ 为同阶方阵. ( )

(4) 若 $\boldsymbol{A}^2=\boldsymbol{A}$, 则 $\boldsymbol{A}=\boldsymbol{0}$ 或 $\boldsymbol{E}$. ( )

(5) 若 $\boldsymbol{AX}=\boldsymbol{AY}$, 且 $\boldsymbol{A}\neq\boldsymbol{0}$, 则 $\boldsymbol{X}=\boldsymbol{Y}$. ( )

(6) 若 $\boldsymbol{A},\boldsymbol{B}$ 为同阶方阵, 则 $(\boldsymbol{AB})^{\mathrm{T}}=\boldsymbol{A}^{\mathrm{T}}\boldsymbol{B}^{\mathrm{T}}$. ( )

(7) 若方阵 $\boldsymbol{A}$ 为反对称矩阵, 则方阵 $\boldsymbol{A}$ 中关于主对角线对称的元素互为相反数. ( )

2. 填空题:

(1) $(1,2,3)\begin{pmatrix}1\\0\\2\end{pmatrix}=$ ________.

(2) $\begin{pmatrix}1\\0\\2\end{pmatrix}(1,2,3)=$ ________.

(3) $\begin{pmatrix}2&3\\-1&-2\\1&0\end{pmatrix}\begin{pmatrix}1&2&-1\\-3&0&1\end{pmatrix}=$ ________.

(4) $\begin{pmatrix}1&0&3&-1\\2&1&0&2\end{pmatrix}\begin{pmatrix}4&1&0\\-1&1&3\\2&0&1\\1&3&4\end{pmatrix}=$ ________.

(5) $\begin{pmatrix}a&0&0\\0&b&0\\0&0&c\end{pmatrix}^n=$ ________.

(6) $\begin{pmatrix}a_1&b_1&c_1\\a_2&b_2&c_2\\\vdots&\vdots&\vdots\\a_n&b_n&c_n\end{pmatrix}\begin{pmatrix}0&0&0\\0&1&0\\0&0&2\end{pmatrix}=$ ________.

3. 计算题:

(1) 设 $\boldsymbol{A}=\begin{pmatrix}3&1&0\\-1&2&1\\3&4&2\end{pmatrix}$, $\boldsymbol{B}=\begin{pmatrix}1&-1&0\\2&-2&5\\3&4&1\end{pmatrix}$, 求 $\boldsymbol{AB}-\boldsymbol{BA}$, $\boldsymbol{A}^2-\boldsymbol{B}^2$, $\boldsymbol{B}^{\mathrm{T}}\boldsymbol{A}^{\mathrm{T}}$.

(2) 设 $\boldsymbol{A}=(1,2,3)$, $\boldsymbol{B}=(1,1,1)$, 求 $\boldsymbol{A}^{\mathrm{T}}\boldsymbol{B}$, $\boldsymbol{BA}^{\mathrm{T}}$ 及 $(\boldsymbol{A}^{\mathrm{T}}\boldsymbol{B})^k$.

4. 计算矩阵 $\begin{pmatrix}5 & 2 & 0 & 0\\2 & 1 & 0 & 0\\0 & 0 & 8 & 3\\0 & 0 & 5 & 2\end{pmatrix}\begin{pmatrix}1 & -2 & 0 & 0\\-2 & 5 & 0 & 0\\0 & 0 & 2 & -3\\0 & 0 & -5 & 8\end{pmatrix}$.

5. 设 $\boldsymbol{A},\boldsymbol{B},\boldsymbol{C}$ 为 n 阶方阵，且 $\boldsymbol{AB}=\boldsymbol{BC}=\boldsymbol{CA}=\boldsymbol{E}$，求 $\boldsymbol{A}^2+\boldsymbol{B}^2+\boldsymbol{C}^2$.

6. 证明：设 $\boldsymbol{A},\boldsymbol{B}$ 为 n 阶方阵，且 $\boldsymbol{A}$ 为对称矩阵，则 $\boldsymbol{B}^{\mathrm{T}}\boldsymbol{AB}$ 也是对称矩阵.

第三节　矩阵的逆

前一节，我们学习了矩阵的运算，矩阵有加法、减法、乘法. 从数学的角度，我们自然会联想：是否与复数域的乘法一样，矩阵的乘法有逆运算呢？这是本节要研究的主要问题.

一、方阵的行列式与伴随矩阵

方阵是一类非常重要的矩阵，有着特别而重要的性质.

定义 2.3.1　由 n 阶方阵 $\boldsymbol{A}$ 的元素按原来的位置构成的行列式叫作方阵 $\boldsymbol{A}$ 的行列式，记为 $|\boldsymbol{A}|$ 或 $\det(\boldsymbol{A})$.

方阵的行列式有以下性质：

(1) $|\boldsymbol{A}^{\mathrm{T}}|=|\boldsymbol{A}|$；

(2) $|\lambda\boldsymbol{A}|=\lambda^n|\boldsymbol{A}|$；

(3) $|\boldsymbol{AB}|=|\boldsymbol{A}||\boldsymbol{B}|$，

其中 $\boldsymbol{A},\boldsymbol{B}$ 都是 n 阶方阵.

性质(3) 可推广到一般情况：

$$|\boldsymbol{A}_1\boldsymbol{A}_2\cdots\boldsymbol{A}_n|=|\boldsymbol{A}_1||\boldsymbol{A}_2|\cdots|\boldsymbol{A}_n|.$$

例 1　已知矩阵 $\boldsymbol{A}$ 是三阶方阵，$|\boldsymbol{A}|=-2$，求 $|3\boldsymbol{A}^{\mathrm{T}}\boldsymbol{A}|$.

解　$|3\boldsymbol{A}^{\mathrm{T}}\boldsymbol{A}|=3^3|\boldsymbol{A}^{\mathrm{T}}\boldsymbol{A}|=3^3|\boldsymbol{A}^{\mathrm{T}}||\boldsymbol{A}|=27(-2)(-2)=108.$

定义 2.3.2　若 $\boldsymbol{A}$ 是 n 阶方阵，行列式 $|\boldsymbol{A}|$ 的各元素的代数余子式 A_{ij} 构成的方阵

$$\boldsymbol{A}^*=\begin{pmatrix}A_{11} & A_{21} & \cdots & A_{n1}\\A_{12} & A_{22} & \cdots & A_{n2}\\\vdots & \vdots & & \vdots\\A_{1n} & A_{2n} & \cdots & A_{nn}\end{pmatrix}$$

称为 $\boldsymbol{A}$ 的伴随矩阵.

由行列式按行(列) 展开公式，可得如下定理.

定理 2.3.1　若 $\boldsymbol{A}$ 是 n 阶方阵，则

$$\boldsymbol{AA}^*=\boldsymbol{A}^*\boldsymbol{A}=|\boldsymbol{A}|\boldsymbol{E}.$$

二、矩阵的逆

在复数域中，$b/a = b \cdot a^{-1}$，$a \neq 0$，其中 a^{-1} 满足

$$aa^{-1} = a^{-1}a = 1.$$

类似地，我们引入矩阵的逆.

定义 2.3.3　设矩阵 $\boldsymbol{A}$ 是一个 n 阶方阵，若存在 n 阶方阵 $\boldsymbol{B}$，使得

$$\boldsymbol{AB} = \boldsymbol{BA} = \boldsymbol{E},$$

则称方阵 $\boldsymbol{A}$ 是可逆的，$\boldsymbol{B}$ 称为 $\boldsymbol{A}$ 的逆矩阵(简称 $\boldsymbol{A}$ 的逆).

注意：可逆矩阵都是方阵，本节中的矩阵，如不特别说明，都是 $n \times n$ 方阵.

由定义可知：

(1) 若 $\boldsymbol{B}$ 是 $\boldsymbol{A}$ 的逆，则 $\boldsymbol{A}$ 也是 $\boldsymbol{B}$ 的逆.

(2) 若 $\boldsymbol{A}$ 可逆，则 $\boldsymbol{A}$ 的逆唯一. 事实上，假设 $\boldsymbol{B}$，$\boldsymbol{C}$ 都是 $\boldsymbol{A}$ 的逆，则

$$\boldsymbol{AC} = \boldsymbol{E}, \quad \boldsymbol{BA} = \boldsymbol{E},$$

于是

$$\boldsymbol{B} = \boldsymbol{BE} = \boldsymbol{B}(\boldsymbol{AC}) = (\boldsymbol{BA})\boldsymbol{C} = \boldsymbol{EC} = \boldsymbol{C}.$$

由于 $\boldsymbol{A}$ 的逆是唯一的，因此我们把 $\boldsymbol{A}$ 的逆矩阵记为 $\boldsymbol{A}^{-1}$.

问题：(1) 方阵在什么条件下可逆？

(2) 如果 $\boldsymbol{A}$ 可逆，如何求 $\boldsymbol{A}^{-1}$？

定义 2.3.4　对于方阵 $\boldsymbol{A}$，若 $|\boldsymbol{A}| \neq 0$，则称 $\boldsymbol{A}$ 是非奇异的(或非退化的)；若 $|\boldsymbol{A}| = 0$，则称 $\boldsymbol{A}$ 是奇异的(或退化的).

由定理 2.3.1 知，若 $|\boldsymbol{A}| \neq 0$，则

$$\boldsymbol{A} \cdot \left(\frac{1}{|\boldsymbol{A}|}\boldsymbol{A}^*\right) = \left(\frac{1}{|\boldsymbol{A}|}\boldsymbol{A}^*\right) \cdot \boldsymbol{A} = \boldsymbol{E}.$$

因此 $\boldsymbol{A}$ 可逆，且 $\boldsymbol{A}^{-1} = \dfrac{1}{|\boldsymbol{A}|}\boldsymbol{A}^*$. 反之，若 $\boldsymbol{A}$ 可逆，则 $\boldsymbol{A}^{-1}$ 存在，且 $\boldsymbol{AA}^{-1} = \boldsymbol{E}$，于是

$$|\boldsymbol{A}||\boldsymbol{A}^{-1}| = |\boldsymbol{AA}^{-1}| = |\boldsymbol{E}| = 1,$$

所以

$$|\boldsymbol{A}| \neq 0.$$

因此，有以下定理.

定理 2.3.2　矩阵 $\boldsymbol{A}$ 可逆的充要条件是 $|\boldsymbol{A}| \neq 0$，且当 $\boldsymbol{A}$ 可逆时，

$$\boldsymbol{A}^{-1} = \frac{1}{|\boldsymbol{A}|}\boldsymbol{A}^*.$$

由定理可知，矩阵 $\boldsymbol{A}$ 可逆等价于 $\boldsymbol{A}$ 非奇异.

推论 1　$\boldsymbol{A}$，$\boldsymbol{B}$ 是 n 阶方阵，若 $\boldsymbol{AB} = \boldsymbol{E}$，则 $\boldsymbol{BA} = \boldsymbol{E}$.

证明　因为 $\boldsymbol{AB} = \boldsymbol{E}$，则

$$|\boldsymbol{AB}| = |\boldsymbol{A}||\boldsymbol{B}| = |\boldsymbol{E}| = 1,$$

所以

$$|\boldsymbol{A}|\neq 0,\quad |\boldsymbol{B}|\neq 0.$$

由定理 2.3.2 知 $\boldsymbol{A},\boldsymbol{B}$ 都可逆，即 $\boldsymbol{A}^{-1}$ 存在，所以

$$\boldsymbol{BA}=(\boldsymbol{A}^{-1}\boldsymbol{A})(\boldsymbol{BA})=\boldsymbol{A}^{-1}(\boldsymbol{AB})\boldsymbol{A}=\boldsymbol{E}.$$

矩阵的逆具有以下性质：若 $\boldsymbol{A},\boldsymbol{B}$ 可逆，则

(1) $(\boldsymbol{A}^{-1})^{-1}=\boldsymbol{A}$；

(2) $(\lambda\boldsymbol{A})^{-1}=\dfrac{1}{\lambda}\boldsymbol{A}^{-1}(\lambda\neq 0)$；

(3) $(\boldsymbol{AB})^{-1}=\boldsymbol{B}^{-1}\boldsymbol{A}^{-1}$；

(4) $(\boldsymbol{A}^{\mathrm{T}})^{-1}=(\boldsymbol{A}^{-1})^{\mathrm{T}}$；

(5) $|\boldsymbol{A}^{-1}|=\dfrac{1}{|\boldsymbol{A}|}=|\boldsymbol{A}|^{-1}$.

这些性质的证明请读者自己完成. 性质(3) 推广：若 $\boldsymbol{A}_1,\boldsymbol{A}_2,\cdots,\boldsymbol{A}_n$ 都可逆，则

$$(\boldsymbol{A}_1\boldsymbol{A}_2\cdots\boldsymbol{A}_n)^{-1}=\boldsymbol{A}_n^{-1}\boldsymbol{A}_{n-1}^{-1}\cdots\boldsymbol{A}_1^{-1}.$$

例 2 设 $\boldsymbol{A}=\begin{pmatrix}1&-1&2\\-2&-1&-2\\4&3&3\end{pmatrix}$，求 $\boldsymbol{A}^{-1}$.

解 利用定理 2.3.2. 首先

$$|\boldsymbol{A}|=\begin{vmatrix}1&-1&2\\-2&-1&-2\\4&3&3\end{vmatrix}=1\neq 0,$$

所以 $\boldsymbol{A}$ 可逆. 又

$$A_{11}=\begin{vmatrix}-1&-2\\3&3\end{vmatrix}=3,\quad A_{21}=-\begin{vmatrix}-1&2\\3&3\end{vmatrix}=9,$$

$$A_{31}=\begin{vmatrix}-1&2\\-1&-2\end{vmatrix}=4,\quad A_{12}=-\begin{vmatrix}-2&-2\\4&3\end{vmatrix}=-2,$$

$$A_{22}=\begin{vmatrix}1&2\\4&3\end{vmatrix}=-5,\quad A_{32}=-\begin{vmatrix}1&2\\-2&-2\end{vmatrix}=-2,$$

$$A_{13}=\begin{vmatrix}-2&-1\\4&3\end{vmatrix}=-2,\quad A_{23}=-\begin{vmatrix}1&-1\\4&3\end{vmatrix}=-7,$$

$$A_{33}=\begin{vmatrix}1&-1\\-2&-1\end{vmatrix}=-3.$$

因此

$$\boldsymbol{A}^{-1}=\frac{1}{|\boldsymbol{A}|}\boldsymbol{A}^*=\begin{pmatrix}3&9&4\\-2&-5&-2\\-2&-7&-3\end{pmatrix}.$$

可见，即使对于三阶方阵，按定理 2.3.2 的公式求逆矩阵也是比较繁杂的. 因此对于三阶以上的方阵求逆矩阵不推荐使用此公式，以后我们会介绍更简单

的求逆矩阵方法.但对于二阶可逆矩阵,可以按此公式直接写出矩阵的逆矩阵.若 $ad-bc\neq 0$,则

$$\begin{pmatrix} a & b \\ c & d \end{pmatrix}^{-1}=\frac{1}{ad-bc}\begin{pmatrix} d & -b \\ -c & a \end{pmatrix}.$$

为了便于记忆,我们把此方法称为"两调一除":首先调换主对角线上两元素位置,其次调换次对角线上两元素符号,然后除以矩阵的行列式.

例 3　设 $\boldsymbol{P}=\begin{pmatrix} 1 & 2 \\ 1 & 4 \end{pmatrix}$, $\boldsymbol{\Lambda}=\begin{pmatrix} 1 & 0 \\ 0 & 2 \end{pmatrix}$, $\boldsymbol{AP}=\boldsymbol{P\Lambda}$, 求 $\boldsymbol{A}^n$.

解

$$|\boldsymbol{P}|=2,\quad \boldsymbol{P}^{-1}=\frac{1}{2}\cdot\begin{pmatrix} 4 & -2 \\ -1 & 1 \end{pmatrix}.$$

由 $\boldsymbol{AP}=\boldsymbol{P\Lambda}$, 得

$$\boldsymbol{A}=\boldsymbol{P\Lambda P}^{-1}.$$

因此

$$\begin{aligned}\boldsymbol{A}^n&=(\boldsymbol{P\Lambda P}^{-1})(\boldsymbol{P\Lambda P}^{-1})\cdots(\boldsymbol{P\Lambda P}^{-1})\\&=\boldsymbol{P\Lambda}^n\boldsymbol{P}^{-1}.\end{aligned}$$

因为

$$\boldsymbol{\Lambda}^n=\begin{pmatrix} 1 & 0 \\ 0 & 2 \end{pmatrix}^n=\begin{pmatrix} 1 & 0 \\ 0 & 2^n \end{pmatrix},$$

所以

$$\boldsymbol{A}^n=\begin{pmatrix} 1 & 2 \\ 1 & 4 \end{pmatrix}\begin{pmatrix} 1 & 0 \\ 0 & 2^n \end{pmatrix}\cdot\frac{1}{2}\cdot\begin{pmatrix} 4 & -2 \\ -1 & 1 \end{pmatrix}=\begin{pmatrix} 2-2^n & 2^n-1 \\ 2-2^{n+1} & 2^{n+1}-1 \end{pmatrix}.$$

下面,我们给出两个常用的结论,其证明请读者自己完成.

(1) $$\begin{pmatrix} \lambda_1 & & & \\ & \lambda_2 & & \\ & & \ddots & \\ & & & \lambda_n \end{pmatrix}^{-1}=\begin{pmatrix} \lambda_1^{-1} & & & \\ & \lambda_2^{-1} & & \\ & & \ddots & \\ & & & \lambda_n^{-1} \end{pmatrix}\ (\lambda_i\neq 0, i=1,2,\cdots,n);$$

(2) $$\begin{pmatrix} \boldsymbol{A}_1 & & & \\ & \boldsymbol{A}_2 & & \\ & & \ddots & \\ & & & \boldsymbol{A}_n \end{pmatrix}^{-1}=\begin{pmatrix} \boldsymbol{A}_1^{-1} & & & \\ & \boldsymbol{A}_2^{-1} & & \\ & & \ddots & \\ & & & \boldsymbol{A}_n^{-1} \end{pmatrix}\ (\boldsymbol{A}_i \text{ 都可逆}, i=1,2,\cdots,n).$$

(2) 中的分块矩阵称为分块对角矩阵.

例 4　设 $\boldsymbol{A}=\begin{pmatrix} 3 & 0 & 0 & 0 & 0 \\ 0 & 0 & 1 & 0 & 0 \\ 0 & 2 & 5 & 0 & 0 \\ 0 & 0 & 0 & 1 & 0 \\ 0 & 0 & 0 & 0 & 1 \end{pmatrix}$, 求 $\boldsymbol{A}^{-1}$.

解 将 $\boldsymbol{A}$ 分块，

$$\boldsymbol{A}=\left(\begin{array}{c|cc|cc}3&0&0&0&0\\ \hline 0&0&1&0&0\\ 0&2&5&0&0\\ \hline 0&0&0&1&0\\ 0&0&0&0&1\end{array}\right)=\begin{pmatrix}\boldsymbol{A}_1&&\\&\boldsymbol{A}_2&\\&&\boldsymbol{E}_2\end{pmatrix},$$

其中

$$\boldsymbol{A}_1=(3),\quad \boldsymbol{A}_2=\begin{pmatrix}0&1\\2&5\end{pmatrix},\quad \boldsymbol{E}_2=\begin{pmatrix}1&0\\0&1\end{pmatrix}.$$

又因

$$\boldsymbol{A}_1^{-1}=\left(\frac{1}{3}\right),\quad \boldsymbol{A}_2^{-1}=-\frac{1}{2}\begin{pmatrix}5&-1\\-2&0\end{pmatrix},\quad \boldsymbol{E}_2^{-1}=\boldsymbol{E}_2,$$

所以

$$\boldsymbol{A}^{-1}=\begin{pmatrix}\boldsymbol{A}_1^{-1}&&\\&\boldsymbol{A}_2^{-1}&\\&&\boldsymbol{E}_2^{-1}\end{pmatrix}=\begin{pmatrix}\frac{1}{3}&0&0&0&0\\0&-\frac{5}{2}&\frac{1}{2}&0&0\\0&1&0&0&0\\0&0&0&1&0\\0&0&0&0&1\end{pmatrix}.$$

练习 2.3

1. 填空题：

(1) $\boldsymbol{E}$ 为 $n\times n$ 单位阵，则 $|-\boldsymbol{E}|=$ ________.

(2) $\boldsymbol{A}$ 为 3×3 矩阵，$\boldsymbol{B}$ 为 4×4 矩阵，且 $|\boldsymbol{A}|=-1$，$|\boldsymbol{B}|=2$，则 $\big||\boldsymbol{A}|\boldsymbol{B}\big|=$ ________.

(3) n 阶方阵 $\boldsymbol{A}$ 的行列式为 $|\boldsymbol{A}|$，$\boldsymbol{A}$ 的伴随矩阵为 $\boldsymbol{A}^*$，则 $|\boldsymbol{A}^*|=$ ________.

(4) 若 $ad-bc\neq 0$，则 $\begin{pmatrix}a&b\\c&d\end{pmatrix}^{-1}=$ ________，$\begin{pmatrix}1&0&0\\0&0&1\\0&1&0\end{pmatrix}^{-1}=$ ________.

(5) 设 $\boldsymbol{A}=\begin{pmatrix}1&0&1\\0&2&0\\0&0&1\end{pmatrix}$，则 $(\boldsymbol{A}+3\boldsymbol{E})^{-1}(\boldsymbol{A}^2-9\boldsymbol{E})=$ ________.

(6) 设 $\boldsymbol{A}$ 为三阶方阵，$|\boldsymbol{A}|=-2$，则 $|3\boldsymbol{A}^{\mathrm{T}}\boldsymbol{A}|=$ ________，$\left|\left(\frac{1}{2}\boldsymbol{A}\right)^2\right|=$ ________；若把 $\boldsymbol{A}$ 按行分块为 $\boldsymbol{A}=\begin{pmatrix}\boldsymbol{A}_1\\\boldsymbol{A}_2\\\boldsymbol{A}_3\end{pmatrix}$，则行列式 $\begin{vmatrix}\boldsymbol{A}_3-2\boldsymbol{A}_1\\3\boldsymbol{A}_2\\\boldsymbol{A}_1\end{vmatrix}=$ ________；若 $\boldsymbol{A}^*$ 为其伴随矩阵，则

$\left|\left(\frac{1}{2}A\right)^{-1}-\frac{3}{2}A^{*}\right|=$ ______.

2. 选择题：

(1) 设 A,B 为 n 阶方阵，下列说法正确的是(　　).

(A) $AB\neq 0$，则 $|A|\neq 0$ 且 $|B|\neq 0$

(B) $AB=0$，则 $|A|=0$ 或 $|B|=0$

(C) $|A|=0$，则 $A=0$

(D) A,B 为对称矩阵，则 AB 也为对称矩阵

(2) 设 A 为 $n(n>2)$ 阶非奇异矩阵，则(　　).

(A) $(A^{*})^{*}=|A|^{n-1}A$　　(B) $(A^{*})^{*}=|A|^{n-2}A$

(C) $(A^{*})^{*}=|A|^{n+1}A$　　(D) $(A^{*})^{*}=|A|^{n+2}A$

(3) 设 A,B 为 n 阶方阵，下列说法正确的是(　　).

(A) A,B 可逆，则 $A+B$ 可逆　　(B) A,B 可逆，则 AB 可逆

(C) $A+B$ 可逆，则 $A-B$ 可逆　　(D) $A+B$ 可逆，则 A,B 可逆

3. 已知 $A=\begin{pmatrix}3&-2&0&0\\5&-3&0&0\\0&0&3&4\\0&0&1&1\end{pmatrix}$，利用矩阵分块求 A 的逆矩阵.

4. 设 $A=\begin{pmatrix}1&0&1\\0&2&0\\1&0&1\end{pmatrix}$，$X$ 满足 $AX+E=A^2+X$，求 X.

5. 已知 $AP=PB$，其中 $P=\begin{pmatrix}1&0&0\\0&-1&0\\0&1&1\end{pmatrix}$，$B=\begin{pmatrix}1&0&0\\0&0&0\\0&0&-1\end{pmatrix}$，求：(1) A；(2) A^3；(3) $|A^{100}|$.

6. 若 A 是 n 阶方阵，且满足 $A^2+2A+3E=0$，证明：A 可逆.

第四节　矩阵的秩与初等变换

矩阵的秩是一个非常重要的概念，它刻画了矩阵的本质属性.

一、矩阵的秩的概念

定义 2.4.1　在 $m\times n$ 矩阵 A 中，任取 k 行，k 列 $(k\leqslant\min\{m,n\})$，位于这些行列交叉处的 k^2 个元素按原来的次序所构成的 k 阶行列式，称为 A 的 k 阶子式.

一个 $m\times n$ 矩阵 A 共有 $C_m^k\cdot C_n^k$ 个 k 阶子式. 例如，

$$A=\begin{pmatrix}2&-3&8&2\\2&12&-2&12\\1&3&1&4\end{pmatrix},$$

$\boldsymbol{A}$ 的每一个元素 a_{ij} 都是它的一阶子式，共有 3×4 个一阶子式. 取第一行、第二行，第一列、第二列得二阶子式

$$\begin{vmatrix} 2 & -3 \\ 2 & 12 \end{vmatrix} = 30.$$

$\boldsymbol{A}$ 共有 $C_3^2\cdot C_4^2=18$ 个二阶子式. 取第一、二、三行，第一、二、三列得到三阶子式

$$\begin{vmatrix} 2 & -3 & 8 \\ 2 & 12 & -2 \\ 1 & 3 & 1 \end{vmatrix} = 0.$$

$\boldsymbol{A}$ 共有 $C_3^3\cdot C_4^3=4$ 个三阶子式，不难验证，其余三个三阶子式全为 0.

定义 2.4.2 矩阵 $\boldsymbol{A}$ 中行列式值不为 0 的子式的最高阶数称为矩阵 $\boldsymbol{A}$ 的秩，记为 $\mathrm{rank}(\boldsymbol{A})$，简记为 $r(\boldsymbol{A})$.

如上例 $r(\boldsymbol{A})=2$. 由定义可知，若矩阵 $\boldsymbol{A}$ 的秩为 r，则 $\boldsymbol{A}$ 中至少有一个 r 阶子式不为 0，且所有阶数大于 r 的子式全为 0. 从而以下结论显然成立：

(1) 零矩阵的秩为 0，即 $r(\boldsymbol{0})=0$；

(2) $r(\boldsymbol{A})=r(\boldsymbol{A}^{\mathrm{T}})$；

(3) $r(\boldsymbol{A})\leqslant\min\{m,n\}$；

(4) 若 $\boldsymbol{A}_{n\times n}$ 可逆，则 $r(\boldsymbol{A})=n$. 因此，可逆(非奇异) 矩阵又称满秩矩阵，相应地，不可逆(奇异) 矩阵称为降秩矩阵.

定理 2.4.1 若矩阵 $\boldsymbol{A}$ 至少有一个 k 阶子式不为 0，而所有 $k+1$ 阶子式全为 0，则矩阵 $\boldsymbol{A}$ 的秩为 k.

证明 由所有 $k+1$ 阶子式全为 0，任一个 $k+2$ 阶子式按行(列) 展开为 $(k+2)$ 个 $k+1$ 阶子式之和，可得任一 $k+2$ 阶子式都为 0，进一步可知所有高于 $k+1$ 阶的子式全为 0，所以由定义 $r(\boldsymbol{A})=k$.

问题：如何求矩阵的秩？

二、矩阵的初等变换

定义 2.4.3 对于矩阵，以下 3 种变换：

(1) 互换两行(记为 $r_i\leftrightarrow r_j$)，

(2) 以数 $\lambda(\lambda\neq0)$ 乘以某一行(记为 λr_i)，

(3) 将某一行的元素乘以数 λ 加到另一行对应元素 $(r_i+\lambda r_j)$，

称为矩阵的初等行变换(也称行初等变换). 将"行"变为"列"，则称为矩阵的初等列变换. 初等行变换与初等列变换统称为初等变换.

定理 2.4.2 对矩阵实施初等变换，矩阵的秩不变.

证明 仅证初等行变换的情形，对于初等列变换的情形同理可证.

(1) 对矩阵 $\boldsymbol{A}$ 实施第一种初等行变换，即交换 $\boldsymbol{A}$ 的两行得到矩阵 $\boldsymbol{B}$，由行列式的性质知：$\boldsymbol{B}$ 的子式与 $\boldsymbol{A}$ 的对应子式或者相等，或者相差符号，故第一种初等

行变换不改变矩阵的秩,即 $r(\boldsymbol{A})=r(\boldsymbol{B})$.

(2) 对矩阵 $\boldsymbol{A}$ 实施第二种初等行变换,即将 $\boldsymbol{A}$ 的第 i 行 r_i 乘以非零数 λ,得到矩阵 $\boldsymbol{B}$,由行列式的性质可知,$\boldsymbol{B}$ 的子式与 $\boldsymbol{A}$ 的相应子式或者相等,或者是后者的 λ 倍,因此第二种初等行变换也不改变矩阵的秩,即 $r(\boldsymbol{A})=r(\boldsymbol{B})$.

(3) 对矩阵 $\boldsymbol{A}$ 实施第三种初等行变换,即将 $\boldsymbol{A}$ 的第 j 行乘以数 λ 加到第 i 行得到 $\boldsymbol{B}$. 设

$$\boldsymbol{A}=\begin{pmatrix} a_{11} & a_{12} & \cdots & a_{1n} \\ \vdots & \vdots & & \vdots \\ a_{i1} & a_{i2} & \cdots & a_{in} \\ \vdots & \vdots & & \vdots \\ a_{j1} & a_{j2} & \cdots & a_{jn} \\ \vdots & \vdots & & \vdots \\ a_{m1} & a_{m2} & \cdots & a_{mn} \end{pmatrix},\quad r(\boldsymbol{A})=r,$$

则

$$\boldsymbol{B}=\begin{pmatrix} a_{11} & a_{12} & \cdots & a_{1n} \\ \vdots & \vdots & & \vdots \\ a_{i1}+\lambda a_{j1} & a_{i2}+\lambda a_{j2} & \cdots & a_{in}+\lambda a_{jn} \\ \vdots & \vdots & & \vdots \\ a_{j1} & a_{j2} & \cdots & a_{jn} \\ \vdots & \vdots & & \vdots \\ a_{m1} & a_{m2} & \cdots & a_{mn} \end{pmatrix}.$$

设 M_{r+1} 是 $\boldsymbol{B}$ 的一个 $r+1$ 阶子式.

(1) 若 M_{r+1} 不含 $\boldsymbol{B}$ 的第 i 行,则 M_{r+1} 也是 $\boldsymbol{A}$ 的 $r+1$ 阶子式,因此 $M_{r+1}=0$;

(2) 若 M_{r+1} 含有 $\boldsymbol{B}$ 的第 i 行,并含 $\boldsymbol{B}$ 的第 j 行,由行列式性质知 M_{r+1} 等于 $\boldsymbol{A}$ 中含第 i 行、第 j 行的相应子式,故 $M_{r+1}=0$;

(3) 若 M_{r+1} 只含 $\boldsymbol{B}$ 的第 i 行而不含第 j 行,由行列式性质有 $M_{r+1}=N_{r+1}+\lambda P_{r+1}$,其中 N_{r+1},P_{r+1} 都是 $\boldsymbol{A}$ 的 $r+1$ 阶子式,故 $M_{r+1}=0$.

因此 $\boldsymbol{B}$ 的任意 $r+1$ 阶子式都为 0,于是 $r(\boldsymbol{B})\leqslant r(\boldsymbol{A})$. 另一方面,矩阵 $\boldsymbol{A}$ 也可以看作由矩阵 $\boldsymbol{B}$ 经第 j 行乘以 $-\lambda$ 加到第 i 行而得,于是类似可得 $r(\boldsymbol{A})\leqslant r(\boldsymbol{B})$. 因此,$r(\boldsymbol{A})=r(\boldsymbol{B})$.

综上所述,初等变换不改变矩阵的秩.

根据定理,我们可以利用初等变换将矩阵变为简单形式,从而求出矩阵的秩.

例 1　求矩阵 $\boldsymbol{A}=\begin{pmatrix} 1 & -2 & -1 & 0 & 2 \\ -2 & 4 & 2 & 6 & -6 \\ 2 & -1 & 0 & 2 & 3 \\ 3 & 3 & 3 & 3 & 4 \end{pmatrix}$ 的秩.

解 $A \xrightarrow[\substack{r_3-2r_1\\ r_4-3r_1}]{r_2+2r_1} \begin{pmatrix} 1 & -2 & -1 & 0 & 2 \\ 0 & 0 & 0 & 6 & -2 \\ 0 & 3 & 2 & 2 & -1 \\ 0 & 9 & 6 & 3 & -2 \end{pmatrix} \xrightarrow{r_4-3r_3} \begin{pmatrix} 1 & -2 & -1 & 0 & 2 \\ 0 & 0 & 0 & 6 & -2 \\ 0 & 3 & 2 & 2 & -1 \\ 0 & 0 & 0 & -3 & 1 \end{pmatrix}$

$$\xrightarrow{r_2 \leftrightarrow r_3} \begin{pmatrix} 1 & -2 & -1 & 0 & 2 \\ 0 & 3 & 2 & 2 & -1 \\ 0 & 0 & 0 & 6 & -2 \\ 0 & 0 & 0 & -3 & 1 \end{pmatrix} \xrightarrow[r_4+\frac{1}{2}r_3]{\frac{1}{2}r_3} \begin{pmatrix} 1 & -2 & -1 & 0 & 2 \\ 0 & 3 & 2 & 2 & -1 \\ 0 & 0 & 0 & 3 & -1 \\ 0 & 0 & 0 & 0 & 0 \end{pmatrix}.$$

直接观察,可得 $r(A)=3$.

例 1 中最后一个矩阵称为行阶梯形矩阵,其特征是,矩阵从形式上看像"阶梯",且每一级"台阶"只有一行,每一行第一个非零元素的左边及下边的元素全为 0. 行阶梯形矩阵可以直接看出矩阵的秩.

将以上行阶梯形矩阵进一步实施初等行变换:

$$\begin{pmatrix} 1 & -2 & -1 & 0 & 2 \\ 0 & 3 & 2 & 2 & -1 \\ 0 & 0 & 0 & 3 & -1 \\ 0 & 0 & 0 & 0 & 0 \end{pmatrix} \xrightarrow{\text{初等行变换}} \begin{pmatrix} 1 & 0 & \frac{1}{3} & 0 & \frac{16}{9} \\ 0 & 1 & \frac{2}{3} & 0 & -\frac{1}{9} \\ 0 & 0 & 0 & 1 & -\frac{1}{3} \\ 0 & 0 & 0 & 0 & 0 \end{pmatrix}.$$

我们将上式后一个矩阵称为行最简形矩阵,其特征是,行阶梯形矩阵中非零行的第一个非零元素为 1,且含有这些"1"的列的其他元素全为 0.

对行最简形矩阵进一步实施初等列变换:

$$\begin{pmatrix} 1 & 0 & \frac{1}{3} & 0 & \frac{16}{9} \\ 0 & 1 & \frac{2}{3} & 0 & -\frac{1}{9} \\ 0 & 0 & 0 & 1 & -\frac{1}{3} \\ 0 & 0 & 0 & 0 & 0 \end{pmatrix} \xrightarrow{\text{初等列变换}} \begin{pmatrix} 1 & 0 & 0 & 0 & 0 \\ 0 & 1 & 0 & 0 & 0 \\ 0 & 0 & 1 & 0 & 0 \\ 0 & 0 & 0 & 0 & 0 \end{pmatrix}.$$

我们将最后一种矩阵称为标准形,其特征是,左上角是一个单位矩阵,其余元素全为 0.

一般地,矩阵 $A=(a_{ij})_{m\times n}$ 经过若干次初等行变换总可以化为行阶梯形矩阵或行最简形矩阵,再经过初等列变换可以化为标准形:

$$A=(a_{ij})_{m\times n}\xrightarrow{\text{初等变换}}\begin{pmatrix}1&0&\cdots&0&\cdots&0\\0&1&\cdots&0&\cdots&0\\\vdots&\vdots&&\vdots&&\vdots\\0&0&\cdots&1&\cdots&0\\0&0&\cdots&0&\cdots&0\\\vdots&\vdots&&\vdots&&\vdots\\0&0&\cdots&0&\cdots&0\end{pmatrix}=\begin{pmatrix}\boldsymbol{E}_r&\boldsymbol{0}\\\boldsymbol{0}&\boldsymbol{0}\end{pmatrix}.$$

左上角是 r 阶单位矩阵 $\boldsymbol{E}_r$，显然 $r(\boldsymbol{A})=r$. 其特点是，标准形的左上角是一个 r 阶单位矩阵，其余元素全为 0.

显然，若两同型矩阵 $\boldsymbol{A},\boldsymbol{B}$ 的秩相等，则它们的标准形相同.

定义 2.4.4　若 $\boldsymbol{A}$ 经过有限次初等变换化为 $\boldsymbol{B}$，则称 $\boldsymbol{A}$ 与 $\boldsymbol{B}$ 等价，记为 $\boldsymbol{A}\sim\boldsymbol{B}$.

容易验证矩阵间的等价满足反身性、对称性、传递性，是一种等价关系.

由定理 2.4.2 知，若 $\boldsymbol{A}\sim\boldsymbol{B}$，则 $r(\boldsymbol{A})=r(\boldsymbol{B})$.

三、初等矩阵

定义 2.4.5　由单位矩阵经过一次初等变换得到的矩阵称为初等矩阵.

3 种初等行变换对应以下 3 种初等矩阵：

(1) $r_i\leftrightarrow r_j$，得

$$\boldsymbol{E}(i,j)=\begin{pmatrix}1&&&&&&&&\\&\ddots&&&&&&&\\&&1&&&&&&\\&&&0&\cdots&\cdots&\cdots&1&&&\\&&&&1&&&&&&\\&&&\vdots&&\ddots&&\vdots&&&\\&&&&&&1&&&&\\&&&1&\cdots&\cdots&\cdots&0&&&\\&&&&&&&&1&&\\&&&&&&&&&\ddots&\\&&&&&&&&&&1\end{pmatrix}\begin{matrix}\\\\\\\leftarrow 第\ i\ 行\\\\\\\\\leftarrow 第\ j\ 行\\\\\\\\\end{matrix}.$$

(2) $\lambda r_i(\lambda\neq 0)$，得

$$\boldsymbol{E}(i(\lambda))=\begin{pmatrix}1&&&&&\\&\ddots&&&&\\&&1&&&\\&&&\lambda&&\\&&&&1&&\\&&&&&\ddots&\\&&&&&&1\end{pmatrix}\leftarrow 第\ i\ 行.$$

(3) $r_i+\lambda r_j$，得

$$E(i,j(\lambda))=\begin{pmatrix}1&&&&&\\&\ddots&&&&\\&&1&\cdots&\lambda&&\\&&&\ddots&\vdots&&\\&&&&1&&\\&&&&&\ddots&\\&&&&&&1\end{pmatrix}\begin{matrix}\\\\\leftarrow\text{第 } i \text{ 行}\\\\\leftarrow\text{第 } j \text{ 行}\\\\\\\end{matrix}.$$

同样可得与初等列变换对应的初等矩阵，并且容易知道，初等列变换所得到的初等矩阵也是以上所列举的3类. 因此，这3类初等矩阵就是全部的初等矩阵.

利用矩阵乘法的定义，可得：

定理 2.4.3 设矩阵 $\boldsymbol{A}=(a_{ij})_{m\times n}$，则对 $\boldsymbol{A}$ 实施一次初等行变换相当于用相应的 m 阶初等矩阵左乘以 $\boldsymbol{A}$；对 $\boldsymbol{A}$ 实施一次初等列变换相当于用相应的 n 阶初等矩阵右乘以 $\boldsymbol{A}$.

由逆矩阵定义及定理2.4.3可知，初等矩阵都是可逆的，且

$$\boldsymbol{E}(i,j)^{-1}=\boldsymbol{E}(i,j),$$

$$\boldsymbol{E}(i(\lambda))^{-1}=\boldsymbol{E}\left(i\left(\frac{1}{\lambda}\right)\right),$$

$$\boldsymbol{E}(i,j(\lambda))^{-1}=\boldsymbol{E}(i,j(-\lambda)).$$

定理 2.4.4 设矩阵 $\boldsymbol{A}$ 可逆，则存在有限个初等矩阵 $\boldsymbol{P}_1,\boldsymbol{P}_2,\cdots,\boldsymbol{P}_l$，使得

$$\boldsymbol{A}=\boldsymbol{P}_1\boldsymbol{P}_2\cdots\boldsymbol{P}_l.$$

证明 因为 $\boldsymbol{A}$ 可逆，则 $\boldsymbol{A}\sim\boldsymbol{E}$，因此 $\boldsymbol{E}$ 经过有限次初等变换可化为 $\boldsymbol{A}$. 由定理2.4.3，存在有限个初等矩阵，使得

$$\boldsymbol{P}_1\boldsymbol{P}_2\cdots\boldsymbol{P}_r\boldsymbol{E}\boldsymbol{P}_{r+1}\cdots\boldsymbol{P}_l=\boldsymbol{A},$$

所以

$$\boldsymbol{A}=\boldsymbol{P}_1\boldsymbol{P}_2\cdots\boldsymbol{P}_l.$$

推论 1 $m\times n$ 矩阵 $\boldsymbol{A}\sim\boldsymbol{B}$ 的充要条件是存在 m 阶可逆矩阵 $\boldsymbol{P}$，n 阶可逆矩阵 $\boldsymbol{Q}$，使 $\boldsymbol{PAQ}=\boldsymbol{B}$.

证明略.

由定理2.4.4，若 $\boldsymbol{A}$ 可逆，则存在有限个初等矩阵 $\boldsymbol{P}_1,\boldsymbol{P}_2,\cdots,\boldsymbol{P}_l$，使得

$$\boldsymbol{A}=\boldsymbol{P}_1\boldsymbol{P}_2\cdots\boldsymbol{P}_l,$$

从而

$$\boldsymbol{P}_l^{-1}\cdots\boldsymbol{P}_2^{-1}\boldsymbol{P}_1^{-1}\boldsymbol{A}=\boldsymbol{E}. \tag{2.4.1}$$

所以

$$\boldsymbol{A}^{-1}=\boldsymbol{P}_l^{-1}\cdots\boldsymbol{P}_2^{-1}\boldsymbol{P}_1^{-1}=\boldsymbol{P}_l^{-1}\cdots\boldsymbol{P}_2^{-1}\boldsymbol{P}_1^{-1}\boldsymbol{E}. \tag{2.4.2}$$

(2.4.1) 式表示，矩阵 $\boldsymbol{A}$ 经过一系列的初等行变换化为单位矩阵 $\boldsymbol{E}$；

(2.4.2) 式表示,单位矩阵 $\boldsymbol{E}$ 经过同样的初等行变换化为矩阵 $\boldsymbol{A}$ 的逆.

因此,我们得到一种利用初等变换求矩阵的逆的方法:

首先,作一个 $n\times 2n$ 矩阵 $(\boldsymbol{A}\mid\boldsymbol{E})$,然后对该矩阵进行初等行变换,那么当左边的子块 $\boldsymbol{A}$ 变为 $\boldsymbol{E}$ 时,右边的子块 $\boldsymbol{E}$ 则变为 $\boldsymbol{A}^{-1}$,即

$$(\boldsymbol{A}\mid\boldsymbol{E})\xrightarrow{\text{初等行变换}}(\boldsymbol{E}\mid\boldsymbol{A}^{-1}).$$

例 2　设 $\boldsymbol{A}=\begin{pmatrix}1&2&3\\2&2&1\\3&4&3\end{pmatrix}$,求 $\boldsymbol{A}^{-1}$.

解　
$$(\boldsymbol{A}\mid\boldsymbol{E})=\left(\begin{array}{ccc|ccc}1&2&3&1&0&0\\2&2&1&0&1&0\\3&4&3&0&0&1\end{array}\right)$$

$$\underset{r_3-3r_1}{\overset{r_2-2r_1}{\sim}}\left(\begin{array}{ccc|ccc}1&2&3&1&0&0\\0&-2&-5&-2&1&0\\0&-2&-6&-3&0&1\end{array}\right)$$

$$\overset{r_3-r_2}{\sim}\left(\begin{array}{ccc|ccc}1&2&3&1&0&0\\0&-2&-5&-2&1&0\\0&0&-1&-1&-1&1\end{array}\right)$$

$$\underset{r_1+3r_3}{\overset{r_2-5r_3}{\sim}}\left(\begin{array}{ccc|ccc}1&2&0&-2&-3&3\\0&-2&0&3&6&-5\\0&0&-1&-1&-1&1\end{array}\right)$$

$$\overset{r_1+r_2}{\sim}\left(\begin{array}{ccc|ccc}1&0&0&1&3&-2\\0&-2&0&3&6&-5\\0&0&-1&-1&-1&1\end{array}\right)$$

$$\underset{-r_3}{\overset{-\frac{1}{2}r_2}{\sim}}\left(\begin{array}{ccc|ccc}1&0&0&1&3&-2\\0&1&0&-\frac{3}{2}&-3&\frac{5}{2}\\0&0&1&1&1&-1\end{array}\right),$$

所以

$$\boldsymbol{A}^{-1}=\begin{pmatrix}1&3&-2\\-\frac{3}{2}&-3&\frac{5}{2}\\1&1&-1\end{pmatrix}.$$

利用初等变换求逆矩阵的方法也可用于解矩阵方程.

对于矩阵方程 $\boldsymbol{AX}=\boldsymbol{B}$,若 $\boldsymbol{A}$ 可逆,则 $\boldsymbol{A}=\boldsymbol{P}_1\boldsymbol{P}_2\cdots\boldsymbol{P}_l$($\boldsymbol{P}_i$ 为初等矩阵),故

$$\boldsymbol{A}^{-1}=\boldsymbol{P}_l^{-1}\cdots\boldsymbol{P}_2^{-1}\boldsymbol{P}_1^{-1},$$

于是

$$P_l^{-1}\cdots P_2^{-1}P_1^{-1}A = E, \tag{2.4.3}$$

且

$$P_l^{-1}\cdots P_2^{-1}P_1^{-1}B = A^{-1}B. \tag{2.4.4}$$

(2.4.3) 式说明,矩阵 A 经过一系列的初等行变换变为 E,(2.4.4) 式表示矩阵 B 经过同样的初等行变换变为 $A^{-1}B$,而 $A^{-1}B$ 恰好是方程 $AX = B$ 的解.由此得到方程 $AX = B$ 的解法:

作矩阵

$$(A \mid B) \xrightarrow{\text{初等行变换}} (E \mid A^{-1}B),$$

得方程的解

$$X = A^{-1}B.$$

例 3 求解矩阵方程 $AX = X + A$,其中 $A = \begin{pmatrix} 2 & 2 & 0 \\ 2 & 1 & 3 \\ 0 & 1 & 0 \end{pmatrix}$.

解 矩阵方程变形为 $(A - E)X = A$.由于 $|A - E| = 1$,故 $A - E$ 可逆.

$$(A - E \mid A) = \left(\begin{array}{ccc|ccc} 1 & 2 & 0 & 2 & 2 & 0 \\ 2 & 0 & 3 & 2 & 1 & 3 \\ 0 & 1 & -1 & 0 & 1 & 0 \end{array}\right)$$

$$\xrightarrow{r_2 - 2r_1} \left(\begin{array}{ccc|ccc} 1 & 2 & 0 & 2 & 2 & 0 \\ 0 & -4 & 3 & -2 & -3 & 3 \\ 0 & 1 & -1 & 0 & 1 & 0 \end{array}\right)$$

$$\xrightarrow{r_2 \leftrightarrow r_3} \left(\begin{array}{ccc|ccc} 1 & 2 & 0 & 2 & 2 & 0 \\ 0 & 1 & -1 & 0 & 1 & 0 \\ 0 & -4 & 3 & -2 & -3 & 3 \end{array}\right)$$

$$\xrightarrow{r_3 + 4r_2} \left(\begin{array}{ccc|ccc} 1 & 2 & 0 & 2 & 2 & 0 \\ 0 & 1 & -1 & 0 & 1 & 0 \\ 0 & 0 & -1 & -2 & 1 & 3 \end{array}\right)$$

$$\xrightarrow[-r_3]{r_2 - r_3} \left(\begin{array}{ccc|ccc} 1 & 2 & 0 & 2 & 2 & 0 \\ 0 & 1 & 0 & 2 & 0 & -3 \\ 0 & 0 & 1 & 2 & -1 & -3 \end{array}\right)$$

$$\xrightarrow{r_1 - 2r_2} \left(\begin{array}{ccc|ccc} 1 & 0 & 0 & -2 & 2 & 6 \\ 0 & 1 & 0 & 2 & 0 & -3 \\ 0 & 0 & 1 & 2 & -1 & -3 \end{array}\right).$$

所以,方程的解是

$$X = \begin{pmatrix} -2 & 2 & 6 \\ 2 & 0 & -3 \\ 2 & -1 & -3 \end{pmatrix}.$$

练习 2.4

1. 判断题:

(1) 若 $\boldsymbol{A}_{m\times n}$ 中所有 $r+1$ 阶子式全为 0,则 $r(\boldsymbol{A})=r$.　(　)

(2) n 阶方阵 $\boldsymbol{A}$ 可逆等价于 $|\boldsymbol{A}|\neq 0$,或 $\boldsymbol{A}$ 为非奇异矩阵,或 $r(\boldsymbol{A})=n$.　(　)

(3) 若矩阵 $\boldsymbol{A}$ 经过一系列初等行变换化为 $\boldsymbol{E}$,则矩阵 $\boldsymbol{B}$ 可经过相同的初等行变换化为 $\boldsymbol{A}^{-1}\boldsymbol{B}$.　(　)

2. 选择题:

(1) 设 $\boldsymbol{A}$ 是 n 阶方阵,$\boldsymbol{A}$ 经过若干次初等行变换后得到矩阵 $\boldsymbol{B}$,则(　).

(A) $|\boldsymbol{A}|=|\boldsymbol{B}|$　　(B) 存在可逆阵 $\boldsymbol{P}$,使 $\boldsymbol{B}=\boldsymbol{AP}$

(C) 存在可逆阵 $\boldsymbol{Q}$,使 $\boldsymbol{A}=\boldsymbol{BQ}$　　(D) 存在可逆阵 $\boldsymbol{Q}$,使 $\boldsymbol{A}=\boldsymbol{QB}$

(2) 对于矩阵 $\boldsymbol{A}_{n\times n}$ 和 $\boldsymbol{B}_{n\times m}$,下列说法错误的是(　).

(A) $r(\boldsymbol{A})=n$,则 $r(\boldsymbol{A}^*)=n$　　(B) $r(\boldsymbol{A})=r(\boldsymbol{B})$,则 $\boldsymbol{A},\boldsymbol{B}$ 等价

(C) $\min\{r(\boldsymbol{A}),r(\boldsymbol{B})\}\leqslant r(\boldsymbol{A}\mid\boldsymbol{B})\leqslant n$　　(D) $r(\boldsymbol{AB})\leqslant m$

(3) 已知

$$\boldsymbol{A}=\begin{pmatrix} a_{11} & a_{12} & a_{13}\\ a_{21} & a_{22} & a_{23}\\ a_{31} & a_{32} & a_{33}\end{pmatrix},\boldsymbol{P}_1=\begin{pmatrix} 0 & 0 & 1\\ 0 & 1 & 0\\ 1 & 0 & 0\end{pmatrix},\boldsymbol{P}_2=\begin{pmatrix} 1 & 0 & 0\\ 0 & 0 & 1\\ 0 & 1 & 0\end{pmatrix},\boldsymbol{B}=\begin{pmatrix} a_{31} & a_{33} & a_{32}\\ a_{21} & a_{23} & a_{22}\\ a_{11} & a_{13} & a_{12}\end{pmatrix},$$

则 $\boldsymbol{B}^{-1}=$(　).

(A) $\boldsymbol{P}_1\boldsymbol{A}^{-1}\boldsymbol{P}_2^{-1}$　(B) $\boldsymbol{P}_1\boldsymbol{A}\boldsymbol{P}_2$　(C) $\boldsymbol{P}_2\boldsymbol{A}^{-1}\boldsymbol{P}_1^{-1}$　(D) $\boldsymbol{P}_1^{-1}\boldsymbol{A}^{-1}\boldsymbol{P}_2$

3. 设 $\boldsymbol{A}=\begin{pmatrix} 2 & 1 & 8 & 3 & 7\\ 2 & -3 & 0 & 7 & -5\\ 3 & -2 & 5 & 8 & 0\\ 1 & 0 & 3 & 2 & 0\end{pmatrix}$,求 $\boldsymbol{A}$ 的秩.

4. 设 $\boldsymbol{A}$ 是 n 阶可逆方阵,将 $\boldsymbol{A}$ 的第 i 行和第 j 行对换后得到矩阵 $\boldsymbol{B}$.

(1) 证明:$\boldsymbol{B}$ 可逆;(2) 求 $\boldsymbol{AB}^{-1}$.

5. 利用初等变换求矩阵 $\boldsymbol{A}=\begin{pmatrix} 0 & 2 & 2 & 1\\ 3 & -2 & 0 & -1\\ 0 & 1 & 2 & 1\\ 1 & -2 & -3 & -2\end{pmatrix}$ 的逆矩阵.

6. 已知 $\boldsymbol{A}=\begin{pmatrix} 1 & 2 & 3 & 1\\ -1 & -2 & 0 & 3\\ 0 & 2 & 3 & 5\\ 1 & -2 & -3 & -2\end{pmatrix}$,$\boldsymbol{B}=\begin{pmatrix} 1 & 0 & 0 & 0\\ 0 & 0 & 0 & 1\\ 0 & 0 & 1 & 0\\ 0 & 1 & 0 & 0\end{pmatrix}$,$\boldsymbol{C}=\begin{pmatrix} 1 & 0 & 0 & 0\\ 0 & 1 & 0 & 2\\ 0 & 0 & 1 & 0\\ 0 & 0 & 0 & 1\end{pmatrix}$,求 $\boldsymbol{AB}$,$\boldsymbol{BA}$,$\boldsymbol{AC}$,$\boldsymbol{CA}$.

7. 解方程 $\begin{pmatrix} 0 & 1 & 0\\ 1 & 0 & 0\\ 0 & 0 & 1\end{pmatrix}\boldsymbol{X}\begin{pmatrix} 1 & 0 & 0\\ 0 & 0 & 1\\ 0 & 1 & 0\end{pmatrix}=\begin{pmatrix} 1 & -4 & 3\\ 2 & 0 & -1\\ 1 & -2 & 0\end{pmatrix}$.

8. 设 $\boldsymbol{A}=\begin{pmatrix}1 & -2 & 3k\\ -1 & 2k & -3\\ k & -2 & 3\end{pmatrix}$，$k$ 为何值时，可使(1) $r(\boldsymbol{A})=1$；(2) $r(\boldsymbol{A})=2$；(3) $r(\boldsymbol{A})=3$.

第五节 线性方程组有解的判别法

现在，我们着手研究更一般的线性方程组的求解问题.

一、消元法与矩阵的初等变换

解方程组的基本方法是消元法，在中学阶段我们就已经学会用消元法解简单的线性方程组.

引例 求解线性方程组

$$\begin{cases}2x_1-x_2-x_3+x_4=2,\\ x_1+x_2-2x_3+x_4=4,\\ 4x_1-6x_2+2x_3-2x_4=4,\\ 3x_1+6x_2-9x_3+7x_4=9.\end{cases}$$

解 第一个方程与第二个方程交换位置，第三个方程除以 2，得

$$\begin{cases}x_1+x_2-2x_3+x_4=4,\\ 2x_1-x_2-x_3+x_4=2,\\ 2x_1-3x_2+x_3-x_4=2,\\ 3x_1+6x_2-9x_3+7x_4=9.\end{cases}$$

第二个方程减去第三个方程，第三个方程减去第一个方程的 2 倍，第四个方程减去第一个方程的 3 倍，得

$$\begin{cases}x_1+x_2-2x_3+x_4=4,\\ 2x_2-2x_3+2x_4=0,\\ -5x_2+5x_3-3x_4=-6,\\ 3x_2-3x_3+4x_4=-3.\end{cases}$$

第二个、第四个方程加到第三个方程，第二个方程除以 2，得

$$\begin{cases}x_1+x_2-2x_3+x_4=4,\\ x_2-x_3+x_4=0,\\ 3x_4=-9,\\ 3x_2-3x_3+4x_4=-3.\end{cases}$$

第四个方程减去第二个方程的 3 倍，第三个方程除以 3，得

$$\begin{cases} x_1 + x_2 - 2x_3 + x_4 = 4, \\ \quad\; x_2 - \;\; x_3 + x_4 = 0, \\ \qquad\qquad\quad x_4 = -3, \\ \qquad\qquad\quad x_4 = -3. \end{cases}$$

第四个方程减去第三个方程,得

$$\begin{cases} x_1 + x_2 - 2x_3 + x_4 = 4, \\ \quad\; x_2 - \;\; x_3 + x_4 = 0, \\ \qquad\qquad\quad x_4 = -3, \\ \qquad\qquad\quad 0 = 0. \end{cases}$$

于是解得

$$\begin{cases} x_1 = x_3 + 4, \\ x_2 = x_3 + 3, \\ x_4 = -3, \end{cases}$$

其中 x_3 任意取值,称为自由变量.

分析以上过程可知,我们对方程组施行了 3 种变换:

(1) 交换两个方程的位置;

(2) 用一个不等于 0 的数乘以某个方程;

(3) 一个方程加上另一个方程的 k 倍.

我们把这 3 种变换叫作方程组的初等变换.初等变换把一个线性方程组变为一个与它同解的线性方程组.

我们还发现,在方程组的求解过程中,仅对方程组的系数和常数项进行运算,未知量并未参与运算.线性方程组有没有解,以及有什么样的解完全取决于它的系数和常数项,因此,我们在讨论线性方程组时,主要研究其系数和常数项.

定义 2.5.1　对于线性方程组

$$\begin{cases} a_{11}x_1 + a_{12}x_2 + \cdots + a_{1n}x_n = b_1, \\ a_{21}x_2 + a_{22}x_2 + \cdots + a_{2n}x_n = b_2, \\ \qquad\qquad \cdots\cdots \\ a_{m1}x_1 + a_{m2}x_2 + \cdots + a_{mn}x_n = b_m, \end{cases} \tag{2.5.1}$$

矩阵

$$\boldsymbol{A} = \begin{pmatrix} a_{11} & a_{12} & \cdots & a_{1n} \\ a_{21} & a_{22} & \cdots & a_{2n} \\ \vdots & \vdots & & \vdots \\ a_{m1} & a_{m2} & \cdots & a_{mn} \end{pmatrix}$$

称为方程组(2.5.1)的系数矩阵,矩阵

$$\widetilde{\boldsymbol{A}}=(\boldsymbol{A}\mid\boldsymbol{b})=\begin{pmatrix}a_{11}&a_{12}&\cdots&a_{1n}&b_1\\a_{21}&a_{22}&\cdots&a_{2n}&b_2\\\vdots&\vdots&&\vdots&\vdots\\a_{m1}&a_{m2}&\cdots&a_{mn}&b_m\end{pmatrix}$$

称为方程组(2.5.1)的增广矩阵.

例如,引例方程组的增广矩阵为

$$\widetilde{\boldsymbol{A}}=(\boldsymbol{A}\mid\boldsymbol{b})=\begin{pmatrix}2&-1&-1&1&2\\1&1&-2&1&4\\4&-6&2&-2&4\\3&6&-9&7&9\end{pmatrix}.$$

因此,利用消元法求解线性方程组,即对方程组施行初等行变换,相当于对其增广矩阵施行相应的初等行变换,所以我们可以利用方程组的增广矩阵来求解线性方程组,而不必每次把未知量写出.

例 1 解线性方程组

$$\begin{cases}\dfrac{1}{2}x_1+\dfrac{1}{3}x_2+x_3=1,\\x_1+\dfrac{5}{3}x_2+3x_3=3,\\2x_1+\dfrac{4}{3}x_2+5x_3=2.\end{cases}$$

解 增广矩阵

$$\widetilde{\boldsymbol{A}}=\begin{pmatrix}\frac{1}{2}&\frac{1}{3}&1&1\\1&\frac{5}{3}&3&3\\2&\frac{4}{3}&5&2\end{pmatrix}\xrightarrow[\substack{r_2-2r_1\\r_3-4r_1}]{2r_1}\begin{pmatrix}1&\frac{2}{3}&2&2\\0&1&1&1\\0&0&1&-2\end{pmatrix}$$

$$\xrightarrow{r_2-r_3}\begin{pmatrix}1&\frac{2}{3}&2&2\\0&1&0&3\\0&0&1&-2\end{pmatrix}\xrightarrow{r_1-\frac{2}{3}r_2-2r_3}\begin{pmatrix}1&0&0&4\\0&1&0&3\\0&0&1&-2\end{pmatrix}.$$

所以解为

$$x_1=4,\quad x_2=3,\quad x_3=-2.$$

二、线性方程组有解的判定

一般地,对于线性方程组(2.5.1),其增广矩阵

$$\widetilde{\boldsymbol{A}}=\begin{pmatrix} a_{11} & a_{12} & \cdots & a_{1n} & b_1 \\ a_{21} & a_{22} & \cdots & a_{2n} & b_2 \\ \vdots & \vdots & & \vdots & \vdots \\ a_{m1} & a_{m2} & \cdots & a_{mn} & b_m \end{pmatrix}$$

经过初等行变换总可以化为行最简形矩阵,不妨假设其行最简形如下:

$$\begin{pmatrix} 1 & 0 & \cdots & 0 & c_{1,r+1} & \cdots & c_{1n} & d_1 \\ 0 & 1 & \cdots & 0 & c_{2,r+1} & \cdots & c_{2n} & d_2 \\ \vdots & \vdots & & \vdots & \vdots & & \vdots & \vdots \\ 0 & 0 & \cdots & 1 & c_{r,r+1} & \cdots & c_{rn} & d_r \\ 0 & 0 & \cdots & 0 & 0 & \cdots & 0 & d_{r+1} \\ 0 & 0 & \cdots & 0 & 0 & \cdots & 0 & 0 \\ \vdots & \vdots & & \vdots & \vdots & & \vdots & \vdots \\ 0 & 0 & \cdots & 0 & 0 & \cdots & 0 & 0 \end{pmatrix},$$

与之相应的线性方程组为

$$\begin{cases} x_1+c_{1,r+1}x_{r+1}+\cdots+c_{1n}x_n=d_1, \\ x_2+c_{2,r+1}x_{r+1}+\cdots+c_{2n}x_n=d_2, \\ \cdots\cdots \\ x_r+c_{r,r+1}x_{r+1}+\cdots+c_{rn}x_n=d_r, \\ 0=d_{r+1}. \end{cases} \tag{2.5.2}$$

显然,该方程组与方程组(2.5.1)是同解方程组,因此

(1) 若 $d_{r+1}\neq 0$,则方程组(2.5.2)无解,那么方程组(2.5.1)无解;

(2) 若 $d_{r+1}=0$,则方程组(2.5.2)有解,那么方程组(2.5.1)也有解,此时方程组的系数矩阵与增广矩阵有相同的秩.

定理 2.5.1(线性方程组有解的判定定理)　线性方程组(2.5.1)有解的充分必要条件是系数矩阵与增广矩阵有相同的秩 r.

(1) 当 $r=n$ 时,方程组有唯一解;

(2) 当 $r<n$ 时,方程组有无穷多解,此时

$$\begin{cases} x_1=d_1-c_{1,r+1}x_{r+1}-\cdots-c_{1n}x_n, \\ x_2=d_2-c_{2,r+1}x_{r+1}-\cdots-c_{2n}x_n, \\ \cdots\cdots \\ x_r=d_r-c_{r,r+1}x_{r+1}-\cdots-c_{rn}x_n, \end{cases}$$

其中 $x_{r+1},x_{r+2},\cdots,x_n$ 是自由未知量,若给定一组数 $l_1,l_2,\cdots,l_{n-r}$,则得到方程组的一组特定的解

$$\begin{cases} x_1 = d_1 - c_{1,r+1}l_1 - \cdots - c_{1n}l_{n-r}, \\ x_2 = d_2 - c_{2,r+1}l_1 - \cdots - c_{2n}l_{n-r}, \\ \quad \cdots\cdots \\ x_r = d_r - c_{r,r+1}l_1 - \cdots - c_{rn}l_{n-r}, \\ x_{r+1} = l_1, \\ x_{r+2} = l_2, \\ \quad \cdots\cdots \\ x_n = l_{n-r}. \end{cases}$$

对应可得,线性方程组无解的充要条件是系数矩阵的秩与增广矩阵的秩不相等.

特别地,当方程组(2.5.1)的常数项全为0,即 $b_1 = b_2 = \cdots = b_m = 0$ 时,得齐次线性方程组

$$\begin{cases} a_{11}x_1 + a_{12}x_2 + \cdots + a_{1n}x_n = 0, \\ a_{21}x_1 + a_{22}x_2 + \cdots + a_{2n}x_n = 0, \\ \quad \cdots\cdots \\ a_{m1}x_1 + a_{m2}x_2 + \cdots + a_{mn}x_n = 0. \end{cases} \tag{2.5.3}$$

显然,齐次线性方程组总有解 $x_1 = x_2 = \cdots = x_n = 0$,称为齐次线性方程组的零解.

由定理2.5.1可得:

定理 2.5.2 若齐次线性方程组(2.5.3)的系数矩阵的秩为 r,则

(1) 若 $r = n$,则齐次线性方程组只有零解;

(2) 若 $r < n$,则齐次线性方程组有无穷多组非零解.

事实上,系数矩阵的秩 $r < n$ 是齐次线性方程组有非零解的充分必要条件.

例 2 解线性方程组

$$\begin{cases} x_1 - x_2 + 3x_3 - x_4 = 1, \\ 2x_1 - x_2 - x_3 + 4x_4 = 2, \\ 3x_1 - 2x_2 + 2x_3 + 3x_4 = 3, \\ x_1 - 4x_3 + 5x_4 = -1. \end{cases}$$

解 写出增广矩阵,

$$\widetilde{\boldsymbol{A}} = \begin{pmatrix} 1 & -1 & 3 & -1 & 1 \\ 2 & -1 & -1 & 4 & 2 \\ 3 & -2 & 2 & 3 & 3 \\ 1 & 0 & -4 & 5 & -1 \end{pmatrix} \xrightarrow{\text{初等行变换}} \begin{pmatrix} 1 & -1 & 3 & -1 & 1 \\ 0 & 1 & -7 & 6 & 0 \\ 0 & 0 & 0 & 0 & -2 \\ 0 & 0 & 0 & 0 & 0 \end{pmatrix}.$$

系数矩阵的秩与增广矩阵的秩不相等,所以方程组无解.

例 3 解线性方程组

$$\begin{cases} x_1 + 2x_2 + 3x_3 + \ \ x_4 = 5, \\ 2x_1 + \qquad 2x_3 - 2x_4 = 2, \\ -x_1 - 2x_2 + 3x_3 + 2x_4 = 8, \\ x_1 + 2x_2 - 9x_3 - 5x_4 = -21. \end{cases}$$

解　增广矩阵

$$\widetilde{\boldsymbol{A}} = \begin{pmatrix} 1 & 2 & 3 & 1 & 5 \\ 2 & 0 & 2 & -2 & 2 \\ -1 & -2 & 3 & 2 & 8 \\ 1 & 2 & -9 & -5 & -21 \end{pmatrix}$$

$$\xrightarrow{\text{初等行变换}} \begin{pmatrix} 1 & 0 & 0 & -\dfrac{3}{2} & -\dfrac{7}{6} \\ 0 & 1 & 0 & \dfrac{1}{2} & \dfrac{1}{6} \\ 0 & 0 & 1 & \dfrac{1}{2} & \dfrac{13}{6} \\ 0 & 0 & 0 & 0 & 0 \end{pmatrix}.$$

系数矩阵与增广矩阵的秩相等，所以方程组有解. 对应的方程组为

$$\begin{cases} x_1 - \dfrac{3}{2}x_4 = -\dfrac{7}{6}, \\ x_2 + \dfrac{1}{2}x_4 = -\dfrac{1}{6}, \\ x_3 + \dfrac{1}{2}x_4 = \dfrac{13}{6}. \end{cases}$$

把 x_4 作为自由未知量，移到右边得原方程组的一般解为

$$\begin{cases} x_1 = -\dfrac{7}{6} + \dfrac{3}{2}x_4, \\ x_2 = -\dfrac{1}{6} - \dfrac{1}{2}x_4, \\ x_3 = \dfrac{13}{6} - \dfrac{1}{2}x_4. \end{cases}$$

若给定自由未知量 x_4 一个特定值，如 $x_4 = 0$，则得到方程组的一个特解

$$x_1 = -\frac{7}{6}, \quad x_2 = -\frac{1}{6}, \quad x_3 = \frac{13}{6}, \quad x_4 = 0.$$

注：此例中，也可取其他未知量（如 x_3）为自由未知量.

练习 2.5

1. 选择题：

(1) 非齐次线性方程组 $\boldsymbol{Ax}=\boldsymbol{b}$ 中，未知量个数为 n，方程个数为 m，$r(\boldsymbol{A})=r$，则（　　）.

(A) $r=m$ 时，方程组 $\boldsymbol{Ax}=\boldsymbol{b}$ 有解　　(B) $r=n$ 时，方程组 $\boldsymbol{Ax}=\boldsymbol{b}$ 有唯一解

(C) $m=n$ 时，方程组 $\boldsymbol{Ax}=\boldsymbol{b}$ 有唯一解　(D) $r<n$ 时，方程组 $\boldsymbol{Ax}=\boldsymbol{b}$ 有无穷多解

(2) 设 $\boldsymbol{A}$ 是 $m\times n$ 矩阵，$\boldsymbol{Ax}=\boldsymbol{0}$ 是非齐次线性方程组 $\boldsymbol{Ax}=\boldsymbol{b}$ 所对应的齐次线性方程组，则下列结论正确的是（　　）.

(A) 若 $\boldsymbol{Ax}=\boldsymbol{0}$ 仅有零解，则 $\boldsymbol{Ax}=\boldsymbol{b}$ 有唯一解

(B) 若 $\boldsymbol{Ax}=\boldsymbol{0}$ 有非零解，则 $\boldsymbol{Ax}=\boldsymbol{b}$ 有无穷多解

(C) 若 $\boldsymbol{Ax}=\boldsymbol{b}$ 仅有唯一解，则 $\boldsymbol{Ax}=\boldsymbol{0}$ 可能有非零解

(D) 若 $\boldsymbol{Ax}=\boldsymbol{b}$ 有无穷多解，则 $\boldsymbol{Ax}=\boldsymbol{0}$ 有非零解

2. 判断下列线性方程组的解的情况（无解、有唯一解、无穷多解），并在有唯一解时求出方程组的解：

(1) $\begin{cases}2x_1-x_2+3x_3=1,\\4x_1+2x_2+5x_3=4,\\2x_1+2x_3=6;\end{cases}$　　(2) $\begin{cases}2x_1-x_2+3x_3=1,\\4x_1-2x_2+5x_3=4,\\2x_1-x_2+4x_3=-1;\end{cases}$

(3) $\begin{cases}2x_1-x_2+3x_3=1,\\4x_1-2x_2+5x_3=4,\\2x_1-x_2+4x_3=0.\end{cases}$

习　题　二

1. 设 $\boldsymbol{A}=\begin{pmatrix}1&1&1\\1&1&-1\\1&-1&1\end{pmatrix}$，$\boldsymbol{B}=\begin{pmatrix}1&2&3\\-1&-2&4\\0&5&1\end{pmatrix}$，求 $3\boldsymbol{AB}-2\boldsymbol{A}$ 及 $\boldsymbol{A}^{\mathrm{T}}\boldsymbol{B}$.

2. 求下列矩阵的乘积：

(1) $(a_1,a_2,\cdots,a_n)\begin{pmatrix}b_1\\b_2\\\vdots\\b_n\end{pmatrix}$；　　(2) $\begin{pmatrix}a_1\\a_2\\\vdots\\a_n\end{pmatrix}(b_1,b_2,\cdots,b_n)$；

(3) $(x_1,x_2,x_3)\begin{pmatrix}a_{11}&a_{12}&a_{13}\\a_{12}&a_{22}&a_{23}\\a_{13}&a_{23}&a_{33}\end{pmatrix}\begin{pmatrix}x_1\\x_2\\x_3\end{pmatrix}$.

3. 设 $\boldsymbol{A}=\begin{pmatrix}\lambda_1 & 0 & \cdots & 0\\ 0 & \lambda_2 & \cdots & 0\\ \vdots & \vdots & & \vdots\\ 0 & 0 & \cdots & \lambda_n\end{pmatrix}$，$\boldsymbol{B}=\begin{pmatrix}a_{11} & a_{12} & \cdots & a_{1n}\\ a_{21} & a_{22} & \cdots & a_{2n}\\ \vdots & \vdots & & \vdots\\ a_{n1} & a_{n2} & \cdots & a_{nn}\end{pmatrix}$，求 $\boldsymbol{AB}$ 和 $\boldsymbol{BA}$.

4. 证明矩阵乘法的下列性质：

(1) $\boldsymbol{A}(\boldsymbol{B}+\boldsymbol{C})=\boldsymbol{AB}+\boldsymbol{AC}$；

(2) $\lambda(\boldsymbol{AB})=(\lambda\boldsymbol{A})\boldsymbol{B}$.

5. 证明：

(1) 对角矩阵与对角矩阵的乘积仍是对角矩阵；

(2) 上(下)三角矩阵与上(下)三角矩阵的乘积仍是上(下)三角矩阵.

6. 设 $\boldsymbol{A}=\begin{pmatrix}1 & 1 & 0\\ 0 & 1 & 1\\ 0 & 0 & 1\end{pmatrix}$，求所有与 $\boldsymbol{A}$ 可交换的矩阵.

7. 设 $\boldsymbol{A},\boldsymbol{B}$ 是 n 阶方阵，试述下列等式成立的条件：

(1) $(\boldsymbol{A}+\boldsymbol{B})^2=\boldsymbol{A}^2+2\boldsymbol{AB}+\boldsymbol{B}^2$；

(2) $(\boldsymbol{A}+\boldsymbol{B})(\boldsymbol{A}-\boldsymbol{B})=\boldsymbol{A}^2-\boldsymbol{B}^2$.

8. 计算下列矩阵(其中 k,n 都是正整数)：

(1) $\begin{pmatrix}1 & -2\\ 3 & -4\end{pmatrix}^3$；　　(2) $\begin{pmatrix}0 & -1\\ 1 & 0\end{pmatrix}^n$；

(3) $\begin{pmatrix}2 & -1\\ 3 & -2\end{pmatrix}^n$；　　(4) $\begin{pmatrix}\lambda_1 & & & \\ & \lambda_2 & & \\ & & \ddots & \\ & & & \lambda_n\end{pmatrix}^k$；

(5) $\begin{pmatrix}1 & 0 & 1\\ 0 & 1 & 0\\ 0 & 0 & 1\end{pmatrix}^n$；　　(6) $\begin{pmatrix}\lambda & 1 & 0\\ 0 & \lambda & 1\\ 0 & 0 & \lambda\end{pmatrix}^n$.

9. 设 $\boldsymbol{\alpha}=(1,2,3,4)$，$\boldsymbol{\beta}=\left(1,\frac{1}{2},\frac{1}{3},\frac{1}{4}\right)$，$\boldsymbol{A}=\boldsymbol{\alpha}^{\mathrm{T}}\boldsymbol{\beta}$，求 $\boldsymbol{A}^n$.

10. 求下列矩阵的转置矩阵：

(1) $\boldsymbol{A}=(x_1,x_2,\cdots,x_n)$；　　(2) $\boldsymbol{A}=\begin{pmatrix}5 & 3\\ -2 & 4\\ 1 & -1\end{pmatrix}$.

11. 证明：$(\boldsymbol{A}_1\boldsymbol{A}_2\cdots\boldsymbol{A}_k)^{\mathrm{T}}=\boldsymbol{A}_k^{\mathrm{T}}\boldsymbol{A}_{k-1}^{\mathrm{T}}\cdots\boldsymbol{A}_1^{\mathrm{T}}$.

12. 证明：

(1) 若 $\boldsymbol{A},\boldsymbol{B}$ 都是 n 阶对称矩阵，则 $2\boldsymbol{A}-3\boldsymbol{B}$ 也是对称矩阵，$\boldsymbol{AB}-\boldsymbol{BA}$ 是反对称矩阵；

(2) 若 $\boldsymbol{A}$ 是反对称矩阵，$\boldsymbol{B}$ 是对称矩阵，则 $\boldsymbol{A}^2$ 是对称矩阵，$\boldsymbol{AB}-\boldsymbol{BA}$ 也是对称矩阵.

13. 设 $\boldsymbol{A},\boldsymbol{B}$ 均为 n 阶方阵，$\boldsymbol{C}=\boldsymbol{B}^{\mathrm{T}}(\boldsymbol{A}+\lambda\boldsymbol{E})\boldsymbol{B}$. 证明：当 $\boldsymbol{A}$ 为对称矩阵时，$\boldsymbol{C}$ 也是对称矩阵.

14. 求下列矩阵的逆矩阵：

(1) $\begin{pmatrix}\cos\theta & -\sin\theta\\ \sin\theta & \cos\theta\end{pmatrix}$；　　(2) $\begin{pmatrix}1 & 2 & -1\\ 3 & 4 & -2\\ 5 & -4 & 1\end{pmatrix}$；

(3) $\begin{pmatrix}a_1 & & & \\ & a_2 & & \\ & & \ddots & \\ & & & a_n\end{pmatrix}$ $(a_i\neq 0, i=1,2,\cdots,n)$.

15. 解下列矩阵方程：

(1) $\begin{pmatrix}1 & 2\\ 3 & 4\end{pmatrix}\boldsymbol{X}=\begin{pmatrix}3 & 5\\ 5 & 9\end{pmatrix}$；　　(2) $\begin{pmatrix}3 & -1\\ 5 & -2\end{pmatrix}\boldsymbol{X}\begin{pmatrix}5 & 6\\ 7 & 8\end{pmatrix}=\begin{pmatrix}14 & 16\\ 9 & 10\end{pmatrix}$；

(3) $\boldsymbol{X}\begin{pmatrix}5 & 3 & 1\\ 1 & -3 & -2\\ -5 & 2 & 1\end{pmatrix}=\begin{pmatrix}-8 & 3 & 0\\ -5 & 9 & 0\\ -2 & 15 & 0\end{pmatrix}$；

(4) 设 $\boldsymbol{X}=\boldsymbol{AX}+\boldsymbol{B}$，其中 $\boldsymbol{A}=\begin{pmatrix}0 & 1 & 0\\ -1 & 1 & 1\\ -1 & 0 & -1\end{pmatrix}$，$\boldsymbol{B}=\begin{pmatrix}1 & -1\\ 2 & 0\\ 5 & -3\end{pmatrix}$.

16. 设三阶方阵 $\boldsymbol{A},\boldsymbol{B}$ 满足关系式 $\boldsymbol{A}^{-1}\boldsymbol{BA}=6\boldsymbol{A}+\boldsymbol{BA}$，且 $\boldsymbol{A}=\begin{pmatrix}\frac{1}{3} & 0 & 0\\ 0 & \frac{1}{4} & 0\\ 0 & 0 & \frac{1}{7}\end{pmatrix}$，求 $\boldsymbol{B}$.

17. 设矩阵 $\boldsymbol{A},\boldsymbol{B}$ 满足关系式 $\boldsymbol{AB}=\boldsymbol{A}+2\boldsymbol{B}$，其中 $\boldsymbol{A}=\begin{pmatrix}4 & 2 & 3\\ 1 & 1 & 0\\ -1 & 2 & 3\end{pmatrix}$，求矩阵 $\boldsymbol{B}$.

18. 设 $\boldsymbol{A}$ 是三阶方阵，$|\boldsymbol{A}|=a, m\neq 0$，求行列式 $|-m\boldsymbol{A}|$ 的值.

19. 设 $\boldsymbol{A}$ 为三阶方阵，且 $|\boldsymbol{A}|=\frac{1}{2}$，求行列式 $|3\boldsymbol{A}^{-1}-2\boldsymbol{A}^*|$ 的值(其中 $\boldsymbol{A}^*$ 是 $\boldsymbol{A}$ 的伴随矩阵).

20. 设 $\boldsymbol{A}=\boldsymbol{E}-\boldsymbol{\zeta}\boldsymbol{\zeta}^{\mathrm{T}}$，其中 $\boldsymbol{E}$ 是 n 阶单位矩阵，$\boldsymbol{\zeta}$ 是 $n\times 1$ 的非零列矩阵，$\boldsymbol{\zeta}^{\mathrm{T}}$ 是 $\boldsymbol{\zeta}$ 的转置，证明：

(1) $\boldsymbol{A}^2=\boldsymbol{A}$ 的充要条件是 $\boldsymbol{\zeta}^{\mathrm{T}}\boldsymbol{\zeta}=1$；

(2) 当 $\boldsymbol{\zeta}^{\mathrm{T}}\boldsymbol{\zeta}=1$ 时，$\boldsymbol{A}$ 是不可逆矩阵.

21. 设方阵 $\boldsymbol{A}$ 满足 $\boldsymbol{A}^2-\boldsymbol{A}-2\boldsymbol{E}=\boldsymbol{0}$，证明：

(1) $\boldsymbol{A}$ 与 $\boldsymbol{E}-\boldsymbol{A}$ 都可逆，并求它们的逆矩阵；

(2) $\boldsymbol{A}+\boldsymbol{E}$ 与 $\boldsymbol{A}-2\boldsymbol{E}$ 中至少有一个是奇异方阵.

22. 已知矩阵 $\boldsymbol{A}$ 满足关系式 $\boldsymbol{A}^2+2\boldsymbol{A}-3\boldsymbol{E}=\boldsymbol{0}$，求 $(\boldsymbol{A}+4\boldsymbol{E})^{-1}$.

23. 设 $\boldsymbol{A}$ 为 n 阶方阵，且对某个正整数 m，有 $\boldsymbol{A}^m=\boldsymbol{0}$，证明 $\boldsymbol{E}-\boldsymbol{A}$ 可逆，并求其逆.

24. 设 $\boldsymbol{A},\boldsymbol{B},\boldsymbol{C}$ 为同阶方阵，且 $\boldsymbol{C}$ 非奇异，满足 $\boldsymbol{B}=\boldsymbol{C}^{-1}\boldsymbol{A}\boldsymbol{C}$，求证 $\boldsymbol{B}^m=\boldsymbol{C}^{-1}\boldsymbol{A}^m\boldsymbol{C}$（$m$ 为正整数）.

25. 设 $\boldsymbol{A}\boldsymbol{P}=\boldsymbol{P}\boldsymbol{B}$，其中 $\boldsymbol{B}=\begin{pmatrix}1&0&0\\0&0&0\\0&0&-1\end{pmatrix}$，$\boldsymbol{P}=\begin{pmatrix}1&0&0\\2&-1&0\\2&1&1\end{pmatrix}$，求 $\boldsymbol{A}^{99}$.

26. 设 m 次多项式 $f(x)=a_0+a_1x+a_2x^2+\cdots+a_mx^m$，记 $f(\boldsymbol{A})=a_0+a_1\boldsymbol{A}+a_2\boldsymbol{A}^2+\cdots+a_m\boldsymbol{A}^m$，称 $f(\boldsymbol{A})$ 为方阵 $\boldsymbol{A}$ 的 m 次多项式.

（1）设 $\boldsymbol{A}=\begin{pmatrix}\lambda_1&&&\\&\lambda_2&&\\&&\ddots&\\&&&\lambda_n\end{pmatrix}$，证明：$f(\boldsymbol{A})=\begin{pmatrix}f(\lambda_1)&&&\\&f(\lambda_2)&&\\&&\ddots&\\&&&f(\lambda_n)\end{pmatrix}$；

（2）设 $\boldsymbol{A}=\boldsymbol{P}\boldsymbol{\Lambda}\boldsymbol{P}^{-1}$，证明：$f(\boldsymbol{A})=\boldsymbol{P}f(\boldsymbol{\Lambda})\boldsymbol{P}^{-1}$.

27. 设 n 阶方阵 $\boldsymbol{A}$ 的伴随矩阵为 $\boldsymbol{A}^*$，证明：

（1）若 $|\boldsymbol{A}|=0$，则 $|\boldsymbol{A}^*|=0$；

（2）$|\boldsymbol{A}^*|=|\boldsymbol{A}|^{n-1}$.

28. 用分块矩阵求乘积 $\boldsymbol{A}\boldsymbol{B}$，其中

（1）$\boldsymbol{A}=\begin{pmatrix}5&2&0&0\\2&1&0&0\\0&0&8&3\\0&0&5&2\end{pmatrix}$，$\boldsymbol{B}=\begin{pmatrix}3&2&0&0\\4&5&0&0\\0&0&4&1\\0&0&6&2\end{pmatrix}$；

（2）$\boldsymbol{A}=\begin{pmatrix}1&0&1&0&0\\0&2&-1&0&0\\3&1&0&0&0\\0&0&0&-2&0\\0&0&0&0&-2\end{pmatrix}$，$\boldsymbol{B}=\begin{pmatrix}1&0&1&0&0\\0&2&0&0&0\\0&0&3&0&0\\0&0&0&-1&3\\0&0&0&4&2\end{pmatrix}$.

29. 做下列分块矩阵的乘法，其中 $\boldsymbol{A},\boldsymbol{B},\boldsymbol{E}$ 都是 n 阶方阵：

（1）$\boldsymbol{A}^{-1}(\boldsymbol{A}\mid\boldsymbol{E})$；　（2）$(\boldsymbol{A}\mid\boldsymbol{E})^{\mathrm{T}}(\boldsymbol{A}\mid\boldsymbol{E})$；

（3）$\begin{pmatrix}\boldsymbol{A}\\\boldsymbol{E}\end{pmatrix}\boldsymbol{A}^{-1}$；　（4）$\begin{pmatrix}\boldsymbol{A}^{-1}\\\boldsymbol{E}\end{pmatrix}(\boldsymbol{A}\mid\boldsymbol{E})$；

（5）$\begin{pmatrix}\boldsymbol{0}&\boldsymbol{E}\\\boldsymbol{E}&\boldsymbol{0}\end{pmatrix}\begin{pmatrix}\boldsymbol{A}\\\boldsymbol{B}\end{pmatrix}$；　（6）$\begin{pmatrix}\boldsymbol{E}&\boldsymbol{0}\\\boldsymbol{0}&\boldsymbol{0}\end{pmatrix}\begin{pmatrix}\boldsymbol{A}\\\boldsymbol{B}\end{pmatrix}$.

30. 设 $\boldsymbol{B}$ 是 m 阶可逆方阵，$\boldsymbol{C}$ 是 n 阶可逆方阵，证明：

（1）$\begin{pmatrix}\boldsymbol{0}&\boldsymbol{B}\\\boldsymbol{C}&\boldsymbol{0}\end{pmatrix}^{-1}=\begin{pmatrix}\boldsymbol{0}&\boldsymbol{C}^{-1}\\\boldsymbol{B}^{-1}&\boldsymbol{0}\end{pmatrix}$；　（2）$\begin{pmatrix}\boldsymbol{B}&\boldsymbol{0}\\\boldsymbol{A}&\boldsymbol{C}\end{pmatrix}^{-1}=\begin{pmatrix}\boldsymbol{B}^{-1}&\boldsymbol{0}\\-\boldsymbol{C}^{-1}\boldsymbol{A}\boldsymbol{B}^{-1}&\boldsymbol{C}^{-1}\end{pmatrix}$；

（3）$\begin{pmatrix}\boldsymbol{B}&\boldsymbol{A}\\\boldsymbol{0}&\boldsymbol{C}\end{pmatrix}^{-1}=\begin{pmatrix}\boldsymbol{B}^{-1}&-\boldsymbol{B}^{-1}\boldsymbol{A}\boldsymbol{C}^{-1}\\\boldsymbol{0}&\boldsymbol{C}^{-1}\end{pmatrix}$；　（4）$\begin{pmatrix}\boldsymbol{A}&\boldsymbol{B}\\\boldsymbol{C}&\boldsymbol{0}\end{pmatrix}^{-1}=\begin{pmatrix}\boldsymbol{0}&\boldsymbol{C}^{-1}\\\boldsymbol{B}^{-1}&-\boldsymbol{B}^{-1}\boldsymbol{A}\boldsymbol{C}^{-1}\end{pmatrix}$.

31. 用分块矩阵求下列矩阵的逆矩阵：

(1) $\begin{pmatrix} 1 & 0 & 0 & 0 & 0 \\ 0 & 1 & 0 & 0 & 0 \\ 0 & 0 & 1 & 0 & 0 \\ 0 & 0 & 0 & 2 & 1 \\ 0 & 0 & 0 & 5 & 3 \end{pmatrix}$； (2) $\begin{pmatrix} 0 & 0 & 0 & 4 & 4 \\ 0 & 0 & 0 & 7 & 8 \\ 1 & 1 & 1 & 0 & 0 \\ 0 & 1 & 1 & 0 & 0 \\ 0 & 0 & 1 & 0 & 0 \end{pmatrix}$；

(3) $\begin{pmatrix} 0 & a_1 & 0 & \cdots & 0 \\ 0 & 0 & a_2 & \cdots & 0 \\ \vdots & \vdots & \vdots & & \vdots \\ 0 & 0 & 0 & \cdots & a_{n-1} \\ a_n & 0 & 0 & \cdots & 0 \end{pmatrix}$ （其中 $a_1a_2\cdots a_n\neq 0$）.

32. 从矩阵 $\boldsymbol{A}$ 中划去一行得到矩阵 $\boldsymbol{B}$，问 $\boldsymbol{A},\boldsymbol{B}$ 的秩的关系怎样？并说明理由.

33. 用初等变换求下列矩阵的秩：

(1) $\begin{pmatrix} 1 & 2 & 3 & 4 \\ 1 & -2 & 4 & 5 \\ 1 & 10 & 1 & 2 \end{pmatrix}$； (2) $\begin{pmatrix} 0 & 1 & 1 & -1 & 2 \\ 0 & 2 & 2 & 2 & 0 \\ 0 & -1 & -1 & 1 & 1 \\ 1 & 1 & 0 & 0 & -1 \end{pmatrix}$；

(3) $\begin{pmatrix} 1 & -1 & 2 & 1 & 0 \\ 2 & -2 & 4 & 2 & 0 \\ 3 & 0 & 6 & -1 & 1 \\ 0 & 3 & 0 & 0 & 1 \end{pmatrix}$； (4) $\begin{pmatrix} 14 & 12 & 6 & 8 & 2 \\ 6 & 104 & 21 & 9 & 17 \\ 7 & 6 & 3 & 4 & 1 \\ 35 & 30 & 15 & 20 & 4 \end{pmatrix}$.

34. 用初等变换求下列矩阵的逆矩阵：

(1) $\begin{pmatrix} 3 & 2 & 1 \\ 3 & 1 & 5 \\ 3 & 2 & 3 \end{pmatrix}$； (2) $\begin{pmatrix} 2 & 3 & 1 \\ 1 & 2 & 0 \\ -1 & 2 & -2 \end{pmatrix}$；

(3) $\begin{pmatrix} 3 & -2 & 0 & -1 \\ 0 & 2 & 2 & 1 \\ 1 & -2 & -3 & -2 \\ 0 & 1 & 2 & 1 \end{pmatrix}$； (4) $\begin{pmatrix} 2 & 1 & 0 & 0 \\ 3 & 2 & 0 & 0 \\ 5 & 7 & 1 & 8 \\ -1 & -3 & -1 & -1 \end{pmatrix}$.

35. λ 为何值时，线性方程组 $\begin{cases} \lambda x_1 + x_2 + x_3 = 1, \\ x_1 + \lambda x_2 + x_3 = \lambda, \\ x_1 + x_2 + \lambda x_3 = \lambda^2 \end{cases}$ 无解，有唯一解，无穷多解？并在有唯一解时求出方程组的解.

第三章　向量的线性相关性与线性方程组解的结构

第一节　n 维向量空间与向量的线性相关性

向量及向量空间是数学中最基本的概念之一，其理论方法已渗透到自然科学、工程技术的各个领域.

一、n 维向量的概念

在二维空间 $\mathbf{R}^2$、三维空间 $\mathbf{R}^3$ 中，向量有具体的几何意义：有大小（长度）有方向的量称为向量，并将 $\mathbf{R}^2$，$\mathbf{R}^3$ 中的向量分别称为二维、三维向量. 我们可以用坐标 (x,y)，(x,y,z) 表示二维、三维向量. 现在，我们撇开向量的几何意义，仅考虑其代数结构，将二维、三维向量的概念推广到更一般的 n 维向量.

定义 3.1.1　n 个数 $a_1,a_2,\cdots,a_n$ 所构成的有序数组

$$\boldsymbol{\alpha}=(a_1,a_2,\cdots,a_n)$$

称为 n 维向量，其中数 a_i 称为向量 $\boldsymbol{\alpha}$ 的第 i 个分量（或坐标）. 分量为实数的向量称为实向量，分量为复数的向量称为复向量，本课程仅讨论实向量.

向量可以写成一行：$\boldsymbol{\alpha}=(a_1,a_2,\cdots,a_n)$，也可以写成一列：$\boldsymbol{\alpha}=\begin{pmatrix}a_1\\a_2\\\vdots\\a_n\end{pmatrix}$. 两者本质相同，但为区别，我们将前者称为行向量，后者称为列向量.

分量全为 0 的向量称为零向量，记为 $\mathbf{0}=(0,0,\cdots,0)$.

两个 n 维向量 $\boldsymbol{\alpha}=(a_1,a_2,\cdots,a_n)$，$\boldsymbol{\beta}=(b_1,b_2,\cdots,b_n)$，当且仅当它们的对应分量全相等，即 $a_i=b_i(i=1,2,\cdots,n)$ 时，称向量 $\boldsymbol{\alpha}$ 与 $\boldsymbol{\beta}$ 相等，记为 $\boldsymbol{\alpha}=\boldsymbol{\beta}$.

对于 n 维向量，我们定义加法和数乘两种运算.

定义 3.1.2 (1) 设 $\boldsymbol{\alpha}=(a_1,a_2,\cdots,a_n)$,$\boldsymbol{\beta}=(b_1,b_2,\cdots,b_n)$,那么

$$\boldsymbol{\alpha}+\boldsymbol{\beta}=(a_1+b_1,a_2+b_2,\cdots,a_n+b_n),$$

并称 $\boldsymbol{\alpha}+\boldsymbol{\beta}$ 为向量 $\boldsymbol{\alpha}$ 与 $\boldsymbol{\beta}$ 的和.

(2) 对于任意实数 λ,向量 $\boldsymbol{\alpha}$ 与数 λ 的积记为 $\lambda\boldsymbol{\alpha}$ 或 $\boldsymbol{\alpha}\lambda$,

$$\lambda\boldsymbol{\alpha}=\boldsymbol{\alpha}\lambda=(\lambda a_1,\lambda a_2,\cdots,\lambda a_n).$$

向量 $-\boldsymbol{\alpha}=-1\cdot\boldsymbol{\alpha}=(-a_1,-a_2,\cdots,-a_n)$ 称为 $\boldsymbol{\alpha}$ 的负向量. 由此可得两向量的减法:

$$\boldsymbol{\alpha}-\boldsymbol{\beta}=\boldsymbol{\alpha}+(-\boldsymbol{\beta})=(a_1-b_1,a_2-b_2,\cdots,a_n-b_n).$$

向量加法与数乘统称为向量的线性运算. 容易验证,对于线性运算,以下运算律成立:

(1) $\boldsymbol{\alpha}+\boldsymbol{\beta}=\boldsymbol{\beta}+\boldsymbol{\alpha}$;

(2) $(\boldsymbol{\alpha}+\boldsymbol{\beta})+\boldsymbol{\gamma}=\boldsymbol{\alpha}+(\boldsymbol{\beta}+\boldsymbol{\gamma})$;

(3) $\boldsymbol{\alpha}+\mathbf{0}=\boldsymbol{\alpha}$;

(4) $\boldsymbol{\alpha}+(-\boldsymbol{\alpha})=\mathbf{0}$;

(5) $1\cdot\boldsymbol{\alpha}=\boldsymbol{\alpha}$;

(6) $\lambda(\mu\boldsymbol{\alpha})=(\lambda\mu)\boldsymbol{\alpha}$;

(7) $\lambda(\boldsymbol{\alpha}+\boldsymbol{\beta})=\lambda\boldsymbol{\alpha}+\lambda\boldsymbol{\beta}$;

(8) $(\lambda+\mu)\boldsymbol{\alpha}=\lambda\boldsymbol{\alpha}+\mu\boldsymbol{\alpha}$.

二、n 维向量空间

定义 3.1.3 设 $\mathbf{V}$ 是相同维数的向量的非空集合,若 $\mathbf{V}$ 对于向量的加法和数乘这两种运算封闭,则称 $\mathbf{V}$ 是一个向量空间.

所谓对运算"封闭"的意思是:$\forall\,\boldsymbol{\alpha},\boldsymbol{\beta}\in\mathbf{V}$,有 $\boldsymbol{\alpha}+\boldsymbol{\beta}\in\mathbf{V}$;$\forall\,\boldsymbol{\alpha}\in\mathbf{V},\lambda\in\mathbf{R}$,有 $\lambda\boldsymbol{\alpha}\in\mathbf{V}$.

显然,所有 n 维向量的全体构成的集合是一个向量空间,称为 n 维向量空间,记为 $\mathbf{R}^n$.

例 1 (1) 集合 $\mathbf{V}_1=\{(0,x_1,\cdots,x_n)\mid x_i\in\mathbf{R},i=1,2,\cdots,n\}$ 是一个向量空间,因为:任给 $\boldsymbol{\alpha}=(0,x_1,\cdots,x_n)\in\mathbf{V}_1$,$\boldsymbol{\beta}=(0,y_1,\cdots,y_n)\in\mathbf{V}_1$,有 $\boldsymbol{\alpha}+\boldsymbol{\beta}=(0,x_1+y_1,\cdots,x_n+y_n)\in\mathbf{V}_1$;任给数 λ,$\lambda\boldsymbol{\alpha}=(0,\lambda x_1,\cdots,\lambda x_n)\in\mathbf{V}_1$.

(2) 集合 $\mathbf{V}_2=\{(1,x_1,\cdots,x_n)\mid x_i\in\mathbf{R},i=1,2,\cdots,n\}$ 不是向量空间,因为对于 $\boldsymbol{\alpha}=(1,x_1,\cdots,x_n)\in\mathbf{V}_2$,$2\boldsymbol{\alpha}=(2,2x_1,\cdots,2x_n)\notin\mathbf{V}_2$.

定义 3.1.4 设 $\boldsymbol{\alpha}_1,\boldsymbol{\alpha}_2,\cdots,\boldsymbol{\alpha}_m$ 都是 n 维向量,$\lambda_1,\lambda_2,\cdots,\lambda_m$ 是任意实数,那么表示式 $\lambda_1\boldsymbol{\alpha}_1+\lambda_2\boldsymbol{\alpha}_2+\cdots+\lambda_m\boldsymbol{\alpha}_m$ 称为向量 $\boldsymbol{\alpha}_1,\boldsymbol{\alpha}_2,\cdots,\boldsymbol{\alpha}_m$ 的一个线性组合.

若向量 $\boldsymbol{\alpha}=\lambda_1\boldsymbol{\alpha}_1+\lambda_2\boldsymbol{\alpha}_2+\cdots+\lambda_m\boldsymbol{\alpha}_m$,则称 $\boldsymbol{\alpha}$ 能由 $\boldsymbol{\alpha}_1,\boldsymbol{\alpha}_2,\cdots,\boldsymbol{\alpha}_m$ 线性表示.

显然 $\boldsymbol{\alpha}_1,\boldsymbol{\alpha}_2,\cdots,\boldsymbol{\alpha}_m$ 的一切线性组合所组成的集合 $\boldsymbol{V}$ 是一个向量空间. 我们把这个向量空间称为由 $\boldsymbol{\alpha}_1,\boldsymbol{\alpha}_2,\cdots,\boldsymbol{\alpha}_m$ 所生成的向量空间,记为

$$L(\boldsymbol{\alpha}_1,\boldsymbol{\alpha}_2,\cdots,\boldsymbol{\alpha}_m)=\{\boldsymbol{x}\mid \boldsymbol{x}=\lambda_1\boldsymbol{\alpha}_1+\lambda_2\boldsymbol{\alpha}_2+\cdots+\lambda_m\boldsymbol{\alpha}_m,\lambda_1,\lambda_2,\cdots,\lambda_m\in\mathbf{R}\}.$$

例如,$\boldsymbol{\alpha}_1=(1,0,0),\boldsymbol{\alpha}_2=(0,1,0),\boldsymbol{\alpha}_3=(0,0,1)$,则由 $\boldsymbol{\alpha}_1,\boldsymbol{\alpha}_2$ 所生成的向量空间

$$L(\boldsymbol{\alpha}_1,\boldsymbol{\alpha}_2)=\{x\boldsymbol{\alpha}_1+y\boldsymbol{\alpha}_2\mid x,y\in\mathbf{R}\}=\{(x,y,0)\mid x,y\in\mathbf{R}\};$$

由 $\boldsymbol{\alpha}_1,\boldsymbol{\alpha}_2,\boldsymbol{\alpha}_3$ 所生成的向量空间

$$\begin{aligned}L(\boldsymbol{\alpha}_1,\boldsymbol{\alpha}_2,\boldsymbol{\alpha}_3)&=\{x\boldsymbol{\alpha}_1+y\boldsymbol{\alpha}_2+z\boldsymbol{\alpha}_3\mid x,y,z\in\mathbf{R}\}\\&=\{(x,y,z)\mid x,y,z\in\mathbf{R}\}.\end{aligned}$$

显然

$$L(\boldsymbol{\alpha}_1,\boldsymbol{\alpha}_2)\subset L(\boldsymbol{\alpha}_1,\boldsymbol{\alpha}_2,\boldsymbol{\alpha}_3).$$

$L(\boldsymbol{\alpha}_1,\boldsymbol{\alpha}_2)$ 称为 $L(\boldsymbol{\alpha}_1,\boldsymbol{\alpha}_2,\boldsymbol{\alpha}_3)$ 的子空间.

定义 3.1.5　设有向量空间 $\boldsymbol{V}_1,\boldsymbol{V}_2$,若 $\boldsymbol{V}_1\subset\boldsymbol{V}_2$,则称 $\boldsymbol{V}_1$ 是 $\boldsymbol{V}_2$ 的一个子空间.

显然,对于任意向量空间 $\boldsymbol{V}$,$\boldsymbol{V}$ 和 $\{\mathbf{0}\}$ 都是它的子空间,称为平凡子空间,$\boldsymbol{V}$ 的其他子空间称为非平凡子空间.

三、线性相关性

我们把若干个相同维数的向量称为向量组.

定义 3.1.6　对于 n 维向量组 $\boldsymbol{\alpha}_1,\boldsymbol{\alpha}_2,\cdots,\boldsymbol{\alpha}_m$,若存在不全为 0 的数 $k_1,k_2,\cdots,k_m$,使得

$$k_1\boldsymbol{\alpha}_1+k_2\boldsymbol{\alpha}_2+\cdots+k_m\boldsymbol{\alpha}_m=\mathbf{0},$$

则称向量组 $\boldsymbol{\alpha}_1,\boldsymbol{\alpha}_2,\cdots,\boldsymbol{\alpha}_m$ 线性相关,否则称它们线性无关. 当向量组线性无关时,也称该向量组是线性无关(向量)组.

由定义可知,若向量组 $\boldsymbol{\alpha}_1,\boldsymbol{\alpha}_2,\cdots,\boldsymbol{\alpha}_m$ 线性无关,则当且仅当 $k_1=k_2=\cdots=k_m=0$ 时,$k_1\boldsymbol{\alpha}_1+k_2\boldsymbol{\alpha}_2+\cdots+k_m\boldsymbol{\alpha}_m=\mathbf{0}$ 成立.

若向量组中有一个零向量,则由定义易知该向量组线性相关. 特别地,单个零向量线性相关,单个非零向量线性无关. 两个非零向量线性相关的充要条件是它们的对应分量(坐标)成比例.

例 2　讨论下列向量组的线性相关性:

(1) $\boldsymbol{\alpha}_1=(1,2,0)$, $\boldsymbol{\alpha}_2=(2,-1,1)$;

(2) $\boldsymbol{\alpha}_1=(1,-1,1)$, $\boldsymbol{\alpha}_2=(2,1,-1)$, $\boldsymbol{\alpha}_3=(1,-4,p)$.

解　(1) $\boldsymbol{\alpha}_1$, $\boldsymbol{\alpha}_2$ 的对应分量不成比例,故线性无关.

(2) 设存在实数 x_1,x_2,x_3,使

$$x_1\boldsymbol{\alpha}_1+x_2\boldsymbol{\alpha}_2+x_3\boldsymbol{\alpha}_3=\mathbf{0},$$

由此得

$$\begin{cases} x_1+2x_2+x_3=0, \\ -x_1+x_2-4x_3=0, \\ x_1-x_2+px_3=0. \end{cases}$$

该方程组的系数行列式

$$D=\begin{vmatrix} 1 & 2 & 1 \\ -1 & 1 & -4 \\ 1 & -1 & p \end{vmatrix}=3p-12.$$

当 $p=4$ 时，$D=0$，方程组有非零解，即存在不全为 0 的数 x_1,x_2,x_3，使 $x_1\boldsymbol{\alpha}_1+x_2\boldsymbol{\alpha}_2+x_3\boldsymbol{\alpha}_3=\mathbf{0}$ 成立，所以，此时 $\boldsymbol{\alpha}_1,\boldsymbol{\alpha}_2,\boldsymbol{\alpha}_3$ 线性相关. 当 $p\neq 4$ 时，$D\neq 0$，方程组只有零解，即仅当 $x_1=x_2=x_3=0$ 时，$x_1\boldsymbol{\alpha}_1+x_2\boldsymbol{\alpha}_2+x_3\boldsymbol{\alpha}_3=\mathbf{0}$，所以，此时 $\boldsymbol{\alpha}_1,\boldsymbol{\alpha}_2,\boldsymbol{\alpha}_3$ 线性无关.

例 3 若 $\boldsymbol{\alpha}_1,\boldsymbol{\alpha}_2,\boldsymbol{\alpha}_3$ 线性无关，$\boldsymbol{\beta}_1=\boldsymbol{\alpha}_1+\boldsymbol{\alpha}_2$，$\boldsymbol{\beta}_2=\boldsymbol{\alpha}_2+\boldsymbol{\alpha}_3$，$\boldsymbol{\beta}_3=\boldsymbol{\alpha}_3+\boldsymbol{\alpha}_1$. 试证：$\boldsymbol{\beta}_1,\boldsymbol{\beta}_2,\boldsymbol{\beta}_3$ 线性无关.

证明 设有 x_1,x_2,x_3，使

$$x_1\boldsymbol{\beta}_1+x_2\boldsymbol{\beta}_2+x_3\boldsymbol{\beta}_3=\mathbf{0},$$

即

$$x_1(\boldsymbol{\alpha}_1+\boldsymbol{\alpha}_2)+x_2(\boldsymbol{\alpha}_2+\boldsymbol{\alpha}_3)+x_3(\boldsymbol{\alpha}_3+\boldsymbol{\alpha}_1)=\mathbf{0},$$

整理得

$$(x_1+x_3)\boldsymbol{\alpha}_1+(x_1+x_2)\boldsymbol{\alpha}_2+(x_2+x_3)\boldsymbol{\alpha}_3=\mathbf{0}.$$

因为 $\boldsymbol{\alpha}_1,\boldsymbol{\alpha}_2,\boldsymbol{\alpha}_3$ 线性无关，所以

$$\begin{cases} x_1+\qquad x_3=0, \\ x_1+x_2\qquad=0, \\ \qquad x_2+x_3=0, \end{cases}$$

其系数行列式

$$D=\begin{vmatrix} 1 & 0 & 1 \\ 1 & 1 & 0 \\ 0 & 1 & 1 \end{vmatrix}=2\neq 0,$$

因此方程组只有零解

$$x_1=x_2=x_3=0,$$

所以，$\boldsymbol{\beta}_1,\boldsymbol{\beta}_2,\boldsymbol{\beta}_3$ 线性无关.

下面我们给出几个线性相关的判定定理.

定理 3.1.1 向量组 $\boldsymbol{\alpha}_1,\boldsymbol{\alpha}_2,\cdots,\boldsymbol{\alpha}_m$ 线性相关的充分必要条件是向量组中至

少有一个向量可由其余 $m-1$ 个向量线性表示.

证明　充分性. 设 $\boldsymbol{\alpha}_1,\boldsymbol{\alpha}_2,\cdots,\boldsymbol{\alpha}_m$ 中有一向量 $\boldsymbol{\alpha}_i$ 是其余向量的线性组合,即

$$\boldsymbol{\alpha}_i = k_1\boldsymbol{\alpha}_1+\cdots+k_{i-1}\boldsymbol{\alpha}_{i-1}+k_{i+1}\boldsymbol{\alpha}_{i+1}+\cdots+k_m\boldsymbol{\alpha}_m,$$

则

$$k_1\boldsymbol{\alpha}_1+\cdots+k_{i-1}\boldsymbol{\alpha}_{i-1}-\boldsymbol{\alpha}_i+k_{i+1}\boldsymbol{\alpha}_{i+1}+\cdots+k_m\boldsymbol{\alpha}_m=\mathbf{0},$$

因为 $k_1,k_2,\cdots,k_{i-1},-1,k_{i+1},\cdots,k_m$ 不全为 0,所以 $\boldsymbol{\alpha}_1,\boldsymbol{\alpha}_2,\cdots,\boldsymbol{\alpha}_m$ 线性相关.

必要性. 若 $\boldsymbol{\alpha}_1,\boldsymbol{\alpha}_2,\cdots,\boldsymbol{\alpha}_m$ 线性相关,则存在不全为 0 的数 $k_1,k_2,\cdots,k_m$,使

$$k_1\boldsymbol{\alpha}_1+k_2\boldsymbol{\alpha}_2+\cdots+k_m\boldsymbol{\alpha}_m=\mathbf{0}.$$

不妨设 $k_1\neq 0$,则

$$\boldsymbol{\alpha}_1=(-k_2/k_1)\boldsymbol{\alpha}_2+(-k_3/k_1)\boldsymbol{\alpha}_3+\cdots+(-k_m/k_1)\boldsymbol{\alpha}_m,$$

即 $\boldsymbol{\alpha}_1$ 可由其余向量线性表示.

定理 3.1.2　若向量组 $\boldsymbol{\alpha}_1,\boldsymbol{\alpha}_2,\cdots,\boldsymbol{\alpha}_m(m\geqslant 2)$ 有一个部分组线性相关,则 $\boldsymbol{\alpha}_1,\boldsymbol{\alpha}_2,\cdots,\boldsymbol{\alpha}_m$ 线性相关.

证明　不妨设部分组 $\boldsymbol{\alpha}_1,\boldsymbol{\alpha}_2,\cdots,\boldsymbol{\alpha}_r(r<m)$ 线性相关,则存在不全为 0 的实数 $k_1,k_2,\cdots,k_r$,使得

$$k_1\boldsymbol{\alpha}_1+k_2\boldsymbol{\alpha}_2+\cdots+k_r\boldsymbol{\alpha}_r=\mathbf{0},$$

从而存在不全为 0 的数 $k_1,k_2,\cdots,k_r,0,\cdots,0$,使得

$$k_1\boldsymbol{\alpha}_1+k_2\boldsymbol{\alpha}_2+\cdots+k_r\boldsymbol{\alpha}_r+0\cdot\boldsymbol{\alpha}_{r+1}+\cdots+0\cdot\boldsymbol{\alpha}_m=\mathbf{0},$$

所以 $\boldsymbol{\alpha}_1,\boldsymbol{\alpha}_2,\cdots,\boldsymbol{\alpha}_m$ 线性相关.

定理 3.1.2 的等价命题:若 $\boldsymbol{\alpha}_1,\boldsymbol{\alpha}_2,\cdots,\boldsymbol{\alpha}_m$ 线性无关,则它的任一部分组线性无关.

定理 3.1.3　若 $\boldsymbol{\alpha}_1,\boldsymbol{\alpha}_2,\cdots,\boldsymbol{\alpha}_m$ 线性无关,$\boldsymbol{\alpha}_1,\boldsymbol{\alpha}_2,\cdots,\boldsymbol{\alpha}_m,\boldsymbol{\beta}$ 线性相关,则 $\boldsymbol{\beta}$ 可由 $\boldsymbol{\alpha}_1,\boldsymbol{\alpha}_2,\cdots,\boldsymbol{\alpha}_m$ 线性表示,且表示法唯一.

证明　因为 $\boldsymbol{\alpha}_1,\boldsymbol{\alpha}_2,\cdots,\boldsymbol{\alpha}_m,\boldsymbol{\beta}$ 线性相关,故存在不全为 0 的数 $k_1,k_2,\cdots,k_m,k_{m+1}$,使得

$$k_1\boldsymbol{\alpha}_1+k_2\boldsymbol{\alpha}_2+\cdots+k_m\boldsymbol{\alpha}_m+k_{m+1}\boldsymbol{\beta}=\mathbf{0}.$$

由此知 $k_{m+1}\neq 0$,因为若 $k_{m+1}=0$,则

$$k_1\boldsymbol{\alpha}_1+k_2\boldsymbol{\alpha}_2+\cdots+k_m\boldsymbol{\alpha}_m=\mathbf{0},$$

已知 $\boldsymbol{\alpha}_1,\boldsymbol{\alpha}_2,\cdots,\boldsymbol{\alpha}_m$ 线性无关,可得 $k_1=k_2=\cdots=k_m=0$,从而 $\boldsymbol{\alpha}_1,\boldsymbol{\alpha}_2,\cdots,\boldsymbol{\alpha}_m,\boldsymbol{\beta}$ 线性无关. 所以

$$\boldsymbol{\beta}=-\frac{k_1}{k_{m+1}}\boldsymbol{\alpha}_1-\frac{k_2}{k_{m+1}}\boldsymbol{\alpha}_2-\cdots-\frac{k_m}{k_{m+1}}\boldsymbol{\alpha}_m,$$

即 $\boldsymbol{\beta}$ 可以由 $\boldsymbol{\alpha}_1,\boldsymbol{\alpha}_2,\cdots,\boldsymbol{\alpha}_m$ 线性表示.

再证唯一性. 设 $\boldsymbol{\beta}$ 有两个表示式,

$$\boldsymbol{\beta}=\lambda_1\boldsymbol{\alpha}_1+\lambda_2\boldsymbol{\alpha}_2+\cdots+\lambda_m\boldsymbol{\alpha}_m,$$

$$\boldsymbol{\beta}=l_1\boldsymbol{\alpha}_1+l_2\boldsymbol{\alpha}_2+\cdots+l_m\boldsymbol{\alpha}_m,$$

两式相减得

$$(\lambda_1-l_1)\boldsymbol{\alpha}_1+(\lambda_2-l_2)\boldsymbol{\alpha}_2+\cdots+(\lambda_m-l_m)\boldsymbol{\alpha}_m=\mathbf{0}.$$

由于 $\boldsymbol{\alpha}_1,\boldsymbol{\alpha}_2,\cdots,\boldsymbol{\alpha}_m$ 线性无关,因此 $\lambda_i-l_i=0(i=1,2,\cdots,m)$,即

$$\lambda_i=l_i\quad(i=1,2,\cdots,m).$$

定义 3.1.7 设有两个相同维数的向量组

$$\text{Ⅰ}:\boldsymbol{\alpha}_1,\boldsymbol{\alpha}_2,\cdots,\boldsymbol{\alpha}_r;\qquad \text{Ⅱ}:\boldsymbol{\beta}_1,\boldsymbol{\beta}_2,\cdots,\boldsymbol{\beta}_s.$$

若向量组 Ⅰ 中的每个向量都能由 Ⅱ 组的向量线性表示,则称向量组 Ⅰ 能由向量组 Ⅱ 线性表示.如果向量组 Ⅰ 与 Ⅱ 能相互线性表示,则称向量组 Ⅰ 与 Ⅱ 等价.

练习 3.1

1. 填空题:

(1) 设 $3(\boldsymbol{\alpha}_1-\boldsymbol{\alpha})+2(\boldsymbol{\alpha}_2+\boldsymbol{\alpha})=5(\boldsymbol{\alpha}_3+\boldsymbol{\alpha})$,其中 $\boldsymbol{\alpha}_1=(2,5,1,3)^{\mathrm{T}}$,$\boldsymbol{\alpha}_2=(10,1,5,10)^{\mathrm{T}}$,$\boldsymbol{\alpha}_3=(4,1,-1,1)^{\mathrm{T}}$,则 $\boldsymbol{\alpha}=$________.

(2) 向量组 $\boldsymbol{\alpha}_1=(1,2,0)^{\mathrm{T}}$,$\boldsymbol{\alpha}_2=(2,0,-1)^{\mathrm{T}}$ 线性________.

(3) 向量组 $\boldsymbol{\alpha}_1=(-1,3,1)^{\mathrm{T}}$,$\boldsymbol{\alpha}_2=(2,1,0)^{\mathrm{T}}$,$\boldsymbol{\alpha}_3=(1,4,1)^{\mathrm{T}}$ 线性________.

(4) 向量组 $\boldsymbol{\alpha}_1=(2,3,0)^{\mathrm{T}}$,$\boldsymbol{\alpha}_2=(-1,4,0)^{\mathrm{T}}$,$\boldsymbol{\alpha}_3=(0,0,2)^{\mathrm{T}}$ 线性________.

(5) 若向量组 $\boldsymbol{\alpha}_1,\boldsymbol{\alpha}_2,\boldsymbol{\alpha}_3$ 线性相关,则 $\boldsymbol{\alpha}_1+\boldsymbol{\alpha}_2,\boldsymbol{\alpha}_2+\boldsymbol{\alpha}_3,\boldsymbol{\alpha}_3+\boldsymbol{\alpha}_1$ 线性________.

(6) 若向量组 $\boldsymbol{\alpha}_1=(a,1,1)^{\mathrm{T}}$,$\boldsymbol{\alpha}_2=(1,a,-1)^{\mathrm{T}}$,$\boldsymbol{\alpha}_3=(1,-1,a)^{\mathrm{T}}$ 线性相关,则 $a=$________.

2. 判断题:

(1) 若向量 $\boldsymbol{\beta}$ 不能由向量组 $\boldsymbol{\alpha}_1,\boldsymbol{\alpha}_2,\cdots,\boldsymbol{\alpha}_m$ 线性表示,则向量组 $\boldsymbol{\alpha}_1,\boldsymbol{\alpha}_2,\cdots,\boldsymbol{\alpha}_m,\boldsymbol{\beta}$ 线性无关. (　　)

(2) 若 $k_1,k_2,\cdots,k_m$ 不全为 0 时,$k_1\boldsymbol{\alpha}_1+k_2\boldsymbol{\alpha}_2+\cdots+k_m\boldsymbol{\alpha}_m\neq\mathbf{0}$,则向量组 $\boldsymbol{\alpha}_1,\boldsymbol{\alpha}_2,\cdots,\boldsymbol{\alpha}_m$ 线性无关. (　　)

(3) 若向量组 $\boldsymbol{\alpha}_1,\boldsymbol{\alpha}_2,\cdots,\boldsymbol{\alpha}_n$ 线性相关,则向量 $\boldsymbol{\alpha}_1$ 可由向量组 $\boldsymbol{\alpha}_2,\cdots,\boldsymbol{\alpha}_n$ 线性表示. (　　)

3. 选择题:

(1) 向量组 $\boldsymbol{\alpha}_1=(1,0,0)$,$\boldsymbol{\alpha}_2=(0,0,1)$,下列向量中可以由 $\boldsymbol{\alpha}_1,\boldsymbol{\alpha}_2$ 线性表示的是(　　).

(A) $(2,0,0)$　(B) $(-3,2,4)$　(C) $(1,1,0)$　(D) $(0,-1,0)$

(2) 若四阶方阵 $\boldsymbol{A}$ 的行列式等于零,则必有(　　).

(A) $\boldsymbol{A}$ 中至少有一行向量是其余行向量的线性组合

(B) $\boldsymbol{A}$ 中每一行向量都是其余行向量的线性组合

(C) $\boldsymbol{A}$ 中必有一行为零行

(D) $\boldsymbol{A}$ 的列向量组线性无关

(3) 下列集合能够构成向量空间的是(　　).

(A) $\boldsymbol{V}_1=\{(x,0,1)\mid x\in\mathbf{R}\}$　(B) $\boldsymbol{V}_2=\{(x,y,z)\mid x-2y+3z=0\}$

(C) $\boldsymbol{V}_3=\{(x_1,x_2,x_3)\mid x_1+x_2+x_3=1\}$　(D) $\boldsymbol{V}_4=\left\{(x,y,z)\,\middle|\,\dfrac{x-1}{2}=\dfrac{y}{3}=z\right\}$

4. 已知向量组 $\boldsymbol{\alpha}_1,\boldsymbol{\alpha}_2,\cdots,\boldsymbol{\alpha}_r$ 线性无关，且 $\boldsymbol{\beta}_i=\boldsymbol{\alpha}_1+\boldsymbol{\alpha}_2+\cdots+\boldsymbol{\alpha}_i\ (i=1,2,\cdots,r)$，证明：向量组 $\boldsymbol{\beta}_1,\boldsymbol{\beta}_2,\cdots,\boldsymbol{\beta}_r$ 也线性无关.

5. 设 $\boldsymbol{\beta}_1=\boldsymbol{\alpha}_1+\boldsymbol{\alpha}_2,\boldsymbol{\beta}_2=\boldsymbol{\alpha}_2+\boldsymbol{\alpha}_3,\boldsymbol{\beta}_3=\boldsymbol{\alpha}_3+\boldsymbol{\alpha}_4,\boldsymbol{\beta}_4=\boldsymbol{\alpha}_4+\boldsymbol{\alpha}_1$，证明：向量组 $\boldsymbol{\beta}_1,\boldsymbol{\beta}_2,\boldsymbol{\beta}_3,\boldsymbol{\beta}_4$ 线性相关.

第二节　向量组的极大线性无关组与秩

一、向量组与矩阵

给定 n 维向量组 $\boldsymbol{\alpha}_1,\boldsymbol{\alpha}_2,\cdots,\boldsymbol{\alpha}_m$，设 $\boldsymbol{\alpha}_i=(a_{i1},a_{i2},\cdots,a_{in}),i=1,2,\cdots,m$. 由 $\boldsymbol{\alpha}_1,\boldsymbol{\alpha}_2,\cdots,\boldsymbol{\alpha}_m$ 可以构造矩阵

$$\boldsymbol{A}=\begin{pmatrix}\boldsymbol{\alpha}_1\\ \boldsymbol{\alpha}_2\\ \vdots\\ \boldsymbol{\alpha}_m\end{pmatrix}=\begin{pmatrix}a_{11}&a_{12}&\cdots&a_{1n}\\ a_{21}&a_{22}&\cdots&a_{2n}\\ \vdots&\vdots&&\vdots\\ a_{m1}&a_{m2}&\cdots&a_{mn}\end{pmatrix}.$$

反之，对于 $m\times n$ 矩阵 $\boldsymbol{A}=(a_{ij})_{m\times n}$，每一行可以看作一个 n 维行向量，因此，由矩阵 $\boldsymbol{A}$ 可以得到 m 个 n 维行向量所构成的向量组. 类似地，$\boldsymbol{A}$ 也可以由 n 个 m 维列向量构成，或者说由 $\boldsymbol{A}=(a_{ij})_{m\times n}$ 也可以得到一个 m 维列向量组，即

$$\boldsymbol{A}=\begin{pmatrix}\boldsymbol{\alpha}_1\\ \boldsymbol{\alpha}_2\\ \vdots\\ \boldsymbol{\alpha}_m\end{pmatrix}\quad\text{或}\quad\boldsymbol{A}=(\boldsymbol{\beta}_1,\boldsymbol{\beta}_2,\cdots,\boldsymbol{\beta}_n).$$

可见，给定一个向量组可以构造一个矩阵，给定一个矩阵可以构造一个行向量组和一个列向量组. 这就给我们一种启示：是否可利用矩阵来研究向量组的有关问题？例如，研究行向量组 $\boldsymbol{\alpha}_1,\boldsymbol{\alpha}_2,\cdots,\boldsymbol{\alpha}_m$ 的线性相关性，即考察方程

$$x_1\boldsymbol{\alpha}_1+x_2\boldsymbol{\alpha}_2+\cdots+x_m\boldsymbol{\alpha}_m=\boldsymbol{0}$$

是否存在非零解. 利用矩阵乘法，方程变形为

$$(x_1,x_2,\cdots,x_m)\begin{pmatrix}\boldsymbol{\alpha}_1\\\boldsymbol{\alpha}_2\\\vdots\\\boldsymbol{\alpha}_m\end{pmatrix}=\mathbf{0}.$$

令 $\boldsymbol{X}=(x_1,x_2,\cdots,x_m)$，$\boldsymbol{A}=\begin{pmatrix}a_{11}&a_{12}&\cdots&a_{1n}\\a_{21}&a_{22}&\cdots&a_{2n}\\\vdots&\vdots&&\vdots\\a_{m1}&a_{m2}&\cdots&a_{mn}\end{pmatrix}$，得矩阵方程

$$\boldsymbol{XA}=\mathbf{0}\quad 或 \quad \boldsymbol{A}^{\mathrm{T}}\boldsymbol{X}^{\mathrm{T}}=\mathbf{0},$$

按分量写出来，则得

$$\begin{cases}a_{11}x_1+a_{21}x_2+\cdots+a_{m1}x_m=0,\\a_{12}x_1+a_{22}x_2+\cdots+a_{m2}x_m=0,\\\quad\cdots\cdots\\a_{1n}x_1+a_{2n}x_2+\cdots+a_{mn}x_m=0.\end{cases}$$

于是向量组 $\boldsymbol{\alpha}_1,\boldsymbol{\alpha}_2,\cdots,\boldsymbol{\alpha}_m$ 的线性相关性问题转化为齐次线性方程组是否存在非零解的问题(对于列向量组的情形也可以类似转化).

由齐次线性方程组有非零解的充要条件，立即可得：

定理 3.2.1 由向量组 $\boldsymbol{\alpha}_1,\boldsymbol{\alpha}_2,\cdots,\boldsymbol{\alpha}_m$(其中 $\boldsymbol{\alpha}_i=(a_{i1},a_{i2},\cdots,a_{in})$，$i=1,2,\cdots,m$)构造矩阵

$$\boldsymbol{A}=\begin{pmatrix}\boldsymbol{\alpha}_1\\\boldsymbol{\alpha}_2\\\vdots\\\boldsymbol{\alpha}_m\end{pmatrix}=\begin{pmatrix}a_{11}&a_{12}&\cdots&a_{1n}\\a_{21}&a_{22}&\cdots&a_{2n}\\\vdots&\vdots&&\vdots\\a_{m1}&a_{m2}&\cdots&a_{mn}\end{pmatrix},$$

则向量组 $\boldsymbol{\alpha}_1,\boldsymbol{\alpha}_2,\cdots,\boldsymbol{\alpha}_m$ 线性相关的充分必要条件是 $r(\boldsymbol{A})<m$；向量组 $\boldsymbol{\alpha}_1,\boldsymbol{\alpha}_2,\cdots,\boldsymbol{\alpha}_m$ 线性无关的充分必要条件是 $r(\boldsymbol{A})=m$.

推论 1 当 $m>n$ 时，m 个 n 维向量总是线性相关.

证明 因为 $r(\boldsymbol{A})\leqslant\min\{m,n\}=n<m$，由定理 3.2.1 知向量组线性相关.

定理 3.2.2 将向量组 $\boldsymbol{\alpha}_1,\boldsymbol{\alpha}_2,\cdots,\boldsymbol{\alpha}_m$ 中每个向量的第 i 个分量与第 j 个分量对调得到向量组 $\boldsymbol{\beta}_1,\boldsymbol{\beta}_2,\cdots,\boldsymbol{\beta}_m$，那么向量组 $\boldsymbol{\alpha}_1,\boldsymbol{\alpha}_2,\cdots,\boldsymbol{\alpha}_m$ 与 $\boldsymbol{\beta}_1,\boldsymbol{\beta}_2,\cdots,\boldsymbol{\beta}_m$ 的线性相关性相同.

证明 不妨设 $\boldsymbol{\alpha}_1,\boldsymbol{\alpha}_2,\cdots,\boldsymbol{\alpha}_m$ 与 $\boldsymbol{\beta}_1,\boldsymbol{\beta}_2,\cdots,\boldsymbol{\beta}_m$ 是 n 维列向量组. 记

$$\boldsymbol{A}=(\boldsymbol{\alpha}_1,\boldsymbol{\alpha}_2,\cdots,\boldsymbol{\alpha}_m),\quad \boldsymbol{B}=(\boldsymbol{\beta}_1,\boldsymbol{\beta}_2,\cdots,\boldsymbol{\beta}_m),$$

由于矩阵 $\boldsymbol{B}$ 是矩阵 $\boldsymbol{A}$ 经过一次初等行变换($r_i\leftrightarrow r_j$)而得，因此，方程组 $\boldsymbol{Ax}=\mathbf{0}$ 与 $\boldsymbol{Bx}=\mathbf{0}$ 是同解方程组，所以向量组 $\boldsymbol{\alpha}_1,\boldsymbol{\alpha}_2,\cdots,\boldsymbol{\alpha}_m$ 与 $\boldsymbol{\beta}_1,\boldsymbol{\beta}_2,\cdots,\boldsymbol{\beta}_m$ 有相同的线性相

关性.

定理3.2.3　对向量组$\boldsymbol{\alpha}_1,\boldsymbol{\alpha}_2,\cdots,\boldsymbol{\alpha}_m$的每一个向量添加一个分量得到$n+1$维向量组$\boldsymbol{\beta}_1,\boldsymbol{\beta}_2,\cdots,\boldsymbol{\beta}_m$,即$\boldsymbol{\beta}_i=(\boldsymbol{\alpha}_i \mid a_{i,n+1})=(a_{i1},a_{i2},\cdots,a_{in},a_{i,n+1})$.若向量组$\boldsymbol{\alpha}_1,\boldsymbol{\alpha}_2,\cdots,\boldsymbol{\alpha}_m$线性无关,则向量组$\boldsymbol{\beta}_1,\boldsymbol{\beta}_2,\cdots,\boldsymbol{\beta}_m$线性无关(或等价命题:若$\boldsymbol{\beta}_1,\boldsymbol{\beta}_2,\cdots,\boldsymbol{\beta}_m$线性相关,则$\boldsymbol{\alpha}_1,\boldsymbol{\alpha}_2,\cdots,\boldsymbol{\alpha}_m$线性相关).

证明　$\boldsymbol{\alpha}_1,\boldsymbol{\alpha}_2,\cdots,\boldsymbol{\alpha}_m$的线性相关性等价于齐次线性方程组

$$\begin{cases} a_{11}x_1+a_{21}x_2+\cdots+a_{m1}x_m=0, \\ a_{12}x_1+a_{22}x_2+\cdots+a_{m2}x_m=0, \\ \cdots\cdots \\ a_{1n}x_1+a_{2n}x_2+\cdots+a_{mn}x_m=0 \end{cases} \tag{3.2.1}$$

是否有非零解.

$\boldsymbol{\beta}_1,\boldsymbol{\beta}_2,\cdots,\boldsymbol{\beta}_m$的线性相关性等价于齐次线性方程组

$$\begin{cases} a_{11}x_1+a_{21}x_2+\cdots+a_{m1}x_m=0, \\ a_{12}x_1+a_{22}x_2+\cdots+a_{m2}x_m=0, \\ \cdots\cdots \\ a_{1n}x_1+a_{2n}x_2+\cdots+a_{mn}x_m=0, \\ a_{1,n+1}x_1+a_{2,n+1}x_2+\cdots+a_{m,n+1}x_m=0 \end{cases} \tag{3.2.2}$$

是否有非零解.

由于向量组$\boldsymbol{\alpha}_1,\boldsymbol{\alpha}_2,\cdots,\boldsymbol{\alpha}_m$线性无关,所以方程组(3.2.1)只有零解,从而方程组(3.2.2)也只有零解,因此,$\boldsymbol{\beta}_1,\boldsymbol{\beta}_2,\cdots,\boldsymbol{\beta}_m$也线性无关.

等价地,若$\boldsymbol{\beta}_1,\boldsymbol{\beta}_2,\cdots,\boldsymbol{\beta}_m$线性相关,则方程组(3.2.2)有非零解,从而方程组(3.2.1)有非零解,所以$\boldsymbol{\alpha}_1,\boldsymbol{\alpha}_2,\cdots,\boldsymbol{\alpha}_m$线性相关.

定理3.2.3中,$\boldsymbol{\alpha}_i$在最后添加一个分量得$\boldsymbol{\beta}_i$,由定理3.2.2知,添加的分量无论在什么位置,结论仍成立,而且添加的分量个数可推广到任意有限个.

推论2　n维向量组的每个向量在相应位置添加r个分量,得到$n+r$维向量组.若n维向量组线性无关,则$n+r$维向量组也线性无关.若$n+r$维向量组线性相关,则n维向量组也线性相关.

例1　讨论下列向量组的线性相关性:

(1) $\boldsymbol{\alpha}_1=(2,3),\boldsymbol{\alpha}_2=(-3,1),\boldsymbol{\alpha}_3=(0,2)$;

(2) $\boldsymbol{\alpha}_1=(1,3,-2,2),\boldsymbol{\alpha}_2=(0,2,-1,3),\boldsymbol{\alpha}_3=(-2,0,1,5)$.

解　(1) 向量组是3个二维向量,故线性相关.

(2) 构造矩阵

$$\boldsymbol{A}=\begin{pmatrix}\boldsymbol{\alpha}_1\\ \boldsymbol{\alpha}_2\\ \boldsymbol{\alpha}_3\end{pmatrix}=\begin{pmatrix}1&3&-2&2\\0&2&-1&3\\-2&0&1&5\end{pmatrix}\xrightarrow{\text{初等行变换}}\begin{pmatrix}1&3&-2&2\\0&2&-1&3\\0&0&0&0\end{pmatrix},$$

所以，$r(\boldsymbol{A}) = 2 < 3$，故该向量组线性相关.

例 2 设向量组 $\boldsymbol{\alpha}_i = (1, t_i, t_i^2, \cdots, t_i^{n-1})$ $(i = 1, 2, \cdots, r \leqslant n)$，且 $t_1, t_2, \cdots, t_r$ 互不相同，证明 $\boldsymbol{\alpha}_1, \boldsymbol{\alpha}_2, \cdots, \boldsymbol{\alpha}_r$ 线性无关.

证明 考察向量组 $\boldsymbol{\beta}_1, \boldsymbol{\beta}_2, \cdots, \boldsymbol{\beta}_r$，其中 $\boldsymbol{\beta}_i = (1, t_i, t_i^2, \cdots, t_i^{r-1})$ $(i = 1, 2, \cdots, r)$. 设 $\boldsymbol{\beta}_1, \boldsymbol{\beta}_2, \cdots, \boldsymbol{\beta}_r$ 所对应的矩阵为 $\boldsymbol{B}$，则 $\boldsymbol{B}$ 的行列式

$$|\boldsymbol{B}| = \begin{vmatrix} 1 & t_1 & \cdots & t_1^{r-1} \\ 1 & t_2 & \cdots & t_2^{r-1} \\ \vdots & \vdots & & \vdots \\ 1 & t_r & \cdots & t_r^{r-1} \end{vmatrix}$$

为范德蒙行列式. 由于 $t_1, t_2, \cdots, t_r$ 互不相等，故 $|\boldsymbol{B}| \neq 0$，因此 $r(\boldsymbol{B}) = r$. 所以 $\boldsymbol{\beta}_1, \boldsymbol{\beta}_2, \cdots, \boldsymbol{\beta}_r$ 线性无关，由推论 2 知 $\boldsymbol{\alpha}_1, \boldsymbol{\alpha}_2, \cdots, \boldsymbol{\alpha}_r$ 线性无关.

二、极大线性无关组与向量组的秩

定义 3.2.1 设向量组 $\boldsymbol{T}$ 的一个部分组 $\boldsymbol{\alpha}_1, \boldsymbol{\alpha}_2, \cdots, \boldsymbol{\alpha}_r$ 满足：

(1) $\boldsymbol{\alpha}_1, \boldsymbol{\alpha}_2, \cdots, \boldsymbol{\alpha}_r$ 线性无关，

(2) $\forall \boldsymbol{\beta} \in \boldsymbol{T}, \boldsymbol{\alpha}_1, \boldsymbol{\alpha}_2, \cdots, \boldsymbol{\alpha}_r, \boldsymbol{\beta}$ 线性相关，

则称 $\boldsymbol{\alpha}_1, \boldsymbol{\alpha}_2, \cdots, \boldsymbol{\alpha}_r$ 是向量组 $\boldsymbol{T}$ 的一个极大（最大）线性无关组，简称极大无关组，数 r 称为向量组的秩.

规定：只含零向量的向量组的秩为 0.

由定义 3.2.1 可知：

(1) 向量组与其极大线性无关组等价；

(2) 向量组线性无关当且仅当其秩等于向量组所含向量个数.

例如，在向量组 $\boldsymbol{\alpha}_1 = (2, -1, 3, 1)$，$\boldsymbol{\alpha}_2 = (4, -2, 5, 4)$，$\boldsymbol{\alpha}_3 = (2, -1, 4, -1)$ 中，$\boldsymbol{\alpha}_1, \boldsymbol{\alpha}_2$ 线性无关，加入 $\boldsymbol{\alpha}_3$ 后，$\boldsymbol{\alpha}_3 = 3\boldsymbol{\alpha}_1 - \boldsymbol{\alpha}_2$ 线性相关，所以 $\boldsymbol{\alpha}_1, \boldsymbol{\alpha}_2$ 是该向量组的一个极大无关组. 类似可得，$\boldsymbol{\alpha}_1, \boldsymbol{\alpha}_3$ 也是该向量组的一个极大无关组. 可见，向量组的极大无关组不唯一. 显然，不同的极大无关组是等价的.

例 3 全体 n 维向量构成向量组 $\mathbf{R}^n$，求 $\mathbf{R}^n$ 的一个极大无关组及 $\mathbf{R}^n$ 的秩.

解 设 $\boldsymbol{\varepsilon}_i = (0, \cdots, 0, 1, 0, \cdots, 0)$，第 i 个分量为 1，其余分量全为 0$(i = 1, 2, \cdots, n)$，并称 $\boldsymbol{\varepsilon}_i$ 为 n 维单位向量. 显然 $\boldsymbol{\varepsilon}_1, \boldsymbol{\varepsilon}_2, \cdots, \boldsymbol{\varepsilon}_n$ 线性无关，由推论 1 知任取 n 维向量 $\boldsymbol{\alpha}$，则 $\boldsymbol{\alpha}, \boldsymbol{\varepsilon}_1, \boldsymbol{\varepsilon}_2, \cdots, \boldsymbol{\varepsilon}_n$ 线性相关，所以，$\boldsymbol{\varepsilon}_1, \boldsymbol{\varepsilon}_2, \cdots, \boldsymbol{\varepsilon}_n$ 是 $\mathbf{R}^n$ 的一个极大无关组，且 $r(\mathbf{R}^n) = n$.

又令 $\boldsymbol{\alpha}_1 = (1, 0, \cdots, 0)$，$\boldsymbol{\alpha}_2 = (1, 1, 0, \cdots, 0)$，$\cdots$，$\boldsymbol{\alpha}_n = (1, 1, \cdots, 1)$，则 $\boldsymbol{\alpha}_1, \boldsymbol{\alpha}_2, \cdots, \boldsymbol{\alpha}_n$ 也线性无关，且与极大线性无关组 $\boldsymbol{\varepsilon}_1, \boldsymbol{\varepsilon}_2, \cdots, \boldsymbol{\varepsilon}_n$ 等价.

问题：向量组中与极大无关组等价的线性无关组是否也是极大无关组？

定理 3.2.4　设有向量组 Ⅰ：$\boldsymbol{\alpha}_1,\boldsymbol{\alpha}_2,\cdots,\boldsymbol{\alpha}_r$ 及向量组 Ⅱ：$\boldsymbol{\beta}_1,\boldsymbol{\beta}_2,\cdots,\boldsymbol{\beta}_s$. 若向量组 Ⅰ 能由向量组 Ⅱ 线性表示，且向量组 Ⅰ 线性无关，则 $r\leqslant s$.

证明　不妨设 $\boldsymbol{\alpha}_1,\boldsymbol{\alpha}_2,\cdots,\boldsymbol{\alpha}_r$ 与 $\boldsymbol{\beta}_1,\boldsymbol{\beta}_2,\cdots,\boldsymbol{\beta}_s$ 都是列向量. 记

$$\boldsymbol{A}=(\boldsymbol{\alpha}_1,\boldsymbol{\alpha}_2,\cdots,\boldsymbol{\alpha}_r),\quad \boldsymbol{B}=(\boldsymbol{\beta}_1,\boldsymbol{\beta}_2,\cdots,\boldsymbol{\beta}_s),$$

由于任给 $\boldsymbol{\alpha}_i$ 都能由向量组 Ⅱ 线性表示，即存在数 $k_{i1},k_{i2},\cdots,k_{is}\in\mathbf{R}$，使

$$\boldsymbol{\alpha}_i=k_{i1}\boldsymbol{\beta}_1+k_{i2}\boldsymbol{\beta}_2+\cdots+k_{is}\boldsymbol{\beta}_s$$

$$=(\boldsymbol{\beta}_1,\boldsymbol{\beta}_2,\cdots,\boldsymbol{\beta}_s)\begin{pmatrix}k_{i1}\\k_{i2}\\\vdots\\k_{is}\end{pmatrix}.$$

记 $\boldsymbol{k}_i=(k_{i1},k_{i2},\cdots,k_{is})^{\mathrm{T}}$，则 $\boldsymbol{A}=\boldsymbol{BK}$，其中 $\boldsymbol{K}=(\boldsymbol{k}_1,\boldsymbol{k}_2,\cdots,\boldsymbol{k}_r)$. 要证 $r\leqslant s$，用反证法. 设 $r>s$，由于矩阵 $\boldsymbol{K}$ 有 r 个 s 维列向量，因此列向量组 $\boldsymbol{k}_1,\boldsymbol{k}_2,\cdots,\boldsymbol{k}_r$ 线性相关，即存在不全为 0 的数 $x_1,x_2,\cdots,x_r$，使得

$$x_1\boldsymbol{k}_1+x_2\boldsymbol{k}_2+\cdots+x_r\boldsymbol{k}_r=\boldsymbol{0},$$

即

$$(\boldsymbol{k}_1,\boldsymbol{k}_2,\cdots,\boldsymbol{k}_r)\begin{pmatrix}x_1\\x_2\\\vdots\\x_r\end{pmatrix}=\boldsymbol{KX}=\boldsymbol{0},\text{其中 }\boldsymbol{X}=\begin{pmatrix}x_1\\x_2\\\vdots\\x_r\end{pmatrix}.$$

所以

$$\boldsymbol{A}\begin{pmatrix}x_1\\x_2\\\vdots\\x_r\end{pmatrix}=\boldsymbol{BK}\begin{pmatrix}x_1\\x_2\\\vdots\\x_r\end{pmatrix}=\boldsymbol{B0}=\boldsymbol{0},$$

即

$$x_1\boldsymbol{\alpha}_1+x_2\boldsymbol{\alpha}_2+\cdots+x_r\boldsymbol{\alpha}_r=\boldsymbol{0},$$

与 $\boldsymbol{\alpha}_1,\boldsymbol{\alpha}_2,\cdots,\boldsymbol{\alpha}_r$ 线性无关矛盾. 因此 $r\leqslant s$.

反之，若向量组 Ⅰ 能由向量组 Ⅱ 线性表示且 $r>s$，则向量组 Ⅰ 线性相关.

推论 3　等价的线性无关组所含向量个数相等.

推论 4　等价向量组的秩相等.

推论 5　秩为 r 的向量组中，任意 r 个线性无关的部分组都是极大线性无关组.

因此，向量组中与极大线性无关组等价的线性无关组都是极大线性无关组.

三、向量组的秩与矩阵的秩的关系

设矩阵

$$A = \begin{pmatrix} a_{11} & a_{12} & \cdots & a_{1n} \\ a_{21} & a_{22} & \cdots & a_{2n} \\ \vdots & \vdots & & \vdots \\ a_{m1} & a_{m2} & \cdots & a_{mn} \end{pmatrix},$$

那么,矩阵 $\boldsymbol{A}$ 可以看作由 m 个 n 维行向量或 n 个 m 维列向量构成,亦即由矩阵 $\boldsymbol{A}$ 可以得到一个行向量组和列向量组.矩阵 $\boldsymbol{A}$ 的行向量组的秩称为 $\boldsymbol{A}$ 的行秩.矩阵 $\boldsymbol{A}$ 的列向量组的秩称为 $\boldsymbol{A}$ 的列秩.

定理 3.2.5 矩阵的行秩等于列秩等于矩阵的秩.

证明 设 $\boldsymbol{A}$ 为 $m\times n$ 矩阵.当 $r(\boldsymbol{A})=0$ 时,显然成立.

当 $r(\boldsymbol{A})=r>0$ 时,把 $\boldsymbol{A}$ 看作由 n 个列向量 $\boldsymbol{\beta}_1,\boldsymbol{\beta}_2,\cdots,\boldsymbol{\beta}_n$ 所构成的矩阵,即

$$\boldsymbol{A}=(\boldsymbol{\beta}_1,\boldsymbol{\beta}_2,\cdots,\boldsymbol{\beta}_n).$$

由矩阵秩的定义,存在一个 r 级子式 $D_r\neq 0$,且所有 $r+1$ 级子式 D_{r+1} 都等于 0,则 D_r 中各列所在的 r 个列向量线性无关,任意 $r+1$ 个列向量线性相关,所以 D_r 所在的列向量是一个极大线性无关组,故列秩 $=r$.

令 $\boldsymbol{B}=\boldsymbol{A}^{\mathrm{T}}$,则 $r(\boldsymbol{B})=r(\boldsymbol{A}^{\mathrm{T}})=r(\boldsymbol{A})=r$.所以矩阵 $\boldsymbol{B}$ 的列秩为 r,而 $\boldsymbol{B}$ 的列秩即 $\boldsymbol{A}$ 的行秩,所以 $\boldsymbol{A}$ 的行秩等于 r.

由于初等变换不改变矩阵的秩,我们可以利用初等行变换求矩阵的秩,当然也可以用初等行变换求向量组的秩.

定理 3.2.6 若矩阵 $\boldsymbol{A}$ 经初等行变换化为矩阵 $\boldsymbol{B}$,则 $\boldsymbol{A}$ 的列向量组与 $\boldsymbol{B}$ 的对应列向量组有相同的线性关系.

证明 设 $\boldsymbol{A}=(\boldsymbol{\alpha}_1,\boldsymbol{\alpha}_2,\cdots,\boldsymbol{\alpha}_n)$,$\boldsymbol{B}=(\boldsymbol{\beta}_1,\boldsymbol{\beta}_2,\cdots,\boldsymbol{\beta}_n)$.$\boldsymbol{B}$ 是 $\boldsymbol{A}$ 经初等行变换而得,故存在可逆矩阵 $\boldsymbol{P}$ 使得

$$\boldsymbol{PA}=\boldsymbol{B},$$

即

$$(\boldsymbol{P\alpha}_1,\boldsymbol{P\alpha}_2,\cdots,\boldsymbol{P\alpha}_n)=(\boldsymbol{\beta}_1,\boldsymbol{\beta}_2,\cdots,\boldsymbol{\beta}_n),$$

所以

$$\boldsymbol{P\alpha}_i=\boldsymbol{\beta}_i \quad (i=1,2,\cdots,n).$$

线性组合

$$\begin{aligned} x_1\boldsymbol{\beta}_1+x_2\boldsymbol{\beta}_2+\cdots+x_n\boldsymbol{\beta}_n &= x_1\boldsymbol{P\alpha}_1+x_2\boldsymbol{P\alpha}_2+\cdots+x_n\boldsymbol{P\alpha}_n \\ &= \boldsymbol{P}(x_1\boldsymbol{\alpha}_1+x_2\boldsymbol{\alpha}_2+\cdots+x_n\boldsymbol{\alpha}_n). \end{aligned}$$

所以 $\boldsymbol{\beta}_1,\boldsymbol{\beta}_2,\cdots,\boldsymbol{\beta}_n$ 与 $\boldsymbol{\alpha}_1,\boldsymbol{\alpha}_2,\cdots,\boldsymbol{\alpha}_n$ 有相同的线性关系.

因此,我们不仅可以利用矩阵的初等行变换求出列向量组的秩,还可以进一

步地确定其中某个部分组的线性相关性,并求出它的极大线性无关组.

例 4　求向量组 $\boldsymbol{\alpha}_1=(1,4,1,0,2)^{\mathrm{T}},\boldsymbol{\alpha}_2=(2,5,-1,-3,2)^{\mathrm{T}},\boldsymbol{\alpha}_3=(-1,2,5,6,2)^{\mathrm{T}},\boldsymbol{\alpha}_4=(0,2,2,-1,0)^{\mathrm{T}}$ 的秩和一个极大线性无关组,并把不属于该极大线性无关组的向量用该极大线性无关组线性表示.

解　把向量组按列排成矩阵 $\boldsymbol{A}$,

$$\boldsymbol{A}=(\boldsymbol{\alpha}_1,\boldsymbol{\alpha}_2,\boldsymbol{\alpha}_3,\boldsymbol{\alpha}_4)=\begin{pmatrix}1&2&-1&0\\4&5&2&2\\1&-1&5&2\\0&-3&6&-1\\2&2&2&0\end{pmatrix}\xrightarrow{\text{初等行变换}}\begin{pmatrix}1&2&-1&0\\0&-1&2&0\\0&0&0&1\\0&0&0&0\\0&0&0&0\end{pmatrix}.$$

可见 $r(\boldsymbol{A})=3$,所以向量组 $\boldsymbol{\alpha}_1,\boldsymbol{\alpha}_2,\boldsymbol{\alpha}_3,\boldsymbol{\alpha}_4$ 的秩为 3.

对以上行阶梯形矩阵继续施行初等行变换化为行最简形,即

$$\boldsymbol{A}\sim\begin{pmatrix}1&0&3&0\\0&1&-2&0\\0&0&0&1\\0&0&0&0\\0&0&0&0\end{pmatrix}=\boldsymbol{B}.$$

设 $\boldsymbol{B}$ 的列向量分别为 $\boldsymbol{\beta}_1,\boldsymbol{\beta}_2,\boldsymbol{\beta}_3,\boldsymbol{\beta}_4$. 显然 $\boldsymbol{\beta}_1,\boldsymbol{\beta}_2,\boldsymbol{\beta}_4$ 是一个极大线性无关组,且 $\boldsymbol{\beta}_3=3\boldsymbol{\beta}_1-2\boldsymbol{\beta}_2$,所以 $\boldsymbol{\alpha}_1,\boldsymbol{\alpha}_2,\boldsymbol{\alpha}_4$ 是向量组 $\boldsymbol{\alpha}_1,\boldsymbol{\alpha}_2,\boldsymbol{\alpha}_3,\boldsymbol{\alpha}_4$ 的一个极大线性无关组,且 $\boldsymbol{\alpha}_3=3\boldsymbol{\alpha}_1-2\boldsymbol{\alpha}_2$.

例 5　求向量组 $\boldsymbol{\alpha}_1=(2,1,4,3),\boldsymbol{\alpha}_2=(-1,1,-6,6),\boldsymbol{\alpha}_3=(-1,-2,2,-9),\boldsymbol{\alpha}_4=(1,1,-2,7),\boldsymbol{\alpha}_5=(2,4,4,9)$ 的秩和一个极大线性无关组.

解　把向量组按列排成矩阵 $\boldsymbol{A}$,

$$\boldsymbol{A}=(\boldsymbol{\alpha}_1^{\mathrm{T}},\boldsymbol{\alpha}_2^{\mathrm{T}},\boldsymbol{\alpha}_3^{\mathrm{T}},\boldsymbol{\alpha}_4^{\mathrm{T}},\boldsymbol{\alpha}_5^{\mathrm{T}})=\begin{pmatrix}2&-1&-1&1&2\\1&1&-2&1&4\\4&-6&2&-2&4\\3&6&-9&7&9\end{pmatrix}$$

$$\xrightarrow{\text{初等行变换}}\begin{pmatrix}1&1&-2&1&4\\0&1&-1&1&0\\0&0&0&1&-3\\0&0&0&0&0\end{pmatrix},$$

可得 $r(\boldsymbol{A})=3$,所以向量组 $\boldsymbol{\alpha}_1,\boldsymbol{\alpha}_2,\boldsymbol{\alpha}_3,\boldsymbol{\alpha}_4,\boldsymbol{\alpha}_5$ 的秩为 3,且 $\boldsymbol{\alpha}_1,\boldsymbol{\alpha}_2,\boldsymbol{\alpha}_4$ 是它的一个极大线性无关组.

注意:求向量组的秩和极大线性无关组时,若所给向量是行向量,也要先按列排成矩阵,再做初等行变换.若没有要求将其余向量用所求极大线性无关组线性表示,则只要化为行阶梯形即可,而不必化为行最简形.

练习 3.2

1. 判断题:

(1) n 维向量空间中,任何 $n+1$ 个向量都是线性相关的. ( )

(2) 两个线性相关的不同向量组成的向量组,其秩为 1. ( )

(3) $\boldsymbol{\alpha}_1,\boldsymbol{\alpha}_2,\cdots,\boldsymbol{\alpha}_s$ 线性无关的充要条件是此向量组的秩为 s. ( )

(4) 设向量组 $\boldsymbol{\alpha}_1=(1,2,3),\boldsymbol{\alpha}_2=(4,5,6),\boldsymbol{\alpha}_3=(3,3,3)$ 与向量组 $\boldsymbol{\beta}_1,\boldsymbol{\beta}_2,\boldsymbol{\beta}_3$ 等价,则向量组 $\boldsymbol{\beta}_1,\boldsymbol{\beta}_2,\boldsymbol{\beta}_3$ 的秩为 2. ( )

2. 选择题:

(1) $\boldsymbol{A}$ 是 n 阶方阵,且 $\boldsymbol{A}$ 的第一行可由其余 $n-1$ 个行向量线性表示,则下列结论中错误的是( ).

(A) $r(\boldsymbol{A})\leqslant n-1$

(B) $\boldsymbol{A}$ 有一个列向量可由其余列向量线性表示

(C) $|\boldsymbol{A}|=0$

(D) $\boldsymbol{A}$ 的 $n-1$ 阶余子式全为零

3. 求如下向量组的秩和一个极大无关组,并将其余向量用该极大无关组线性表示:

$$\boldsymbol{\alpha}_1=(1,0,2,1)^{\mathrm{T}},\quad \boldsymbol{\alpha}_2=(1,2,0,1)^{\mathrm{T}},\quad \boldsymbol{\alpha}_3=(2,1,3,0)^{\mathrm{T}},$$
$$\boldsymbol{\alpha}_4=(2,5,-1,4)^{\mathrm{T}},\quad \boldsymbol{\alpha}_5=(1,-1,3,-1)^{\mathrm{T}}.$$

4. 设向量组 $\boldsymbol{\alpha}_1=(a,3,1)^{\mathrm{T}},\boldsymbol{\alpha}_2=(2,b,3)^{\mathrm{T}},\boldsymbol{\alpha}_3=(1,2,1)^{\mathrm{T}},\boldsymbol{\alpha}_4=(2,3,1)^{\mathrm{T}}$ 的秩为 2,求 a,b.

5. 已知三阶矩阵 $\boldsymbol{A}$ 与三维列向量 $\boldsymbol{x}$ 满足 $\boldsymbol{A}^3\boldsymbol{x}=3\boldsymbol{A}\boldsymbol{x}-\boldsymbol{A}^2\boldsymbol{x}$,且向量组 $\boldsymbol{x},\boldsymbol{A}\boldsymbol{x},\boldsymbol{A}^2\boldsymbol{x}$ 线性无关.(1) 记 $\boldsymbol{P}=(\boldsymbol{x},\boldsymbol{A}\boldsymbol{x},\boldsymbol{A}^2\boldsymbol{x})$,求三阶矩阵 $\boldsymbol{B}$,使得 $\boldsymbol{AP}=\boldsymbol{PB}$;(2) 求 $|\boldsymbol{A}|$.

6. 已知向量组 A:$\boldsymbol{\alpha}_1,\boldsymbol{\alpha}_2,\boldsymbol{\alpha}_3,\boldsymbol{\alpha}_4$ 的秩为 3,向量组 B:$\boldsymbol{\alpha}_1,\boldsymbol{\alpha}_2,\boldsymbol{\alpha}_3,\boldsymbol{\alpha}_5$ 的秩为 4,证明:向量组 C:$\boldsymbol{\alpha}_1,\boldsymbol{\alpha}_2,\boldsymbol{\alpha}_3,\boldsymbol{\alpha}_5-\boldsymbol{\alpha}_4$ 的秩为 4.

第三节 向量空间的基、维数与坐标

由向量空间的定义可知,向量空间也是一个向量组,因此向量空间也有极大线性无关组.我们把向量空间的一个极大线性无关组叫作向量空间的一个基.

定义 3.3.1 设 $\boldsymbol{V}$ 为向量空间,$\boldsymbol{\alpha}_1,\boldsymbol{\alpha}_2,\cdots,\boldsymbol{\alpha}_r\in\boldsymbol{V}$,如果

(1) $\boldsymbol{\alpha}_1,\boldsymbol{\alpha}_2,\cdots,\boldsymbol{\alpha}_r$ 线性无关，

(2) 任给 $\boldsymbol{\alpha}\in\mathbf{V}$，$\boldsymbol{\alpha}$ 都可由 $\boldsymbol{\alpha}_1,\boldsymbol{\alpha}_2,\cdots,\boldsymbol{\alpha}_r$ 线性表示，

那么，向量组 $\boldsymbol{\alpha}_1,\boldsymbol{\alpha}_2,\cdots,\boldsymbol{\alpha}_r$ 叫作向量空间 $\mathbf{V}$ 的一个(组) 基，r 叫作向量空间 $\mathbf{V}$ 的维数，记为 $\dim(\mathbf{V})=r$，并称 $\mathbf{V}$ 为 r 维向量空间.

例如，在 $\mathbf{R}^n$ 中，$\boldsymbol{\varepsilon}_1,\boldsymbol{\varepsilon}_2,\cdots,\boldsymbol{\varepsilon}_n$ 是它的一个基，称为 $\mathbf{R}^n$ 的标准基，因此 $\dim(\mathbf{R}^n)=n$，$\mathbf{R}^n$ 称为 n 维向量空间.

规定：只含零向量的向量空间的维数为 0，称为 0 维向量空间.

由定义可知，向量空间的基不是唯一的，但其维数 r 是确定的. 并且，向量空间可以由它的一组基生成，即 $\mathbf{V}=L(\boldsymbol{\alpha}_1,\boldsymbol{\alpha}_2,\cdots,\boldsymbol{\alpha}_r)$. 因此，任给 $\boldsymbol{\alpha}\in\mathbf{V}$，$\boldsymbol{\alpha}$ 可以唯一地表示成 $\boldsymbol{\alpha}_1,\boldsymbol{\alpha}_2,\cdots,\boldsymbol{\alpha}_r$ 的线性组合，即存在 $x_1,x_2,\cdots,x_r\in\mathbf{R}$，使得 $\boldsymbol{\alpha}=x_1\boldsymbol{\alpha}_1+x_2\boldsymbol{\alpha}_2+\cdots+x_r\boldsymbol{\alpha}_r$. 我们把有序数组 $(x_1,x_2,\cdots,x_r)$ 称为向量 $\boldsymbol{\alpha}$ 在基 $\boldsymbol{\alpha}_1,\boldsymbol{\alpha}_2,\cdots,\boldsymbol{\alpha}_r$ 下的坐标，记为 $\boldsymbol{\alpha}=(x_1,x_2,\cdots,x_r)$.

由于向量空间的基不是唯一的，因此，同一向量在不同基下的坐标也是不相同的. 下面我们讨论同一向量在不同基下的坐标间的关系.

设 $\boldsymbol{e}_1,\boldsymbol{e}_2,\cdots,\boldsymbol{e}_n$ 与 $\boldsymbol{e}_1',\boldsymbol{e}_2',\cdots,\boldsymbol{e}_n'$ 是 $\mathbf{R}^n$ 的两组基，则它们是等价的，即两组基可以相互线性表示.

设基 $\boldsymbol{e}_1',\boldsymbol{e}_2',\cdots,\boldsymbol{e}_n'$ 由基 $\boldsymbol{e}_1,\boldsymbol{e}_2,\cdots,\boldsymbol{e}_n$ 表示为

$$\begin{cases}\boldsymbol{e}_1'=p_{11}\boldsymbol{e}_1+p_{21}\boldsymbol{e}_2+\cdots+p_{n1}\boldsymbol{e}_n,\\ \boldsymbol{e}_2'=p_{12}\boldsymbol{e}_1+p_{22}\boldsymbol{e}_2+\cdots+p_{n2}\boldsymbol{e}_n,\\ \qquad\cdots\cdots\\ \boldsymbol{e}_n'=p_{1n}\boldsymbol{e}_1+p_{2n}\boldsymbol{e}_2+\cdots+p_{nn}\boldsymbol{e}_n.\end{cases}$$

写成矩阵形式，即

$$(\boldsymbol{e}_1',\boldsymbol{e}_2',\cdots,\boldsymbol{e}_n')=(\boldsymbol{e}_1,\boldsymbol{e}_2,\cdots,\boldsymbol{e}_n)\begin{pmatrix}p_{11}&p_{12}&\cdots&p_{1n}\\p_{21}&p_{22}&\cdots&p_{2n}\\\vdots&\vdots&&\vdots\\p_{n1}&p_{n2}&\cdots&p_{nn}\end{pmatrix},$$

其中，矩阵 $\boldsymbol{P}=\begin{pmatrix}p_{11}&p_{12}&\cdots&p_{1n}\\p_{21}&p_{22}&\cdots&p_{2n}\\\vdots&\vdots&&\vdots\\p_{n1}&p_{n2}&\cdots&p_{nn}\end{pmatrix}$ 叫作由基 $\boldsymbol{e}_1,\boldsymbol{e}_2,\cdots,\boldsymbol{e}_n$ 到基 $\boldsymbol{e}_1',\boldsymbol{e}_2',\cdots,\boldsymbol{e}_n'$ 的过渡矩阵. 容易证明 $\boldsymbol{P}$ 可逆，且 $\boldsymbol{P}^{-1}$ 是基 $\boldsymbol{e}_1',\boldsymbol{e}_2',\cdots,\boldsymbol{e}_n'$ 到基 $\boldsymbol{e}_1,\boldsymbol{e}_2,\cdots,\boldsymbol{e}_n$ 的过渡矩阵.

设 $\mathbf{R}^n$ 中向量 $\boldsymbol{\alpha}$ 在基 $\boldsymbol{e}_1,\boldsymbol{e}_2,\cdots,\boldsymbol{e}_n$ 与基 $\boldsymbol{e}_1',\boldsymbol{e}_2',\cdots,\boldsymbol{e}_n'$ 下的坐标分别为 $(x_1,x_2,\cdots,x_n)$ 与 $(x_1',x_2',\cdots,x_n')$，则

$$\boldsymbol{\alpha}=(\boldsymbol{e}_1,\boldsymbol{e}_2,\cdots,\boldsymbol{e}_n)\begin{pmatrix}x_1\\x_2\\\vdots\\x_n\end{pmatrix}=(\boldsymbol{e}_1',\boldsymbol{e}_2',\cdots,\boldsymbol{e}_n')\begin{pmatrix}x_1'\\x_2'\\\vdots\\x_n'\end{pmatrix}=(\boldsymbol{e}_1,\boldsymbol{e}_2,\cdots,\boldsymbol{e}_n)\boldsymbol{P}\begin{pmatrix}x_1'\\x_2'\\\vdots\\x_n'\end{pmatrix}.$$

所以

$$\begin{pmatrix}x_1\\x_2\\\vdots\\x_n\end{pmatrix}=\boldsymbol{P}\begin{pmatrix}x_1'\\x_2'\\\vdots\\x_n'\end{pmatrix}\quad\text{或}\quad\begin{pmatrix}x_1'\\x_2'\\\vdots\\x_n'\end{pmatrix}=\boldsymbol{P}^{-1}\begin{pmatrix}x_1\\x_2\\\vdots\\x_n\end{pmatrix}.$$

以上两式就是向量在两组基下的坐标变换公式.

例 1 设 $\boldsymbol{\alpha}_1=(1,-1,1)$, $\boldsymbol{\alpha}_2=(1,2,0)$, $\boldsymbol{\alpha}_3=(1,0,3)$, $\boldsymbol{\alpha}_4=(2,-3,7)$, 证明:$\boldsymbol{\alpha}_1,\boldsymbol{\alpha}_2,\boldsymbol{\alpha}_3$ 可以作为 $\mathbf{R}^3$ 的一组基,并求 $\boldsymbol{\alpha}_4$ 关于 $\boldsymbol{\alpha}_1,\boldsymbol{\alpha}_2,\boldsymbol{\alpha}_3$ 的坐标.

证明 $\boldsymbol{A}=(\boldsymbol{\alpha}_1^{\mathrm{T}},\boldsymbol{\alpha}_2^{\mathrm{T}},\boldsymbol{\alpha}_3^{\mathrm{T}},\boldsymbol{\alpha}_4^{\mathrm{T}})=\begin{pmatrix}1&1&1&2\\-1&2&0&-3\\1&0&3&7\end{pmatrix}$

$$\xrightarrow[\text{化为行最简形}]{\text{初等行变换}}\begin{pmatrix}1&0&0&1\\0&1&0&-1\\0&0&1&2\end{pmatrix}.$$

可见,$\boldsymbol{\alpha}_1,\boldsymbol{\alpha}_2,\boldsymbol{\alpha}_3$ 线性无关,因此可以作为 $\mathbf{R}^3$ 的一组基,且

$$\boldsymbol{\alpha}_4=\boldsymbol{\alpha}_1-\boldsymbol{\alpha}_2+2\boldsymbol{\alpha}_3,$$

因此,$\boldsymbol{\alpha}_4$ 在基 B:$\boldsymbol{\alpha}_1,\boldsymbol{\alpha}_2,\boldsymbol{\alpha}_3$ 下的坐标为 $(\boldsymbol{\alpha}_4)_B=(1,-1,2)$.

例 2 设 $\mathbf{R}^4$ 中两组基:

(1) $\boldsymbol{\alpha}_1=(1,2,-1,0)^{\mathrm{T}}$, $\boldsymbol{\alpha}_2=(1,-1,1,1)^{\mathrm{T}}$,
$\boldsymbol{\alpha}_3=(-1,2,1,1)^{\mathrm{T}}$, $\boldsymbol{\alpha}_4=(-1,-1,0,1)^{\mathrm{T}}$;

(2) $\boldsymbol{\beta}_1=(2,1,0,1)^{\mathrm{T}}$, $\boldsymbol{\beta}_2=(0,1,2,2)^{\mathrm{T}}$,
$\boldsymbol{\beta}_3=(-2,1,1,2)^{\mathrm{T}}$, $\boldsymbol{\beta}_4=(1,3,1,2)^{\mathrm{T}}$.

求基(1)到基(2)的过渡矩阵,并求坐标变换公式.

解 取 $\mathbf{R}^4$ 的第三组基:$\boldsymbol{\varepsilon}_1,\boldsymbol{\varepsilon}_2,\boldsymbol{\varepsilon}_3,\boldsymbol{\varepsilon}_4$(单位向量组),则有

$$(\boldsymbol{\alpha}_1,\boldsymbol{\alpha}_2,\boldsymbol{\alpha}_3,\boldsymbol{\alpha}_4)=(\boldsymbol{\varepsilon}_1,\boldsymbol{\varepsilon}_2,\boldsymbol{\varepsilon}_3,\boldsymbol{\varepsilon}_4)\boldsymbol{A},$$
$$(\boldsymbol{\beta}_1,\boldsymbol{\beta}_2,\boldsymbol{\beta}_3,\boldsymbol{\beta}_4)=(\boldsymbol{\varepsilon}_1,\boldsymbol{\varepsilon}_2,\boldsymbol{\varepsilon}_3,\boldsymbol{\varepsilon}_4)\boldsymbol{B},$$

其中

$$\boldsymbol{A}=\begin{pmatrix}1&1&-1&-1\\2&-1&2&-1\\-1&1&1&0\\0&1&1&1\end{pmatrix},\quad \boldsymbol{B}=\begin{pmatrix}2&0&-2&1\\1&1&1&3\\0&2&1&1\\1&2&2&2\end{pmatrix},$$

则

$$(\boldsymbol{\varepsilon}_1,\boldsymbol{\varepsilon}_2,\boldsymbol{\varepsilon}_3,\boldsymbol{\varepsilon}_4)=(\boldsymbol{\alpha}_1,\boldsymbol{\alpha}_2,\boldsymbol{\alpha}_3,\boldsymbol{\alpha}_4)\boldsymbol{A}^{-1}.$$

于是

$$(\boldsymbol{\beta}_1,\boldsymbol{\beta}_2,\boldsymbol{\beta}_3,\boldsymbol{\beta}_4)=(\boldsymbol{\alpha}_1,\boldsymbol{\alpha}_2,\boldsymbol{\alpha}_3,\boldsymbol{\alpha}_4)\boldsymbol{A}^{-1}\boldsymbol{B}.$$

所以，由基 $\boldsymbol{\alpha}_1,\boldsymbol{\alpha}_2,\boldsymbol{\alpha}_3,\boldsymbol{\alpha}_4$ 到基 $\boldsymbol{\beta}_1,\boldsymbol{\beta}_2,\boldsymbol{\beta}_3,\boldsymbol{\beta}_4$ 的过渡矩阵为 $\boldsymbol{P}=\boldsymbol{A}^{-1}\boldsymbol{B}$. 经计算得

$$\boldsymbol{P}=\begin{pmatrix}1&0&0&1\\1&1&0&1\\0&1&1&1\\0&0&1&0\end{pmatrix},$$

从而

$$\boldsymbol{P}^{-1}=\begin{pmatrix}0&1&-1&1\\-1&1&0&0\\0&0&0&1\\1&-1&1&-1\end{pmatrix}.$$

设向量 $\boldsymbol{\alpha}$ 在基(1) 下的坐标为 (x_1,x_2,x_3,x_4)，在基(2) 下的坐标为 (y_1,y_2,y_3,y_4)，则坐标变换公式为

$$\begin{pmatrix}y_1\\y_2\\y_3\\y_4\end{pmatrix}=\boldsymbol{P}^{-1}\begin{pmatrix}x_1\\x_2\\x_3\\x_4\end{pmatrix},$$

即

$$\begin{cases}y_1=x_2-x_3+x_4,\\y_2=-x_1+x_2,\\y_3=x_4,\\y_4=x_1-x_2+x_3-x_4.\end{cases}$$

练习 3.3

1. 填空题：

(1) 设 $\mathbf{R}^4$ 的一组基为 $\boldsymbol{\alpha}_1,\boldsymbol{\alpha}_2,\boldsymbol{\alpha}_3,\boldsymbol{\alpha}_4$，令 $\boldsymbol{\beta}_1=\boldsymbol{\alpha}_1+\boldsymbol{\alpha}_2,\boldsymbol{\beta}_2=\boldsymbol{\alpha}_2+\boldsymbol{\alpha}_3,\boldsymbol{\beta}_3=\boldsymbol{\alpha}_3+\boldsymbol{\alpha}_4,\boldsymbol{\beta}_4=\boldsymbol{\alpha}_1+\boldsymbol{\alpha}_4$，则子空间 $W=\{k_1\boldsymbol{\beta}_1+k_2\boldsymbol{\beta}_2+k_3\boldsymbol{\beta}_3+k_4\boldsymbol{\beta}_4 \mid k_i\in\mathbf{R},i=1,2,3,4\}$ 的维数为________，它的一组基为________.

(2) 向量 $\boldsymbol{\beta}_1=(5,0,7)^{\mathrm{T}}$ 在 $\mathbf{R}^3$ 的一个基 $\boldsymbol{\alpha}_1=(1,-1,0)^{\mathrm{T}},\boldsymbol{\alpha}_2=(2,1,3)^{\mathrm{T}},\boldsymbol{\alpha}_3=(3,1,2)^{\mathrm{T}}$ 下的坐标为________.

2. 证明：由 $\boldsymbol{\alpha}_1=(0,1,1)^{\mathrm{T}},\boldsymbol{\alpha}_2=(1,0,1)^{\mathrm{T}},\boldsymbol{\alpha}_3=(1,1,0)^{\mathrm{T}}$ 所生成的向量空间就是 $\mathbf{R}^3$.

3. 由 $\boldsymbol{\alpha}_1=(1,1,0,0)^{\mathrm{T}}$，$\boldsymbol{\alpha}_2=(1,0,1,1)^{\mathrm{T}}$ 所生成的向量空间记作 $\boldsymbol{V}_1$，由 $\boldsymbol{\beta}_1=(2,-1,3,3)^{\mathrm{T}},\boldsymbol{\beta}_2=(0,1,-1,-1)^{\mathrm{T}}$ 所生成的向量空间记作 $\boldsymbol{V}_2$，试证 $\boldsymbol{V}_1=\boldsymbol{V}_2$.

4. 已知 $\mathbf{R}^3$ 的两个基为 $\boldsymbol{\alpha}_1=(1,1,1)^{\mathrm{T}},\boldsymbol{\alpha}_2=(1,0,-1)^{\mathrm{T}},\boldsymbol{\alpha}_3=(1,0,1)^{\mathrm{T}}$；$\boldsymbol{\beta}_1=(1,2,1)^{\mathrm{T}}$，$\boldsymbol{\beta}_2=(2,3,4)^{\mathrm{T}},\boldsymbol{\beta}_3=(3,4,3)^{\mathrm{T}}$，求由基 $\boldsymbol{\alpha}_1,\boldsymbol{\alpha}_2,\boldsymbol{\alpha}_3$ 到基 $\boldsymbol{\beta}_1,\boldsymbol{\beta}_2,\boldsymbol{\beta}_3$ 的过渡矩阵 $\boldsymbol{P}$.

5. 令 $W=\{(x_1,x_2,\cdots,x_{n-1},0)\mid x_1+x_2=0,x_1,x_2,\cdots,x_{n-1}\in\mathbf{R}\}$.

(1) 证明 $\boldsymbol{W}$ 是 $\mathbf{R}^n$ 的一个子空间；

(2) 求 $\boldsymbol{W}$ 的一组基.

第四节　线性方程组的解的结构

一、齐次线性方程组的解的结构

对于齐次线性方程组

$$\begin{cases}a_{11}x_1+a_{12}x_2+\cdots+a_{1n}x_n=0,\\ a_{21}x_1+a_{22}x_2+\cdots+a_{2n}x_n=0,\\ \cdots\cdots\\ a_{m1}x_1+a_{m2}x_2+\cdots+a_{mn}x_n=0,\end{cases}\tag{3.4.1}$$

若记

$$\boldsymbol{A}=\begin{pmatrix}a_{11}&a_{12}&\cdots&a_{1n}\\ a_{21}&a_{22}&\cdots&a_{2n}\\ \vdots&\vdots&&\vdots\\ a_{m1}&a_{m2}&\cdots&a_{mn}\end{pmatrix},\quad \boldsymbol{x}=\begin{pmatrix}x_1\\ x_2\\ \vdots\\ x_n\end{pmatrix},$$

则方程组(3.4.1) 可写成向量方程

$$\boldsymbol{Ax}=\mathbf{0}.\tag{3.4.1$'$}$$

若 $x_1=\xi_{11},x_2=\xi_{21},\cdots,x_n=\xi_{n1}$ 是方程组(3.4.1) 的一个解，则

$$\boldsymbol{x}=\boldsymbol{\xi}_1=\begin{pmatrix}\xi_{11}\\ \xi_{21}\\ \vdots\\ \xi_{n1}\end{pmatrix}$$

是向量方程(3.4.1′) 的解，并称之为方程组(3.4.1) 的解向量.

我们已经知道，齐次线性方程组总是有解的. 对于齐次线性方程组而言，零解是平凡的，因此，我们着重研究其非零解. 齐次线性方程组(3.4.1)，即向量方程(3.4.1′) 有非零解的充要条件是 $r(\boldsymbol{A})<n$.

为了研究齐次线性方程组的解的结构,先讨论齐次线性方程组的解的性质.

性质 1　若 $\boldsymbol{x}=\boldsymbol{\xi}_1,\boldsymbol{x}=\boldsymbol{\xi}_2$ 为 $\boldsymbol{Ax}=\boldsymbol{0}$ 的解,则 $\boldsymbol{x}=\boldsymbol{\xi}_1+\boldsymbol{\xi}_2$ 也是 $\boldsymbol{Ax}=\boldsymbol{0}$ 的解.

证明　因为 $\boldsymbol{A\xi}_1=\boldsymbol{0},\boldsymbol{A\xi}_2=\boldsymbol{0}$,所以 $\boldsymbol{A}(\boldsymbol{\xi}_1+\boldsymbol{\xi}_2)=\boldsymbol{A\xi}_1+\boldsymbol{A\xi}_2=\boldsymbol{0}$,即 $\boldsymbol{x}=\boldsymbol{\xi}_1+\boldsymbol{\xi}_2$ 也是 $\boldsymbol{Ax}=\boldsymbol{0}$ 的解.

性质 2　若 $\boldsymbol{x}=\boldsymbol{\xi}$ 是 $\boldsymbol{Ax}=\boldsymbol{0}$ 的解,$k\in\mathbf{R}$,则 $\boldsymbol{x}=k\boldsymbol{\xi}$ 也是 $\boldsymbol{Ax}=\boldsymbol{0}$ 的解.

证明　因为 $\boldsymbol{A}(k\boldsymbol{\xi})=k\boldsymbol{A\xi}=\boldsymbol{0}$,所以 $k\boldsymbol{\xi}$ 也是 $\boldsymbol{Ax}=\boldsymbol{0}$ 的解.

以上两个性质表明,方程组全体解向量构成的集合对于向量的加法和数乘运算是封闭的,所以构成一个向量空间,称此向量空间为齐次线性方程组 $\boldsymbol{Ax}=\boldsymbol{0}$ 的解空间.

因此,求齐次线性方程组的所有解就是确定其解空间,这就需要确定解空间的基.我们把齐次线性方程组的解空间的基叫作基础解系.

定义 3.4.1　$\boldsymbol{\eta}_1,\boldsymbol{\eta}_2,\cdots,\boldsymbol{\eta}_t$ 是方程组 $\boldsymbol{Ax}=\boldsymbol{0}$ 的解,如果

(1) $\boldsymbol{\eta}_1,\boldsymbol{\eta}_2,\cdots,\boldsymbol{\eta}_t$ 线性无关,

(2) 方程 $\boldsymbol{Ax}=\boldsymbol{0}$ 的任一解都可由 $\boldsymbol{\eta}_1,\boldsymbol{\eta}_2,\cdots,\boldsymbol{\eta}_t$ 线性表示,

那么,$\boldsymbol{\eta}_1,\boldsymbol{\eta}_2,\cdots,\boldsymbol{\eta}_t$ 叫作方程组 $\boldsymbol{Ax}=\boldsymbol{0}$ 的一个基础解系.

如果 $\boldsymbol{\eta}_1,\boldsymbol{\eta}_2,\cdots,\boldsymbol{\eta}_t$ 是齐次线性方程组的一个基础解系,那么方程组的任一解可表示为

$$\boldsymbol{x}=k_1\boldsymbol{\eta}_1+k_2\boldsymbol{\eta}_2+\cdots+k_t\boldsymbol{\eta}_t,$$

其中 $k_i(i=1,2,\cdots,t)$ 是任意常数,并称之为方程组的通解.

定理 3.4.1　n 元齐次线性方程组若有非零解,则一定有基础解系,且基础解系所含解向量的个数等于 $n-r$,其中 r 是系数矩阵的秩.

证明　齐次线性方程组 $\boldsymbol{Ax}=\boldsymbol{0}$ 的系数矩阵

$$\boldsymbol{A}=\begin{pmatrix} a_{11} & a_{12} & \cdots & a_{1n} \\ a_{21} & a_{22} & \cdots & a_{2n} \\ \vdots & \vdots & & \vdots \\ a_{m1} & a_{m2} & \cdots & a_{mn} \end{pmatrix}.$$

由于 $\boldsymbol{Ax}=\boldsymbol{0}$ 有非零解,所以 $r(\boldsymbol{A})=r<n$,对 $\boldsymbol{A}$ 实施初等行变换,$\boldsymbol{A}$ 可化为行最简形,不妨假设为

$$\begin{pmatrix} 1 & 0 & \cdots & 0 & c_{1,r+1} & \cdots & c_{1n} \\ 0 & 1 & \cdots & 0 & c_{2,r+1} & \cdots & c_{2n} \\ \vdots & \vdots & & \vdots & \vdots & & \vdots \\ 0 & 0 & \cdots & 1 & c_{r,r+1} & \cdots & c_{rn} \\ 0 & 0 & \cdots & 0 & 0 & \cdots & 0 \\ \vdots & \vdots & & \vdots & \vdots & & \vdots \\ 0 & 0 & \cdots & 0 & 0 & \cdots & 0 \end{pmatrix}.$$

与之对应的方程组为

$$\begin{cases} x_1 + \quad c_{1,r+1}x_{r+1} + \cdots + c_{1n}x_n = 0, \\ \quad x_2 + c_{2,r+1}x_{r+1} + \cdots + c_{2n}x_n = 0, \\ \qquad \cdots\cdots \\ \qquad x_r + c_{r,r+1}x_{r+1} + \cdots + c_{rn}x_n = 0. \end{cases}$$

令 $x_{r+1}, x_{r+2}, \cdots, x_n$ 为自由未知量,得

$$\begin{cases} x_1 = -c_{1,r+1}x_{r+1} - \cdots - c_{1n}x_n, \\ x_2 = -c_{2,r+1}x_{r+1} - \cdots - c_{2n}x_n, \\ \qquad \cdots\cdots \\ x_r = -c_{r,r+1}x_{r+1} - \cdots - c_{rn}x_n. \end{cases}$$

取

$$\begin{pmatrix} x_{r+1} \\ x_{r+2} \\ \vdots \\ x_n \end{pmatrix} = \begin{pmatrix} 1 \\ 0 \\ \vdots \\ 0 \end{pmatrix}, \begin{pmatrix} 0 \\ 1 \\ \vdots \\ 0 \end{pmatrix}, \cdots, \begin{pmatrix} 0 \\ 0 \\ \vdots \\ 1 \end{pmatrix},$$

可得

$$\begin{pmatrix} x_1 \\ x_2 \\ \vdots \\ x_r \end{pmatrix} = \begin{pmatrix} -c_{1,r+1} \\ -c_{2,r+1} \\ \vdots \\ -c_{r,r+1} \end{pmatrix}, \begin{pmatrix} -c_{1,r+2} \\ -c_{2,r+2} \\ \vdots \\ -c_{r,r+2} \end{pmatrix}, \cdots, \begin{pmatrix} -c_{1n} \\ -c_{2n} \\ \vdots \\ -c_{rn} \end{pmatrix},$$

从而得到方程组的 $n-r$ 个解

$$\boldsymbol{\xi}_1 = \begin{pmatrix} -c_{1,r+1} \\ -c_{2,r+1} \\ \vdots \\ -c_{r,r+1} \\ 1 \\ 0 \\ \vdots \\ 0 \end{pmatrix}, \boldsymbol{\xi}_2 = \begin{pmatrix} -c_{1,r+2} \\ -c_{2,r+2} \\ \vdots \\ -c_{r,r+2} \\ 0 \\ 1 \\ \vdots \\ 0 \end{pmatrix}, \cdots, \boldsymbol{\xi}_{n-r} = \begin{pmatrix} -c_{1n} \\ -c_{2n} \\ \vdots \\ -c_{rn} \\ 0 \\ 0 \\ \vdots \\ 1 \end{pmatrix}.$$

首先,这 $n-r$ 个解向量显然线性无关.

其次,设$(k_1, k_2, \cdots, k_n)$是方程组的任意解,代入方程组得

$$\begin{cases} k_1 = -c_{1,r+1}k_{r+1} - \cdots - c_{1n}k_n, \\ k_2 = -c_{2,r+1}k_{r+1} - \cdots - c_{2n}k_n, \\ \quad \cdots\cdots \\ k_r = -c_{r,r+1}k_{r+1} - \cdots - c_{rn}k_n, \\ k_{r+1} = k_{r+1}, \\ \quad \cdots\cdots \\ k_n = k_n, \end{cases}$$

于是

$$\begin{pmatrix} k_1 \\ k_2 \\ \vdots \\ k_r \\ k_{r+1} \\ \vdots \\ k_n \end{pmatrix} = k_{r+1}\begin{pmatrix} -c_{1,r+1} \\ -c_{2,r+1} \\ \vdots \\ -c_{r,r+1} \\ 1 \\ 0 \\ \vdots \\ 0 \end{pmatrix} + k_{r+2}\begin{pmatrix} -c_{1,r+2} \\ -c_{2,r+2} \\ \vdots \\ -c_{r,r+2} \\ 0 \\ 1 \\ \vdots \\ 0 \end{pmatrix} + \cdots + k_n\begin{pmatrix} -c_{1n} \\ -c_{2n} \\ \vdots \\ -c_{rn} \\ 0 \\ 0 \\ \vdots \\ 1 \end{pmatrix}$$

$$= k_{r+1}\boldsymbol{\xi}_1 + k_{r+2}\boldsymbol{\xi}_2 + \cdots + k_n\boldsymbol{\xi}_{n-r}.$$

因此方程组的任一解向量都可由这 $n-r$ 个解向量 $\boldsymbol{\xi}_1, \boldsymbol{\xi}_2, \cdots, \boldsymbol{\xi}_{n-r}$ 线性表示. 所以 $\boldsymbol{\xi}_1, \boldsymbol{\xi}_2, \cdots, \boldsymbol{\xi}_{n-r}$ 是方程组的一个基础解系.

定理的证明实际上给出了一种求齐次线性方程组的基础解系的方法.

注意:(1) 当 $r(\boldsymbol{A}) = n$ 时,方程组 $\boldsymbol{Ax} = \boldsymbol{0}$ 只有零解,此时解空间只有一个零向量,为零维向量空间,因此没有基础解系.

(2) 基础解系不唯一,因而方程的通解表达式也不唯一.

例 1　解齐次线性方程组

$$\begin{cases} x_1 - x_2 + x_3 - x_4 = 0, \\ x_1 - x_2 - x_3 + x_4 = 0, \\ x_1 - x_2 - 2x_3 + 2x_4 = 0. \end{cases}$$

解　系数矩阵

$$\boldsymbol{A} = \begin{pmatrix} 1 & -1 & 1 & -1 \\ 1 & -1 & -1 & 1 \\ 1 & -1 & -2 & 2 \end{pmatrix} \xrightarrow{\text{初等行变换}} \begin{pmatrix} 1 & -1 & 0 & 0 \\ 0 & 0 & 1 & -1 \\ 0 & 0 & 0 & 0 \end{pmatrix}.$$

对应的方程组为

$$\begin{cases} x_1 - x_2 = 0, \\ x_3 - x_4 = 0. \end{cases}$$

令 x_2, x_4 为自由未知量，取 $\begin{pmatrix} x_2 \\ x_4 \end{pmatrix} = \begin{pmatrix} 1 \\ 0 \end{pmatrix}, \begin{pmatrix} 0 \\ 1 \end{pmatrix}$，得基础解系

$$\boldsymbol{\xi}_1 = \begin{pmatrix} 1 \\ 1 \\ 0 \\ 0 \end{pmatrix}, \quad \boldsymbol{\xi}_2 = \begin{pmatrix} 0 \\ 0 \\ 1 \\ 1 \end{pmatrix}.$$

所以方程组的通解为

$$\boldsymbol{x} = c_1\boldsymbol{\xi}_1 + c_2\boldsymbol{\xi}_2,$$

其中 c_1, c_2 为任意常数.

二、非齐次线性方程组的解的结构

线性方程组

$$\begin{cases} a_{11}x_1 + a_{12}x_2 + \cdots + a_{1n}x_n = b_1, \\ a_{21}x_1 + a_{22}x_2 + \cdots + a_{2n}x_n = b_2, \\ \cdots\cdots \\ a_{m1}x_1 + a_{m2}x_2 + \cdots + a_{mn}x_n = b_m. \end{cases} \tag{3.4.2}$$

若常数项 $b_1, b_2, \cdots, b_m$ 不全为 0，则称方程组(3.4.2)为非齐次线性方程组. 若将常数项都换成 0，则得到相应的齐次线性方程组(3.4.1)，我们称方程组(3.4.1)为非齐次线性方程(3.4.2)的导出方程组，简称导出组. 若记

$$\boldsymbol{A} = \begin{pmatrix} a_{11} & a_{12} & \cdots & a_{1n} \\ a_{21} & a_{22} & \cdots & a_{2n} \\ \vdots & \vdots & & \vdots \\ a_{m1} & a_{m2} & \cdots & a_{mn} \end{pmatrix}, \quad \boldsymbol{b} = \begin{pmatrix} b_1 \\ b_2 \\ \vdots \\ b_m \end{pmatrix},$$

则方程组(3.4.2)可写成

$$\boldsymbol{Ax} = \boldsymbol{b}. \tag{3.4.2$'$}$$

我们已经知道，非齐次线性方程组有解的充要条件是系数矩阵与增广矩阵的秩相等. 当秩 r 等于未知量个数 n 时，方程组有唯一解；当 $r < n$ 时，方程组有无穷多解.

定理 3.4.2 如果非齐次线性方程组有解，那么它的一个解与其导出组的解之和还是它的一个解，且非齐次线性方程组的任意解都可表示成它的一个特解与其导出组的解之和.

证明 设 $\boldsymbol{\eta}$ 是非齐次线性方程组 $\boldsymbol{Ax} = \boldsymbol{b}$ 的解，$\boldsymbol{\xi}$ 是其导出组 $\boldsymbol{Ax} = \boldsymbol{0}$ 的解，则有

$$\boldsymbol{A\eta} = \boldsymbol{b}, \quad \boldsymbol{A\xi} = \boldsymbol{0},$$

于是

$$\boldsymbol{A}(\boldsymbol{\eta}+\boldsymbol{\xi}) = \boldsymbol{A\eta}+\boldsymbol{A\xi} = \boldsymbol{b}+\boldsymbol{0} = \boldsymbol{b}.$$

所以 $\boldsymbol{\xi}+\boldsymbol{\eta}$ 是 $\boldsymbol{Ax}=\boldsymbol{b}$ 的解.

由定理可知,对于非齐次线性方程组(3.4.2),当系数矩阵与增广矩阵的秩相等,设为 r,且 $r<n$ 时,我们只需先求出其导出组的通解,然后再求出它的一个特解,便可得到非齐次线性方程组(3.4.2)的所有解(通解).所以,非齐次线性方程组 $\boldsymbol{Ax}=\boldsymbol{b}$ 的通解为

$$\boldsymbol{x} = k_1\boldsymbol{\xi}_1 + k_2\boldsymbol{\xi}_2 + \cdots + k_{n-r}\boldsymbol{\xi}_{n-r} + \boldsymbol{\eta}^*,$$

其中 $k_1\boldsymbol{\xi}_1 + k_2\boldsymbol{\xi}_2 + \cdots + k_{n-r}\boldsymbol{\xi}_{n-r}$ 为其导出组的通解,$\boldsymbol{\eta}^*$ 是非齐次线性方程组的一个特解.

例 2　试求 $\begin{cases} x_1+3x_2-x_3+2x_4+4x_5=3, \\ 2x_1-x_2+8x_3+7x_4+2x_5=9, \\ 4x_1+5x_2+6x_3+11x_4+10x_5=15 \end{cases}$ 的全部解.

解　增广矩阵

$$\widetilde{\boldsymbol{A}} = \begin{pmatrix} 1 & 3 & -1 & 2 & 4 & 3 \\ 2 & -1 & 8 & 7 & 2 & 9 \\ 4 & 5 & 6 & 11 & 10 & 15 \end{pmatrix}$$

$$\xrightarrow{\text{初等行变换}} \begin{pmatrix} 1 & 0 & \frac{23}{7} & \frac{23}{7} & \frac{10}{7} & \frac{30}{7} \\ 0 & 1 & -\frac{10}{7} & -\frac{3}{7} & \frac{6}{7} & -\frac{3}{7} \\ 0 & 0 & 0 & 0 & 0 & 0 \end{pmatrix},$$

可见系数矩阵与增广矩阵的秩都是 $2<5$,故原方程组有无穷多解.

对应的齐次线性方程组(去掉常数项)的基础解系为

$$\boldsymbol{\xi}_1 = \begin{pmatrix} -\frac{23}{7} \\ \frac{10}{7} \\ 1 \\ 0 \\ 0 \end{pmatrix}, \quad \boldsymbol{\xi}_2 = \begin{pmatrix} -\frac{23}{7} \\ \frac{3}{7} \\ 0 \\ 1 \\ 0 \end{pmatrix}, \quad \boldsymbol{\xi}_3 = \begin{pmatrix} -\frac{10}{7} \\ -\frac{6}{7} \\ 0 \\ 0 \\ 1 \end{pmatrix}.$$

令 $x_3=x_4=x_5=0$,得非齐次线性方程组一个特解

$$\boldsymbol{\eta} = \left(\frac{30}{7}, -\frac{3}{7}, 0, 0, 0\right)^{\mathrm{T}},$$

于是方程组的全部解(通解)为

$$\boldsymbol{x} = k_1\boldsymbol{\xi}_1 + k_2\boldsymbol{\xi}_2 + k_3\boldsymbol{\xi}_3 + \boldsymbol{\eta},$$

其中 k_1, k_2, k_3 为任意实数.

例 3　设线性方程组 $\begin{cases} px_1 + x_2 + x_3 = 4, \\ x_1 + tx_2 + x_3 = 3, \\ x_1 + 2tx_2 + x_3 = 4, \end{cases}$ 试就 p,t 讨论方程组的解的情况,并在有解时求出解.

解　增广矩阵

$$\widetilde{\boldsymbol{A}} = \begin{pmatrix} p & 1 & 1 & 4 \\ 1 & t & 1 & 3 \\ 1 & 2t & 1 & 4 \end{pmatrix} \xrightarrow{\text{初等行变换}} \begin{pmatrix} 1 & t & 1 & 3 \\ 0 & 1 & 1-p & 4-2p \\ 0 & 0 & (p-1)t & 1-4t+2pt \end{pmatrix}.$$

(1) 当 $(p-1)t \neq 0$,即 $p \neq 1, t \neq 0$ 时,方程组有唯一解

$$x_1 = \frac{2t-1}{(p-1)t}, \quad x_2 = \frac{1}{t}, \quad x_3 = \frac{1-4t+2pt}{(p-1)t}.$$

(2) 当 $p = 1$,且 $1-4t+2pt \neq 0$,即 $t \neq \frac{1}{2}$ 时,方程组无解.

(3) 当 $p = 1$,且 $1-4t+2pt = 0$,即 $t = \frac{1}{2}$ 时,方程组有无穷多解,此时增广矩阵

$$\widetilde{\boldsymbol{A}} \sim \begin{pmatrix} 1 & \frac{1}{2} & 1 & 3 \\ 0 & 1 & 0 & 2 \\ 0 & 0 & 0 & 0 \end{pmatrix} \sim \begin{pmatrix} 1 & 0 & 1 & 2 \\ 0 & 1 & 0 & 2 \\ 0 & 0 & 0 & 0 \end{pmatrix}.$$

于是方程组的通解为 $\boldsymbol{x} = k\begin{pmatrix} -1 \\ 0 \\ 1 \end{pmatrix} + \begin{pmatrix} 2 \\ 2 \\ 0 \end{pmatrix}$,其中 k 为任意实数.

(4) 当 $t = 0$ 时,$1-4t+2pt = 1 \neq 0$,故方程组此时无解.

例 4　已知 $\boldsymbol{\alpha}_1 = (1,0,2,3)^{\mathrm{T}}, \boldsymbol{\alpha}_2 = (1,1,3,5)^{\mathrm{T}}, \boldsymbol{\alpha}_3 = (1,-1,a+2,1)^{\mathrm{T}}$, $\boldsymbol{\alpha}_4 = (1,2,4,a+8)^{\mathrm{T}}, \boldsymbol{\beta} = (1,1,b+3,5)^{\mathrm{T}}$.

(1) a,b 为何值时,$\boldsymbol{\beta}$ 不能表示成 $\boldsymbol{\alpha}_1,\boldsymbol{\alpha}_2,\boldsymbol{\alpha}_3,\boldsymbol{\alpha}_4$ 的线性组合?

(2) a,b 为何值时,$\boldsymbol{\beta}$ 可以唯一地表示成 $\boldsymbol{\alpha}_1,\boldsymbol{\alpha}_2,\boldsymbol{\alpha}_3,\boldsymbol{\alpha}_4$ 的线性组合?并写出该表达式.

解　设 $\boldsymbol{\beta} = x_1\boldsymbol{\alpha}_1 + x_2\boldsymbol{\alpha}_2 + x_3\boldsymbol{\alpha}_3 + x_4\boldsymbol{\alpha}_4$,则得方程组

$$\begin{cases} x_1+x_2+x_3+x_4=1, \\ x_2-x_3+2x_4=1, \\ 2x_1+3x_2+(a+2)x_3+4x_4=b+3, \\ 3x_1+5x_2+x_3+(a+8)x_4=5. \end{cases}$$

增广矩阵

$$\widetilde{\mathbf{A}}=\begin{pmatrix} 1 & 1 & 1 & 1 & 1 \\ 0 & 1 & -1 & 2 & 1 \\ 2 & 3 & a+2 & 4 & b+3 \\ 3 & 5 & 1 & a+8 & 5 \end{pmatrix}$$

$$\xrightarrow{\text{初等行变换}}\begin{pmatrix} 1 & 1 & 1 & 1 & 1 \\ 0 & 1 & -1 & 2 & 1 \\ 0 & 0 & a+1 & 0 & b \\ 0 & 0 & 0 & a+1 & 0 \end{pmatrix}.$$

所以

(1) 当$a+1=0,b\neq 0$,即$a=-1,b\neq 0$时,方程组无解,即$\boldsymbol{\beta}$不能表示成$\boldsymbol{\alpha}_1,\boldsymbol{\alpha}_2,\boldsymbol{\alpha}_3,\boldsymbol{\alpha}_4$的线性组合.

(2) 当$a+1\neq 0$,即$a\neq -1$时,方程组有唯一解,即$\boldsymbol{\beta}$可以唯一地表示成$\boldsymbol{\alpha}_1,\boldsymbol{\alpha}_2,\boldsymbol{\alpha}_3,\boldsymbol{\alpha}_4$的线性组合,此时

$$\widetilde{\mathbf{A}}\sim\begin{pmatrix} 1 & 0 & 0 & 0 & \dfrac{-2b}{a+1} \\ 0 & 1 & 0 & 0 & \dfrac{a+b+1}{a+1} \\ 0 & 0 & 1 & 0 & \dfrac{b}{a+1} \\ 0 & 0 & 0 & 1 & 0 \end{pmatrix},$$

即$\boldsymbol{\beta}$有唯一表达式

$$\boldsymbol{\beta}=-\frac{2b}{a+1}\boldsymbol{\alpha}_1+\frac{a+b+1}{a+1}\boldsymbol{\alpha}_2+\frac{b}{a+1}\boldsymbol{\alpha}_3.$$

练习 3.4

1. 选择题:

(1) 设$\boldsymbol{\alpha}_1,\boldsymbol{\alpha}_2$是非齐次线性方程组$\boldsymbol{Ax}=\boldsymbol{b}$的解,$\boldsymbol{\beta}$是对应的齐次线性方程组$\boldsymbol{Ax}=\boldsymbol{0}$的解,则$\boldsymbol{Ax}=\boldsymbol{b}$必有一个解是(　　).

(A) $\boldsymbol{\alpha}_1+\boldsymbol{\alpha}_2$ (B) $\boldsymbol{\alpha}_1-\boldsymbol{\alpha}_2$ (C) $\boldsymbol{\beta}+\boldsymbol{\alpha}_1+\boldsymbol{\alpha}_2$ (D) $\boldsymbol{\beta}+\frac{1}{2}\boldsymbol{\alpha}_1+\frac{1}{2}\boldsymbol{\alpha}_2$

(2) 设 $\boldsymbol{A}$ 为 n 阶方阵,若 $\boldsymbol{A}$ 与 n 阶单位矩阵等价,那么方程组 $\boldsymbol{Ax}=\boldsymbol{b}$ ( ).

(A) 无解 (B) 有唯一解 (C) 有无穷多解 (D) 解的情况不能确定

(3) 若方程组 $\begin{cases}x_1+x_2+2x_3=0,\\x_1+2x_2+x_3=0,\\2x_1+x_2+\lambda x_3=0\end{cases}$ 存在基础解系,则 λ 等于( ).

(A) 2 (B) 3 (C) 4 (D) 5

(4) 设 $\boldsymbol{A}$ 为 $m\times n$ 矩阵,则非齐次线性方程组 $\boldsymbol{Ax}=\boldsymbol{b}$ 有唯一解的充分必要条件是( ).

(A) $m=n$ (B) $\boldsymbol{Ax}=\boldsymbol{0}$ 只有零解

(C) 向量 $\boldsymbol{b}$ 可由 $\boldsymbol{A}$ 的列向量组线性表示

(D) $\boldsymbol{A}$ 的列向量组线性无关,而增广矩阵 $\widetilde{\boldsymbol{A}}$ 的列向量组线性相关

2. 填空题:

(1) 设 $\boldsymbol{\alpha},\boldsymbol{\beta}$ 是 n 元非齐次线性方程组 $\boldsymbol{Ax}=\boldsymbol{b}$ 的两个不同的解,矩阵 $\boldsymbol{A}$ 的秩为 $n-1$,那么方程组 $\boldsymbol{Ax}=\boldsymbol{b}$ 所对应的齐次线性方程组 $\boldsymbol{Ax}=\boldsymbol{0}$ 的全部解为________.

(2) 方程组 $\begin{pmatrix}-2&3&0\\1&1&0\end{pmatrix}\begin{pmatrix}x_1\\x_2\\x_3\end{pmatrix}=\begin{pmatrix}0\\0\end{pmatrix}$ 的基础解系所含向量个数是________.

(3) 若 $\boldsymbol{A}$ 是秩为 1 的三阶方阵,$\boldsymbol{\eta}_1,\boldsymbol{\eta}_2,\boldsymbol{\eta}_3$ 是 $\boldsymbol{Ax}=\boldsymbol{b}$ 的解,且 $\boldsymbol{\eta}_1-\boldsymbol{\eta}_2$ 与 $\boldsymbol{\eta}_2-\boldsymbol{\eta}_3$ 无关,则 $\boldsymbol{Ax}=\boldsymbol{b}$ 的通解可表示为 $\boldsymbol{x}=$________.

(4) 若线性方程组 $\begin{cases}x_1+x_2=-a_1,\\x_2+x_3=a_2,\\x_3+x_4=-a_3,\\x_4+x_1=a_4\end{cases}$ 有解,则 a_1,a_2,a_3,a_4 应满足的条件是________.

(5) 设 $\boldsymbol{\eta}_1,\boldsymbol{\eta}_2,\cdots,\boldsymbol{\eta}_s$ 是 $\boldsymbol{Ax}=\boldsymbol{b}(\boldsymbol{b}\neq\boldsymbol{0})$ 的解,若 $k_1\boldsymbol{\eta}_1+k_2\boldsymbol{\eta}_2+\cdots+k_s\boldsymbol{\eta}_s$ 也是 $\boldsymbol{Ax}=\boldsymbol{b}$ 的解,则 $k_1,k_2,\cdots,k_s$ 应满足的条件是________.

3. 在 $\mathbf{R}^4$ 中,求齐次线性方程组 $\begin{cases}3x_1+2x_2-5x_3+4x_4=0,\\3x_1-x_2+3x_3-3x_4=0,\\3x_1+5x_2-13x_3+11x_4=0\end{cases}$ 的解空间的维数和基.

4. 求线性方程组 $\begin{cases}x_1+2x_2-x_3+2x_4=1,\\2x_1+4x_2+x_3+x_4=5,\\-x_1-2x_2-2x_3+x_4=-4\end{cases}$ 的通解.

5. 设 $\boldsymbol{A}=\begin{pmatrix}1&1&2\\2&2&4\\3&3&6\end{pmatrix}$,求一个秩为 2 的三阶方阵 $\boldsymbol{B}$,使得 $\boldsymbol{AB}=\boldsymbol{0}$.

6. 已知线性方程组 (1) $\begin{cases}x_1+x_2+x_3=0,\\x_1+2x_2+ax_3=0,\\x_1+4x_2+a^2x_3=0\end{cases}$ 与方程(2) $x_1+2x_2+x_3=a-1$ 有公共

解,求 a 的值及所有公共解.

习　题　三

1. 验证$\{\mathbf{0}\}$是向量空间,其中 $\mathbf{0}$ 为 n 维零向量.

2. 验证:

(1) 向量空间必定含有零向量;

(2) 若向量空间含有向量 $\boldsymbol{\alpha}$,则必定含有 $-\boldsymbol{\alpha}$.

3. 判定 $\mathbf{R}^3$ 的下列子集是否为 $\mathbf{R}^3$ 的子空间:

(1) $\boldsymbol{W}_1=\{(0,1,z)\mid z\in\mathbf{R}\}$;

(2) $\boldsymbol{W}_2=\{(x,y,0)\mid x,y\in\mathbf{R}\}$;

(3) $\boldsymbol{W}_3=\{(x,y,z)\mid x-y+3z=0,x,y,z\in\mathbf{R}\}$;

(4) $\boldsymbol{W}_4=\{(x_1,x_2,x_3)\mid x_1+x_2+x_3=1,x_1,x_2,x_3\in\mathbf{R}\}$;

(5) $\boldsymbol{W}_5=\left\{(x,y,z)\,\middle|\,\dfrac{x-1}{2}=\dfrac{y}{3}=-2z,x,y,z\in\mathbf{R}\right\}$;

(6) $\boldsymbol{W}_6=\{(x,y,z)\mid x+2y+3z=0,x=y,x,y,z\in\mathbf{R}\}$.

4. 设 $\boldsymbol{\alpha}_1=(1,1,0),\boldsymbol{\alpha}_2=(0,1,1),\boldsymbol{\alpha}_3=(3,4,0)$,求 $\boldsymbol{\alpha}_1-\boldsymbol{\alpha}_2$ 及 $3\boldsymbol{\alpha}_1+2\boldsymbol{\alpha}_2-\boldsymbol{\alpha}_3$.

5. 设 $3(\boldsymbol{\alpha}_1-\boldsymbol{\alpha})+2(\boldsymbol{\alpha}_2+\boldsymbol{\alpha})=5(\boldsymbol{\alpha}_3+\boldsymbol{\alpha})$,其中 $\boldsymbol{\alpha}_1=(2,5,1,3),\boldsymbol{\alpha}_2=(10,1,5,10)$, $\boldsymbol{\alpha}_3=(4,1,-1,1)$,求 $\boldsymbol{\alpha}$.

6. 讨论下列向量组的线性相关性:

(1) $\boldsymbol{\alpha}_1=(1,1,1),\boldsymbol{\alpha}_2=(0,2,5),\boldsymbol{\alpha}_3=(1,3,6)$;

(2) $\boldsymbol{\alpha}_1=(1,1,0),\boldsymbol{\alpha}_2=(0,2,0),\boldsymbol{\alpha}_3=(0,0,1)$.

7. 设 $\boldsymbol{\alpha}_1=(1,1,1)^{\mathrm{T}},\boldsymbol{\alpha}_2=(1,2,3)^{\mathrm{T}},\boldsymbol{\alpha}_3=(1,3,t)^{\mathrm{T}}$.

(1) 当 t 为何值时,向量组 $\boldsymbol{\alpha}_1,\boldsymbol{\alpha}_2,\boldsymbol{\alpha}_3$ 线性相关?

(2) 当 t 为何值时,向量组 $\boldsymbol{\alpha}_1,\boldsymbol{\alpha}_2,\boldsymbol{\alpha}_3$ 线性无关?

(3) 当向量组 $\boldsymbol{\alpha}_1,\boldsymbol{\alpha}_2,\boldsymbol{\alpha}_3$ 线性相关时,将 $\boldsymbol{\alpha}_3$ 表示为 $\boldsymbol{\alpha}_1$ 和 $\boldsymbol{\alpha}_2$ 的线性组合.

8. 用矩阵的秩判别下列各向量组的线性相关性:

(1) $\boldsymbol{\alpha}_1=(3,1,0,2)^{\mathrm{T}},\boldsymbol{\alpha}_2=(1,-1,2,-1)^{\mathrm{T}},\boldsymbol{\alpha}_3=(1,3,-4,4)^{\mathrm{T}}$;

(2) $\boldsymbol{\alpha}_1=(1,0,1)^{\mathrm{T}},\boldsymbol{\alpha}_2=(2,2,0)^{\mathrm{T}},\boldsymbol{\alpha}_3=(0,3,3)^{\mathrm{T}}$;

(3) $\boldsymbol{\alpha}_1=(2,4,1,1,0)^{\mathrm{T}},\boldsymbol{\alpha}_2=(1,-2,0,1,1)^{\mathrm{T}},\boldsymbol{\alpha}_3=(1,3,1,0,1)^{\mathrm{T}}$.

9. 已知向量组 $\boldsymbol{\alpha}_1=(1,1,2,1),\boldsymbol{\alpha}_2=(1,0,0,2),\boldsymbol{\alpha}_3=(-1,-4,-8,k)$ 线性相关,求 k 值.

10. 设向量组 $\boldsymbol{\alpha}_1,\boldsymbol{\alpha}_2,\boldsymbol{\alpha}_3,\boldsymbol{\alpha}_4$ 线性相关,但其中任意 3 个向量线性无关,证明:存在一组全不为零的数 $\lambda_1,\lambda_2,\lambda_3,\lambda_4$,使 $\lambda_1\boldsymbol{\alpha}_1+\lambda_2\boldsymbol{\alpha}_2+\lambda_3\boldsymbol{\alpha}_3+\lambda_4\boldsymbol{\alpha}_4=\mathbf{0}$.

11. 设向量 $\boldsymbol{x}$ 可由 $\boldsymbol{\alpha}_1,\boldsymbol{\alpha}_2,\cdots,\boldsymbol{\alpha}_r$ 线性表示,$\boldsymbol{\alpha}_1,\boldsymbol{\alpha}_2,\cdots,\boldsymbol{\alpha}_r$ 可由 $\boldsymbol{\beta}_1,\boldsymbol{\beta}_2,\cdots,\boldsymbol{\beta}_s$ 线性表示,证明:$\boldsymbol{x}$ 可由 $\boldsymbol{\beta}_1,\boldsymbol{\beta}_2,\cdots,\boldsymbol{\beta}_s$ 线性表示.

12. 求作一个秩为 4 的方阵，它的两个行向量是 $(1,0,1,0,0)$，$(1,-1,0,0,0)$.

13. 设向量组 $\boldsymbol{\alpha}_1,\boldsymbol{\alpha}_2,\cdots,\boldsymbol{\alpha}_m$ 线性无关，向量 $\boldsymbol{\beta}_1$ 可用它们线性表示，向量 $\boldsymbol{\beta}_2$ 不能用它们线性表示，证明：向量组 $\boldsymbol{\alpha}_1,\boldsymbol{\alpha}_2,\cdots,\boldsymbol{\alpha}_m,\lambda\boldsymbol{\beta}_1+\boldsymbol{\beta}_2$（$\lambda$ 为常数）线性无关.

14. 设 $\boldsymbol{\alpha}_1,\boldsymbol{\alpha}_2,\cdots,\boldsymbol{\alpha}_{m-1}(m\geqslant 3)$ 线性相关，向量组 $\boldsymbol{\alpha}_2,\boldsymbol{\alpha}_3,\cdots,\boldsymbol{\alpha}_m$ 线性无关，试讨论：

(1) $\boldsymbol{\alpha}_1$ 能否由 $\boldsymbol{\alpha}_2,\boldsymbol{\alpha}_3,\cdots,\boldsymbol{\alpha}_{m-1}$ 线性表示？

(2) $\boldsymbol{\alpha}_m$ 能否由 $\boldsymbol{\alpha}_1,\boldsymbol{\alpha}_2,\cdots,\boldsymbol{\alpha}_{m-1}$ 线性表示？

15. 设 $\boldsymbol{\alpha}_1,\boldsymbol{\alpha}_2,\cdots,\boldsymbol{\alpha}_n$ 是一组 n 维向量，已知 n 维单位向量组 $\boldsymbol{\varepsilon}_1,\boldsymbol{\varepsilon}_2,\cdots,\boldsymbol{\varepsilon}_n$ 能由它们线性表示，证明：$\boldsymbol{\alpha}_1,\boldsymbol{\alpha}_2,\cdots,\boldsymbol{\alpha}_n$ 线性无关.

16. 设向量组 $\boldsymbol{\alpha}_1,\boldsymbol{\alpha}_2,\cdots,\boldsymbol{\alpha}_n$ 是一组 n 维向量，证明：它们线性无关的充要条件是任一 n 维向量都能由它们线性表示.

17. 设向量组 $\boldsymbol{\alpha}_1,\boldsymbol{\alpha}_2,\cdots,\boldsymbol{\alpha}_n$ 线性无关，证明：向量组 $\begin{cases}\boldsymbol{\beta}_1=\boldsymbol{\alpha}_2+\boldsymbol{\alpha}_3+\cdots+\boldsymbol{\alpha}_n,\\ \boldsymbol{\beta}_2=\boldsymbol{\alpha}_1+\boldsymbol{\alpha}_3+\cdots+\boldsymbol{\alpha}_n,\\ \quad\cdots\cdots\\ \boldsymbol{\beta}_n=\boldsymbol{\alpha}_1+\boldsymbol{\alpha}_2+\cdots+\boldsymbol{\alpha}_{n-1}\end{cases}$ 也线性无关.

18. 设 $\boldsymbol{A}$ 为 n 阶方阵，列向量组 $\boldsymbol{\alpha}_1,\boldsymbol{\alpha}_2,\cdots,\boldsymbol{\alpha}_n$ 线性无关，证明：列向量组 $\boldsymbol{A\alpha}_1,\boldsymbol{A\alpha}_2,\cdots,\boldsymbol{A\alpha}_n$ 线性无关的充要条件是 $\boldsymbol{A}$ 为可逆矩阵.

19. 设向量组 A：$\boldsymbol{\alpha}_1,\boldsymbol{\alpha}_2,\cdots,\boldsymbol{\alpha}_s$ 的秩为 r_1，向量组 B：$\boldsymbol{\beta}_1,\boldsymbol{\beta}_2,\cdots,\boldsymbol{\beta}_t$ 的秩为 r_2，向量组 C：$\boldsymbol{\alpha}_1,\cdots,\boldsymbol{\alpha}_s,\boldsymbol{\beta}_1,\cdots,\boldsymbol{\beta}_t$ 的秩为 r_3，证明：$\max\{r_1,r_2\}\leqslant r_3\leqslant r_1+r_2$.

20. 求下列向量组的秩和一个极大无关组，并把其余向量用极大无关组表示出来：

(1) $\boldsymbol{\alpha}_1=(1,2,1,3),\boldsymbol{\alpha}_2=(4,-1,-5,-6)$,

$\boldsymbol{\alpha}_3=(-1,-3,-4,-7),\boldsymbol{\alpha}_4=(2,1,2,0)$;

(2) $\boldsymbol{\alpha}_1=(1,3,2,0)^{\mathrm{T}},\boldsymbol{\alpha}_2=(7,0,14,3)^{\mathrm{T}}$,

$\boldsymbol{\alpha}_3=(2,-1,0,1)^{\mathrm{T}},\boldsymbol{\alpha}_4=(5,1,6,2)^{\mathrm{T}},\boldsymbol{\alpha}_5=(2,-1,4,1)^{\mathrm{T}}$;

(3) $\boldsymbol{\alpha}_1=(1,2,1,2),\boldsymbol{\alpha}_2=(1,0,3,1)$,

$\boldsymbol{\alpha}_3=(2,-1,0,1),\boldsymbol{\alpha}_4=(2,1,-2,2),\boldsymbol{\alpha}_5=(2,2,4,3)$.

21. 设 $\boldsymbol{A}$ 与 $\boldsymbol{B}$ 都是 $m\times n$ 矩阵，证明：矩阵 $\boldsymbol{A}$ 与 $\boldsymbol{B}$ 等价的充分必要条件是 $r(\boldsymbol{A})=r(\boldsymbol{B})$.

22. 求向量组

$\boldsymbol{\alpha}_1=(1,-1,5,-1)$，$\boldsymbol{\alpha}_2=(1,1,-2,3)$，$\boldsymbol{\alpha}_3=(3,-1,8,1)$，$\boldsymbol{\alpha}_4=(1,3,-9,7)$

所有的最大无关组.

23. 验证 $\boldsymbol{\alpha}_1=(1,-1,0),\boldsymbol{\alpha}_2=(2,1,3),\boldsymbol{\alpha}_3=(3,1,2)$ 为 $\mathbf{R}^3$ 的一组基，并求 $\boldsymbol{v}_1=(5,0,7)$，$\boldsymbol{v}_2=(-9,-8,-13)$ 在这组基下的坐标.

24. 设有向量组

$$\boldsymbol{\alpha}_1=(3,2,5),\ \boldsymbol{\alpha}_2=(2,4,7),\ \boldsymbol{\alpha}_3=(5,6,\lambda),\ \boldsymbol{\beta}=(1,3,5).$$

当 λ 为何值时，$\boldsymbol{\beta}$ 能由 $\boldsymbol{\alpha}_1,\boldsymbol{\alpha}_2,\boldsymbol{\alpha}_3$ 线性表示？

25. 证明向量组 B：$\boldsymbol{\beta}_1=(1,1,\cdots,1),\boldsymbol{\beta}_2=(0,1,\cdots,1),\cdots,\boldsymbol{\beta}_n=(0,0,\cdots,1)$ 为 $\mathbf{R}^n$ 的一组基，求向量 $\boldsymbol{\alpha}=(a_1,a_2,\cdots,a_n)$ 在这组基下的坐标.

26. 设 $\boldsymbol{\alpha}_1,\boldsymbol{\alpha}_2,\cdots,\boldsymbol{\alpha}_n$ 为 $\mathbf{R}^n$ 的一个基,求这个基到基 $\boldsymbol{\alpha}_2,\cdots,\boldsymbol{\alpha}_n,\boldsymbol{\alpha}_1$ 的过渡矩阵.

27. 考虑 $\mathbf{R}^3$ 的两组基:$\boldsymbol{\alpha}_1=(1,2,-1),\boldsymbol{\alpha}_2=(0,-1,3),\boldsymbol{\alpha}_3=(1,-1,0)$;$\boldsymbol{\beta}_1=(2,1,5),\boldsymbol{\beta}_2=(-2,3,1),\boldsymbol{\beta}_3=(1,3,2)$. 求基 $\boldsymbol{\alpha}_1,\boldsymbol{\alpha}_2,\boldsymbol{\alpha}_3$ 到基 $\boldsymbol{\beta}_1,\boldsymbol{\beta}_2,\boldsymbol{\beta}_3$ 的过渡矩阵.

28. 已知平面直角坐标系 xOy,将坐标轴逆时针旋转 θ 角得新坐标系 $x'Oy'$,点 P 在原坐标系和新坐标系下的坐标分别为 (x,y) 和 (x',y'),证明:坐标变化公式为

$$\begin{cases} x=x'\cos\theta-y'\sin\theta, \\ y=x'\sin\theta+y'\sin\theta. \end{cases}$$

29. 计算:

(1) 设 $\boldsymbol{A}$ 为三阶矩阵,$\boldsymbol{A}=(\boldsymbol{A}_1,\boldsymbol{A}_2,\boldsymbol{A}_3)$,$\boldsymbol{A}_i(i=1,2,3)$ 是 $\boldsymbol{A}$ 第 i 个列向量,且 $|\boldsymbol{A}|=-3$,计算 $|2\boldsymbol{A}_2,2\boldsymbol{A}_1-\boldsymbol{A}_2,-\boldsymbol{A}_3|$ 的值.

(2) 设四阶矩阵 $\boldsymbol{A}=(\boldsymbol{\alpha},-\boldsymbol{\gamma}_2,\boldsymbol{\gamma}_3,-\boldsymbol{\gamma}_4)$,$\boldsymbol{B}=(\boldsymbol{\beta},\boldsymbol{\gamma}_2,-\boldsymbol{\gamma}_3,\boldsymbol{\gamma}_4)$,其中 $\boldsymbol{\alpha},\boldsymbol{\beta},\boldsymbol{\gamma}_2,\boldsymbol{\gamma}_3,\boldsymbol{\gamma}_4$ 均为四维列向量,且已知行列式 $|\boldsymbol{A}|=4$,$|\boldsymbol{B}|=1$,计算行列式 $|\boldsymbol{A}-\boldsymbol{B}|$ 的值.

30. 求下列齐次线性方程组的一个基础解系:

(1) $\begin{cases} x_1+x_2+2x_3-x_4=0, \\ 2x_1+x_2+x_3-x_4=0, \\ 2x_1+2x_2+x_3+2x_4=0; \end{cases}$　(2) $\begin{cases} x_1+2x_2+x_3-x_4=0, \\ 3x_1+6x_2-x_3-3x_4=0, \\ 5x_1+10x_2+x_3-5x_4=0; \end{cases}$

(3) $\begin{cases} 2x_1+3x_2-x_3+5x_4=0, \\ 3x_1+x_2+2x_3-7x_4=0, \\ 4x_1+x_2-3x_3+6x_4=0, \\ x_1-2x_2+4x_3-7x_4=0; \end{cases}$　(4) $\begin{cases} 3x_1+4x_2-5x_3+7x_4=0, \\ 2x_1-3x_2+3x_3-2x_4=0, \\ 4x_1+11x_2-13x_3+16x_4=0, \\ 7x_1-2x_2+x_3+3x_4=0. \end{cases}$

31. 求解下列非齐次线性方程组:

(1) $\begin{cases} x_1+x_2+x_3=0, \\ x_1+x_2-x_3-x_4-2x_5=1, \\ 2x_1+2x_2-x_4-2x_5=1, \\ 5x_1+5x_2-3x_3-4x_4-8x_5=4; \end{cases}$　(2) $\begin{cases} x_1-2x_2+3x_3-x_4=1, \\ 3x_1-x_2+5x_3-3x_4=2, \\ 2x_1+x_2+2x_3-2x_4=3; \end{cases}$

(3) $\begin{cases} x_1+x_2-3x_3-x_4=1, \\ 3x_1-x_2-3x_3+4x_4=4, \\ x_1+5x_2-9x_3-8x_4=0. \end{cases}$

32. 试证方程组 $x_1-x_2=a_1,x_2-x_3=a_2,x_3-x_4=a_3,x_4-x_5=a_4,x_5-x_1=a_5$ 有解的充要条件是 $\sum\limits_{i=1}^{5}a_i=0$,并在有解时求通解.

33. 设向量组 $\boldsymbol{\alpha}_1=(\lambda,1,1)^{\mathrm{T}},\boldsymbol{\alpha}_2=(1,\lambda,1)^{\mathrm{T}},\boldsymbol{\alpha}_3=(1,1,\lambda)^{\mathrm{T}},\boldsymbol{\beta}=(1,\lambda,\lambda^2)^{\mathrm{T}}$,问 λ 取何值时,向量 $\boldsymbol{\beta}$ 能由向量组 $\boldsymbol{\alpha}_1,\boldsymbol{\alpha}_2,\boldsymbol{\alpha}_3$ 线性表示,且表示式何时唯一,何时不唯一?

34. 非齐次线性方程组 $\begin{cases} -2x_1+x_2+x_3=-2, \\ x_1-2x_2+x_3=\lambda, \\ x_1+x_2-2x_3=\lambda^2 \end{cases}$ 当 λ 取何值时有解?并求出其全部解.

35. 设齐次线性方程组 $\begin{cases} x_1+2x_2+x_3+2x_4=0, \\ \qquad x_2+cx_3+cx_4=0, \\ x_1+cx_2 \qquad +x_4=0 \end{cases}$ 的解空间的维数是 2,求 c 的值及其通解.

36. 已知线性方程组

$$(\text{Ⅰ})\begin{cases} x_1+x_2 \qquad -2x_4=-6, \\ 4x_1-x_2-x_3-x_4=1, \\ 3x_1-x_2-x_3 \qquad =3; \end{cases} \qquad (\text{Ⅱ})\begin{cases} x_1+mx_2-x_3-x_4=-5, \\ \qquad nx_2-x_3-2x_4=-11, \\ \qquad\qquad x_3-2x_4=-t+1. \end{cases}$$

问:当 m,n,t 为何值时,(Ⅰ)和(Ⅱ)同解?

37. 已知齐次线性方程组

$$(\text{Ⅰ})\begin{cases} x_1+x_2-x_3 \qquad =0, \\ \qquad x_2+x_3-x_4=0. \end{cases}$$

另一齐次线性方程组(Ⅱ)的通解为 $k_1(0,1,0,1)^{\mathrm{T}}+k_2(-1,0,1,1)^{\mathrm{T}}$,求(Ⅰ)与(Ⅱ)的公共解.

38. 求一个齐次线性方程组,使它的基础解系为 $\boldsymbol{\alpha}_1=(2,1,0,0,0)^{\mathrm{T}}$,$\boldsymbol{\alpha}_2=(0,0,1,1,0)^{\mathrm{T}}$,$\boldsymbol{\alpha}_3=(1,0,-5,0,3)^{\mathrm{T}}$.

39. 设 $\boldsymbol{A}$ 和 $\boldsymbol{B}$ 为 n 阶实矩阵,证明:$r(\boldsymbol{AB})=r(\boldsymbol{B})$ 当且仅当方程组 $\boldsymbol{ABx}=\boldsymbol{0}$ 和 $\boldsymbol{Bx}=\boldsymbol{0}$ 有完全相同的解,其中 $\boldsymbol{x}=(x_1,x_2,\cdots,x_n)^{\mathrm{T}}$.

40. 设 $\boldsymbol{\eta}^*$ 是非齐次线性方程组 $\boldsymbol{Ax}=\boldsymbol{b}$ 的一个解,$\boldsymbol{\xi}_1,\boldsymbol{\xi}_2,\cdots,\boldsymbol{\xi}_{n-r}$ 是对应的齐次线性方程组的一个基础解系,证明:

(1) $\boldsymbol{\eta}^*,\boldsymbol{\xi}_1,\boldsymbol{\xi}_2,\cdots,\boldsymbol{\xi}_{n-r}$ 线性无关;

(2) $\boldsymbol{\eta}^*,\boldsymbol{\eta}^*+\boldsymbol{\xi}_1,\cdots,\boldsymbol{\eta}^*+\boldsymbol{\xi}_{n-r}$ 线性无关.

41. 已知线性方程组

$$(\text{Ⅰ})\begin{cases} a_{11}x_1+a_{12}x_2+\cdots+a_{1,2n}x_{2n}=0, \\ a_{21}x_1+a_{22}x_2+\cdots+a_{2,2n}x_{2n}=0, \\ \qquad\cdots\cdots \\ a_{n1}x_1+a_{n2}x_2+\cdots+a_{n,2n}x_{2n}=0; \end{cases}$$

$$(\text{Ⅱ})\begin{cases} b_{11}y_1+b_{12}y_2+\cdots+b_{1,2n}y_{2n}=0, \\ b_{21}y_1+b_{22}y_2+\cdots+b_{2,2n}y_{2n}=0, \\ \qquad\cdots\cdots \\ b_{n1}y_1+b_{n2}y_2+\cdots+b_{n,2n}y_{2n}=0. \end{cases}$$

若(Ⅰ)的一个基础解系为 $(b_{11},b_{12},\cdots,b_{1,2n})^{\mathrm{T}},(b_{21},b_{22},\cdots,b_{2,2n})^{\mathrm{T}},\cdots,(b_{n1},b_{n2},\cdots,b_{n,2n})^{\mathrm{T}}$,试写出(Ⅱ)的解,并说明理由.

第四章　矩阵的特征值与特征向量

解析几何中二次曲线(面)方程的化简、下一章将要学习的二次型化标准形等数学问题，以及其他许多的工程技术问题都可归结为对矩阵的特征值和特征向量的讨论. 本章专门讨论矩阵的特征值和特征向量，以及矩阵的对角化问题.

第一节　方阵的特征值与特征向量

定义 4.1.1　设矩阵 $\boldsymbol{A}$ 是 n 阶方阵，如果存在数 λ 和 n 维非零列向量 $\boldsymbol{x}$，使得

$$\boldsymbol{A}\boldsymbol{x} = \lambda\boldsymbol{x}, \tag{4.1.1}$$

那么 λ 称为 $\boldsymbol{A}$ 的一个特征值，$\boldsymbol{x}$ 称为 $\boldsymbol{A}$ 的对应于特征值 λ 的特征向量.

注意：首先，在定义中，矩阵 $\boldsymbol{A}$ 为方阵，特征值问题是对方阵而言的；其次，特征向量 $\boldsymbol{x}$ 必须非零，否则，任给数 λ，都有上式成立.

由定义直接可得，属于同一特征值的特征向量的非零线性组合仍是属于这个特征值的特征向量. 这就说明，一个特征值所具有的特征向量不唯一. 但反之不成立，即矩阵的一个特征向量不能属于不同的特征值. 这是因为，假设 $\boldsymbol{x}$ 是矩阵 $\boldsymbol{A}$ 的同时属于特征值 $\lambda_1, \lambda_2\ (\lambda_1 \neq \lambda_2)$ 的特征向量，则有

$$\boldsymbol{A}\boldsymbol{x} = \lambda_1\boldsymbol{x}, \quad \boldsymbol{A}\boldsymbol{x} = \lambda_2\boldsymbol{x},$$

从而

$$\lambda_1\boldsymbol{x} = \lambda_2\boldsymbol{x},$$

即

$$(\lambda_1 - \lambda_2)\boldsymbol{x} = \boldsymbol{0}.$$

由于 $\lambda_1 \neq \lambda_2$，因此 $\boldsymbol{x} = \boldsymbol{0}$，与定义矛盾.

定义中，表达式(4.1.1)可改写为

$$(\lambda\boldsymbol{E} - \boldsymbol{A})\boldsymbol{x} = \boldsymbol{0}. \tag{4.1.2}$$

因此，方阵 $\boldsymbol{A}$ 的特征值 λ 就是使齐次线性方程组(4.1.2)有非零解的数 λ. 对

于 $\boldsymbol{A}$ 的某个特征值 λ，方程组(4.1.2)的非零解向量 $\boldsymbol{x}$ 就是对应于 λ 的特征向量. 记

$$f(\lambda)=|\lambda\boldsymbol{E}-\boldsymbol{A}|=\begin{vmatrix}\lambda-a_{11} & -a_{12} & \cdots & -a_{1n}\\ -a_{21} & \lambda-a_{22} & \cdots & -a_{2n}\\ \vdots & \vdots & & \vdots\\ -a_{n1} & -a_{n2} & \cdots & \lambda-a_{nn}\end{vmatrix}. \tag{4.1.3}$$

$f(\lambda)$ 为方程组(4.1.2)的系数行列式，它是一个关于 λ 的 n 次多项式. 由于齐次线性方程组有非零解的充要条件是它的系数行列式等于零，因此 $\boldsymbol{A}$ 的特征值 λ 即方程

$$f(\lambda)=|\lambda\boldsymbol{E}-\boldsymbol{A}|=0 \tag{4.1.4}$$

的根. 多项式(4.1.3)叫作 $\boldsymbol{A}$ 的特征多项式，方程(4.1.4)叫作 $\boldsymbol{A}$ 的特征方程. 方阵 $\boldsymbol{A}$ 的特征值即 $\boldsymbol{A}$ 的特征方程的根，故特征值也叫特征根.

综上所述，可得求矩阵特征值与特征向量的步骤如下：

(1) 计算特征多项式 $f(\lambda)=|\lambda\boldsymbol{E}-\boldsymbol{A}|$；

(2) 求解特征方程 $f(\lambda)=|\lambda\boldsymbol{E}-\boldsymbol{A}|=0$，特征方程的全部根 $\lambda_1,\lambda_2,\cdots,\lambda_n$ 就是 $\boldsymbol{A}$ 的全部特征值；

(3) 对于特征值 λ_i，求齐次线性方程组

$$(\lambda_i\boldsymbol{E}-\boldsymbol{A})\boldsymbol{x}=\boldsymbol{0}$$

的非零解，就是对应于 λ_i 的特征向量.

例 1 求矩阵 $\boldsymbol{A}=\begin{pmatrix}-1 & 1 & 0\\ -4 & 3 & 0\\ 1 & 0 & 2\end{pmatrix}$ 的特征值和特征向量.

解 $\boldsymbol{A}$ 的特征多项式

$$f(\lambda)=\begin{vmatrix}\lambda+1 & -1 & 0\\ 4 & \lambda-3 & 0\\ -1 & 0 & \lambda-2\end{vmatrix}=(\lambda-2)(\lambda-1)^2,$$

所以 $\boldsymbol{A}$ 的特征值为

$$\lambda_1=2,\quad \lambda_2=\lambda_3=1.$$

当 $\lambda_1=2$ 时，解方程组 $(2\boldsymbol{E}-\boldsymbol{A})\boldsymbol{x}=\boldsymbol{0}$. 由

$$2\boldsymbol{E}-\boldsymbol{A}=\begin{pmatrix}3 & -1 & 0\\ 4 & -1 & 0\\ -1 & 0 & 0\end{pmatrix}\sim\begin{pmatrix}1 & 0 & 0\\ 0 & 1 & 0\\ 0 & 0 & 0\end{pmatrix},$$

得方程组 $(2\boldsymbol{E}-\boldsymbol{A})\boldsymbol{x}=\boldsymbol{0}$ 的基础解系为

$$\boldsymbol{\xi}_1=\begin{pmatrix}0\\0\\1\end{pmatrix},$$

所以 $k\boldsymbol{\xi}_1(k\neq 0)$ 是对应于 $\lambda_1=2$ 的全部特征向量.

当 $\lambda_2=\lambda_3=1$ 时,解方程组 $(\boldsymbol{E}-\boldsymbol{A})\boldsymbol{x}=\boldsymbol{0}$. 由

$$\boldsymbol{E}-\boldsymbol{A}=\begin{pmatrix}2&-1&0\\4&-2&0\\-1&0&-1\end{pmatrix}\sim\begin{pmatrix}1&0&1\\0&1&2\\0&0&0\end{pmatrix},$$

得方程组 $(\boldsymbol{E}-\boldsymbol{A})\boldsymbol{x}=\boldsymbol{0}$ 的基础解系为

$$\boldsymbol{\xi}_2=\begin{pmatrix}-1\\-2\\1\end{pmatrix},$$

所以 $k\boldsymbol{\xi}_2(k\neq 0)$ 是对应于 $\lambda_2=\lambda_3=1$ 的全部特征向量.

下面我们来讨论矩阵的特征值与特征向量的性质.

性质 1　若 λ 是方阵 $\boldsymbol{A}$ 的特征值,$\boldsymbol{x}$ 是方阵 $\boldsymbol{A}$ 属于 λ 的特征向量,则

(1) $\mu\lambda$ 是 $\mu\boldsymbol{A}$ 的特征值,$\boldsymbol{x}$ 是 $\mu\boldsymbol{A}$ 属于 $\mu\lambda$ 的特征向量(μ 为常数);

(2) λ^m 是 $\boldsymbol{A}^m$ 的特征值,$\boldsymbol{x}$ 是 $\boldsymbol{A}^m$ 属于 λ^m 的特征向量(m 为自然数);

(3) 当 $|\boldsymbol{A}|\neq 0$ 时,λ^{-1} 是 $\boldsymbol{A}^{-1}$ 的特征值,$\lambda^{-1}|\boldsymbol{A}|$ 为 $\boldsymbol{A}^*$ 的特征值,且 $\boldsymbol{x}$ 为对应的特征向量;

(4) $\lambda+a$ 是 $\boldsymbol{A}+a\boldsymbol{E}$ 的特征值,$\boldsymbol{x}$ 是 $\boldsymbol{A}+a\boldsymbol{E}$ 属于 $\lambda+a$ 的特征向量.

证明　(1),(2) 由定义直接可得,请读者自己完成证明.

(3) 因为 $\boldsymbol{A}\boldsymbol{x}=\lambda\boldsymbol{x}$,由于 $|\boldsymbol{A}|\neq 0$,故 $\boldsymbol{A}$ 可逆,于是

$$\boldsymbol{x}=\boldsymbol{A}^{-1}(\boldsymbol{A}\boldsymbol{x})=\boldsymbol{A}^{-1}(\lambda\boldsymbol{x}),$$

所以

$$\boldsymbol{A}^{-1}\boldsymbol{x}=\lambda^{-1}\boldsymbol{x},$$

即 λ^{-1} 是 $\boldsymbol{A}^{-1}$ 的特征值,$\boldsymbol{x}$ 是 $\boldsymbol{A}^{-1}$ 的对应于 λ^{-1} 的特征向量. 又

$$\boldsymbol{A}\boldsymbol{A}^*=|\boldsymbol{A}|\boldsymbol{E},$$

所以

$$\boldsymbol{A}^*=|\boldsymbol{A}|\boldsymbol{A}^{-1},$$

于是

$$\boldsymbol{A}^*\boldsymbol{x}=|\boldsymbol{A}|\boldsymbol{A}^{-1}\boldsymbol{x}=\lambda^{-1}|\boldsymbol{A}|\boldsymbol{x},$$

即 $\lambda^{-1}|\boldsymbol{A}|$ 是 $\boldsymbol{A}$ 的伴随矩阵 $\boldsymbol{A}^*$ 的特征值,$\boldsymbol{x}$ 是 $\boldsymbol{A}^*$ 对应于 $\lambda^{-1}|\boldsymbol{A}|$ 的特征向量.

性质 2　$\boldsymbol{A}$ 与 $\boldsymbol{A}^{\mathrm{T}}$ 有相同的特征值.

证明　由于

$$|\lambda \boldsymbol{E}-\boldsymbol{A}|=|(\lambda \boldsymbol{E}-\boldsymbol{A})^{\mathrm{T}}|=|\lambda \boldsymbol{E}-\boldsymbol{A}^{\mathrm{T}}|,$$

即 $\boldsymbol{A}$ 与 $\boldsymbol{A}^{\mathrm{T}}$ 的特征多项式相同,因此它们的特征根相同.

性质 3 设方阵 $\boldsymbol{A}=(a_{ij})_{n\times n}$ 的 n 个特征值为 $\lambda_1,\lambda_2,\cdots,\lambda_n$,则

(1) $\lambda_1+\lambda_2+\cdots+\lambda_n=a_{11}+a_{22}+\cdots+a_{nn}$;

(2) $\lambda_1\lambda_2\cdots\lambda_n=|\boldsymbol{A}|$.

证明 对于特征方程 $|\lambda \boldsymbol{E}-\boldsymbol{A}|=0$,当 $\lambda_1,\lambda_2,\cdots,\lambda_n$ 为 $\boldsymbol{A}$ 的特征值时,

$$\begin{aligned}|\lambda \boldsymbol{E}-\boldsymbol{A}|&=(\lambda-\lambda_1)(\lambda-\lambda_2)\cdots(\lambda-\lambda_n)\\&=\lambda^n-(\lambda_1+\lambda_2+\cdots+\lambda_n)\lambda^{n-1}+\cdots+(-1)^n\lambda_1\lambda_2\cdots\lambda_n.\end{aligned}$$

令 $\lambda=0$,得 $|-\boldsymbol{A}|=(-1)^n\lambda_1\lambda_2\cdots\lambda_n$,所以 $\lambda_1\lambda_2\cdots\lambda_n=|\boldsymbol{A}|$.又由于在行列式

$$|\lambda \boldsymbol{E}-\boldsymbol{A}|=\begin{vmatrix}\lambda-a_{11} & -a_{12} & \cdots & -a_{1n}\\ -a_{21} & \lambda-a_{22} & \cdots & -a_{2n}\\ \vdots & \vdots & & \vdots\\ -a_{n1} & -a_{n2} & \cdots & \lambda-a_{nn}\end{vmatrix}$$

的展开式中,主对角线上元素的乘积

$$(\lambda-a_{11})(\lambda-a_{22})\cdots(\lambda-a_{nn})$$

是其中的一项,且由行列式定义,其余的项至多含有 $n-2$ 个主对角线上的元素,因此在 $|\lambda \boldsymbol{E}-\boldsymbol{A}|$ 的展开式中含 λ^n 与 λ^{n-1} 的项只能在主对角线元素的乘积项中出现,因此

$$|\lambda \boldsymbol{E}-\boldsymbol{A}|=\lambda^n-(a_{11}+a_{22}+\cdots+a_{nn})\lambda^{n-1}+\cdots+(-1)^n|\boldsymbol{A}|.$$

比较 $|\lambda \boldsymbol{E}-\boldsymbol{A}|$ 的两个展开式的系数,得

$$\lambda_1+\lambda_2+\cdots+\lambda_n=a_{11}+a_{22}+\cdots+a_{nn}.$$

n 阶方阵 $\boldsymbol{A}$ 的主对角线上的元素之和称为矩阵 $\boldsymbol{A}$ 的迹,记为 $\mathrm{tr}(\boldsymbol{A})$,即

$$\mathrm{tr}(\boldsymbol{A})=a_{11}+a_{22}+\cdots+a_{nn}.$$

性质 4 若 $\lambda_1,\lambda_2,\cdots,\lambda_m$ 是方阵 $\boldsymbol{A}$ 的 m 个互不相同的特征值,$\boldsymbol{p}_1,\boldsymbol{p}_2,\cdots,\boldsymbol{p}_m$ 是与之依次对应的特征向量,则 $\boldsymbol{p}_1,\boldsymbol{p}_2,\cdots,\boldsymbol{p}_m$ 线性无关.

证明 设有常数 $x_1,x_2,\cdots,x_m$,使

$$x_1\boldsymbol{p}_1+x_2\boldsymbol{p}_2+\cdots+x_m\boldsymbol{p}_m=\boldsymbol{0},$$

则

$$\boldsymbol{A}(x_1\boldsymbol{p}_1+x_2\boldsymbol{p}_2+\cdots+x_m\boldsymbol{p}_m)=\boldsymbol{0},$$

即

$$\lambda_1x_1\boldsymbol{p}_1+\lambda_2x_2\boldsymbol{p}_2+\cdots+\lambda_mx_m\boldsymbol{p}_m=\boldsymbol{0}.$$

类推之,有

$$\lambda_1^kx_1\boldsymbol{p}_1+\lambda_2^kx_2\boldsymbol{p}_2+\cdots+\lambda_m^kx_m\boldsymbol{p}_m=\boldsymbol{0}\quad(k=0,1,\cdots,m-1).$$

把以上各式合写成矩阵形式,得

$$(x_1\boldsymbol{p}_1,x_2\boldsymbol{p}_2,\cdots,x_m\boldsymbol{p}_m)\begin{pmatrix}1 & \lambda_1 & \cdots & \lambda_1^{m-1}\\ 1 & \lambda_2 & \cdots & \lambda_2^{m-1}\\ \vdots & \vdots & & \vdots\\ 1 & \lambda_m & \cdots & \lambda_m^{m-1}\end{pmatrix}=(\mathbf{0},\mathbf{0},\cdots,\mathbf{0}).$$

由于 $\lambda_1,\lambda_2,\cdots,\lambda_m$ 互不相等,上式左端第二个矩阵的行列式是范德蒙行列式,所以该行列式不为零,因而该矩阵可逆.于是

$$(x_1\boldsymbol{p}_1,x_2\boldsymbol{p}_2,\cdots,x_m\boldsymbol{p}_m)=(\mathbf{0},\mathbf{0},\cdots,\mathbf{0}),$$

所以

$$x_i\boldsymbol{p}_i=\mathbf{0}\quad(i=1,2,\cdots,m).$$

又

$$\boldsymbol{p}_i\neq\mathbf{0},$$

故

$$x_i=0\quad(i=1,2,\cdots,m).$$

所以 $\boldsymbol{p}_1,\boldsymbol{p}_2,\cdots,\boldsymbol{p}_m$ 线性无关,即属于不同特征值的特征向量线性无关.

练习 4.1

1. 填空题:

(1) 矩阵 $\boldsymbol{A}=\begin{pmatrix}0 & 0 & 2\\ 0 & 1 & 0\\ 2 & 0 & 0\end{pmatrix}$ 的特征值为________.

(2) 已知三阶矩阵 $\boldsymbol{A}$ 的 3 个特征值为 1,2,3,则 $|\boldsymbol{A}|=$________;$\boldsymbol{A}^{-1}$ 的特征值为________;$\boldsymbol{A}^*$ 的特征值为________.

(3) 设 0 是矩阵 $\boldsymbol{A}=\begin{pmatrix}1 & 0 & 1\\ 0 & 2 & 0\\ 1 & 0 & a\end{pmatrix}$ 的特征值,则 $a=$________;$\boldsymbol{A}$ 的另一个特征值是________.

(4) 设 n 阶方阵 $\boldsymbol{A}$ 有一个特征值为 1,则 $|-\boldsymbol{E}+\boldsymbol{A}|=$________.

2. 选择题:

(1) 设 $\boldsymbol{A}=\begin{pmatrix}-1 & 2 & 3\\ 2 & -1 & 0\\ 3 & 3 & 1\end{pmatrix}$,则下列向量中属于 $\boldsymbol{A}$ 的特征向量是(　　).

(A) $(1,2,1)^{\mathrm T}$　(B) $(1,-2,1)^{\mathrm T}$　(C) $(2,1,2)^{\mathrm T}$　(D) $(2,1,-2)^{\mathrm T}$

(2) 设 $\boldsymbol{A}$ 是三阶方阵,特征值为 $1,-1,2$,则下列矩阵中可逆的是(　　).

(A) $\boldsymbol{E}-\boldsymbol{A}$　(B) $\boldsymbol{E}+\boldsymbol{A}$　(C) $2\boldsymbol{E}-\boldsymbol{A}$　(D) $2\boldsymbol{E}+\boldsymbol{A}$

3. 设 $\boldsymbol{A}=\begin{pmatrix}-1 & 2 & 2\\ 2 & -1 & -2\\ 2 & -2 & -1\end{pmatrix}$，(1)求 $\boldsymbol{A}$ 的特征值和特征向量；(2)利用(1)的结果，求 $\boldsymbol{E}+\boldsymbol{A}^{-1}$ 的特征值.

第二节　向量的内积与向量组的正交规范化

一、向量的内积

在空间解析几何中，向量的内积也叫数量积，它描述了向量的度量性质，如向量的长度、两向量的夹角等. 我们把三维向量的内积概念直接推广，可得：

定义 4.2.1　设有 n 维向量

$$\boldsymbol{x}=\begin{pmatrix}x_1\\ x_2\\ \vdots\\ x_n\end{pmatrix},\quad \boldsymbol{y}=\begin{pmatrix}y_1\\ y_2\\ \vdots\\ y_n\end{pmatrix},$$

令

$$[\boldsymbol{x},\boldsymbol{y}]=x_1y_1+x_2y_2+\cdots+x_ny_n,$$

则称$[\boldsymbol{x},\boldsymbol{y}]$为向量 $\boldsymbol{x}$ 与 $\boldsymbol{y}$ 的内积.

内积是向量的一种运算，如果 $\boldsymbol{x},\boldsymbol{y}$ 都是列向量，内积可用矩阵形式表示为 $[\boldsymbol{x},\boldsymbol{y}]=\boldsymbol{x}^{\mathrm{T}}\boldsymbol{y}$. 内积具有以下运算性质(其中 $\boldsymbol{x},\boldsymbol{y},\boldsymbol{z}$ 为 n 维向量，λ 为实数)：

(1) $[\boldsymbol{x},\boldsymbol{y}]=[\boldsymbol{y},\boldsymbol{x}]$；

(2) $[\lambda\boldsymbol{x},\boldsymbol{y}]=\lambda[\boldsymbol{x},\boldsymbol{y}]$；

(3) $[\boldsymbol{x}+\boldsymbol{y},\boldsymbol{z}]=[\boldsymbol{x},\boldsymbol{z}]+[\boldsymbol{y},\boldsymbol{z}]$；

(4) $[\boldsymbol{x},\boldsymbol{x}]\geqslant 0$，当且仅当 $\boldsymbol{x}=\boldsymbol{0}$ 时等号成立.

与三维向量空间一样，我们也用内积来定义 n 维向量的长度与夹角.

定义 4.2.2　设 $\boldsymbol{x}=(x_1,x_2,\cdots,x_n)$ 是 n 维实向量，令

$$\|\boldsymbol{x}\|=\sqrt{[\boldsymbol{x},\boldsymbol{x}]}=\sqrt{x_1^2+x_2^2+\cdots+x_n^2},$$

称 $\|\boldsymbol{x}\|$ 为 n 维向量 $\boldsymbol{x}$ 的长度(或范数).

当 $\|\boldsymbol{x}\|=1$ 时，$\boldsymbol{x}$ 称为单位向量. 显然，当 $\|\boldsymbol{x}\|\neq 0$ 时，$\dfrac{\boldsymbol{x}}{\|\boldsymbol{x}\|}$ 是单位向量. 任意非零向量都可以经过这样的运算化为单位向量，并把这种运算称为向量的单位化.

向量的长度具有以下性质.

(1) 非负性：$\|\boldsymbol{x}\| \geqslant 0$，当且仅当 $\boldsymbol{x}=\boldsymbol{0}$ 时等号成立；

(2) 齐次性：$\|\lambda \boldsymbol{x}\| = |\lambda|\,\|\boldsymbol{x}\|$；

(3) 三角不等式：$\|\boldsymbol{x}+\boldsymbol{y}\| \leqslant \|\boldsymbol{x}\| + \|\boldsymbol{y}\|$；

(4) 柯西-施瓦茨(Cauchy - Schwarz)不等式：

$$[\boldsymbol{x},\boldsymbol{y}]^2 \leqslant [\boldsymbol{x},\boldsymbol{x}][\boldsymbol{y},\boldsymbol{y}],$$

或

$$|[\boldsymbol{x},\boldsymbol{y}]| \leqslant \|\boldsymbol{x}\| \cdot \|\boldsymbol{y}\|.$$

由柯西-施瓦茨不等式知

$$\left|\frac{[\boldsymbol{x},\boldsymbol{y}]}{\|\boldsymbol{x}\| \cdot \|\boldsymbol{y}\|}\right| \leqslant 1 \quad (\boldsymbol{x},\boldsymbol{y}\text{ 为非零向量}).$$

由此可定义两向量的夹角.

定义 4.2.3　当 $\boldsymbol{x}\neq\boldsymbol{0},\boldsymbol{y}\neq\boldsymbol{0}$ 时，令 $\theta=\arccos\dfrac{[\boldsymbol{x},\boldsymbol{y}]}{\|\boldsymbol{x}\| \cdot \|\boldsymbol{y}\|}$，则称 θ 为 n 维向量 $\boldsymbol{x}$ 与 $\boldsymbol{y}$ 的夹角.

由定义知，两向量的夹角 θ 总是介于 0 到 π 之间.

例 1　求向量 $\boldsymbol{\alpha}=(1,2,2,3)$ 与 $\boldsymbol{\beta}=(3,1,5,1)$ 的夹角.

解　因为 $[\boldsymbol{\alpha},\boldsymbol{\beta}]=1\times3+2\times1+2\times5+3\times1=18$，

$$\|\boldsymbol{\alpha}\| = \sqrt{1^2+2^2+2^2+3^2}=3\sqrt{2},$$

$$\|\boldsymbol{\beta}\| = \sqrt{3^2+1^2+5^2+1^2}=6,$$

$$\cos\theta=\frac{[\boldsymbol{\alpha},\boldsymbol{\beta}]}{\|\boldsymbol{\alpha}\|\,\|\boldsymbol{\beta}\|}=\frac{18}{3\sqrt{2}\cdot 6}=\frac{\sqrt{2}}{2},$$

所以，向量 $\boldsymbol{\alpha}$ 与 $\boldsymbol{\beta}$ 的夹角 $\theta=\dfrac{\pi}{4}$.

二、正交向量组与向量组的正交规范化

定义 4.2.4　对于向量 $\boldsymbol{x},\boldsymbol{y}$，若 $[\boldsymbol{x},\boldsymbol{y}]=0$，则称向量 $\boldsymbol{x}$ 与 $\boldsymbol{y}$ 正交.

由定义知，若 $\boldsymbol{x}=\boldsymbol{0}$，则 $\boldsymbol{x}$ 与任何向量都正交.

若一个向量组 $\boldsymbol{x}_1,\boldsymbol{x}_2,\cdots,\boldsymbol{x}_r$ 中，每个向量都是非零向量且两两正交，则称这个向量组为正交向量组.

定理 4.2.1　若 n 维向量 $\boldsymbol{\alpha}_1,\boldsymbol{\alpha}_2,\cdots,\boldsymbol{\alpha}_r$ 是一组两两正交的非零向量，则 $\boldsymbol{\alpha}_1,\boldsymbol{\alpha}_2,\cdots,\boldsymbol{\alpha}_r$ 线性无关.

证明　设有数 $\lambda_1,\lambda_2,\cdots,\lambda_r$，使

$$\lambda_1\boldsymbol{\alpha}_1+\lambda_2\boldsymbol{\alpha}_2+\cdots+\lambda_r\boldsymbol{\alpha}_r=\boldsymbol{0}.$$

用向量 $\boldsymbol{\alpha}_1$ 与上式左端做内积，由于 $\boldsymbol{\alpha}_1$ 与 $\boldsymbol{\alpha}_i(i=2,3,\cdots,r)$ 正交，因此

$$[\boldsymbol{\alpha}_1,\lambda_1\boldsymbol{\alpha}_1+\lambda_2\boldsymbol{\alpha}_2+\cdots+\lambda_r\boldsymbol{\alpha}_r]=\lambda_1[\boldsymbol{\alpha}_1,\boldsymbol{\alpha}_1]+\lambda_2[\boldsymbol{\alpha}_1,\boldsymbol{\alpha}_2]+\cdots+\lambda_r[\boldsymbol{\alpha}_1,\boldsymbol{\alpha}_r]$$
$$=\lambda_1\|\boldsymbol{\alpha}_1\|^2=0.$$

由 $\boldsymbol{\alpha}_1\neq\mathbf{0}$ 知 $\|\boldsymbol{\alpha}_1\|\neq0$,从而 $\lambda_1=0$.

同理可得 $\lambda_2=\lambda_3=\cdots=\lambda_r=0$,所以 $\boldsymbol{\alpha}_1,\boldsymbol{\alpha}_2,\cdots,\boldsymbol{\alpha}_r$ 线性无关.

定理说明,正交向量组是线性无关组.

定义 4.2.5 若 $\boldsymbol{\alpha}_1,\boldsymbol{\alpha}_2,\cdots,\boldsymbol{\alpha}_r$ 是向量空间 $\mathbf{V}$ 的一个基,且 $\boldsymbol{\alpha}_1,\boldsymbol{\alpha}_2,\cdots,\boldsymbol{\alpha}_r$ 两两正交,则称 $\boldsymbol{\alpha}_1,\boldsymbol{\alpha}_2,\cdots,\boldsymbol{\alpha}_r$ 是向量空间 $\mathbf{V}$ 的正交基.进一步,若 $\boldsymbol{\alpha}_1,\boldsymbol{\alpha}_2,\cdots,\boldsymbol{\alpha}_r$ 是单位向量,则称 $\boldsymbol{\alpha}_1,\boldsymbol{\alpha}_2,\cdots,\boldsymbol{\alpha}_r$ 是向量空间 $\mathbf{V}$ 的规范正交基.

例如,$\boldsymbol{\varepsilon}_1=(1,0,0,\cdots,0),\boldsymbol{\varepsilon}_2=(0,1,0,\cdots,0),\cdots,\boldsymbol{\varepsilon}_n=(0,0,0,\cdots,1)$ 是 n 维向量空间 $\mathbf{R}^n$ 的一个规范正交基.

例 2 已知三维向量空间 $\mathbf{R}^3$ 中的两个向量 $\boldsymbol{\alpha}_1=(1,1,1),\boldsymbol{\alpha}_2=(1,-2,1)$ 正交,试求 $\boldsymbol{\alpha}_3$,使 $\boldsymbol{\alpha}_1,\boldsymbol{\alpha}_2,\boldsymbol{\alpha}_3$ 构成 $\mathbf{R}^3$ 的一个正交基.

解 设 $\boldsymbol{\alpha}_3=(x_1,x_2,x_3)\neq\mathbf{0}$,且分别与 $\boldsymbol{\alpha}_1,\boldsymbol{\alpha}_2$ 正交,则有

$$[\boldsymbol{\alpha}_1,\boldsymbol{\alpha}_3]=[\boldsymbol{\alpha}_2,\boldsymbol{\alpha}_3]=0,$$

即

$$\begin{cases}x_1+\ \ x_2+x_3=0,\\ x_1-2x_2+x_3=0.\end{cases}$$

解之得 $x_1=-x_3,x_2=0$,其中 x_3 为自由未知量.

令 $x_3=1$,则 $\boldsymbol{\alpha}_3=(-1,0,1)$,那么 $\boldsymbol{\alpha}_1,\boldsymbol{\alpha}_2,\boldsymbol{\alpha}_3$ 构成 $\mathbf{R}^3$ 的一个正交基.

下面我们介绍从一个线性无关向量组出发构造正交向量组的方法.

令 $\boldsymbol{\alpha}_1,\boldsymbol{\alpha}_2,\cdots,\boldsymbol{\alpha}_r$ 是线性无关向量组,取

$$\boldsymbol{\beta}_1=\boldsymbol{\alpha}_1,$$
$$\boldsymbol{\beta}_2=\boldsymbol{\alpha}_2-\frac{[\boldsymbol{\alpha}_2,\boldsymbol{\beta}_1]}{[\boldsymbol{\beta}_1,\boldsymbol{\beta}_1]}\boldsymbol{\beta}_1,$$
$$\boldsymbol{\beta}_3=\boldsymbol{\alpha}_3-\frac{[\boldsymbol{\alpha}_3,\boldsymbol{\beta}_1]}{[\boldsymbol{\beta}_1,\boldsymbol{\beta}_1]}\boldsymbol{\beta}_1-\frac{[\boldsymbol{\alpha}_3,\boldsymbol{\beta}_2]}{[\boldsymbol{\beta}_2,\boldsymbol{\beta}_2]}\boldsymbol{\beta}_2,$$
$$\cdots\cdots$$
$$\boldsymbol{\beta}_r=\boldsymbol{\alpha}_r-\frac{[\boldsymbol{\alpha}_r,\boldsymbol{\beta}_1]}{[\boldsymbol{\beta}_1,\boldsymbol{\beta}_1]}\boldsymbol{\beta}_1-\frac{[\boldsymbol{\alpha}_r,\boldsymbol{\beta}_2]}{[\boldsymbol{\beta}_2,\boldsymbol{\beta}_2]}\boldsymbol{\beta}_2-\cdots-\frac{[\boldsymbol{\alpha}_r,\boldsymbol{\beta}_{r-1}]}{[\boldsymbol{\beta}_{r-1},\boldsymbol{\beta}_{r-1}]}\boldsymbol{\beta}_{r-1}.$$

容易验证 $\boldsymbol{\beta}_1,\boldsymbol{\beta}_2,\cdots,\boldsymbol{\beta}_r$ 两两正交,且与向量组 $\boldsymbol{\alpha}_1,\boldsymbol{\alpha}_2,\cdots,\boldsymbol{\alpha}_r$ 等价.

上述由线性无关组 $\boldsymbol{\alpha}_1,\boldsymbol{\alpha}_2,\cdots,\boldsymbol{\alpha}_r$ 构造正交向量组 $\boldsymbol{\beta}_1,\boldsymbol{\beta}_2,\cdots,\boldsymbol{\beta}_r$ 的过程叫作施密特(Schmidt)正交化过程.

若再将 $\boldsymbol{\beta}_1,\boldsymbol{\beta}_2,\cdots,\boldsymbol{\beta}_r$ 单位化,则得到一组与 $\boldsymbol{\alpha}_1,\boldsymbol{\alpha}_2,\cdots,\boldsymbol{\alpha}_r$ 等价的正交单位向量组.将向量组的正交化和单位化结合起来,称为向量组的正交规范化.

我们将以上过程应用于向量空间,则可由任意基构造出一组规范正交基.

例 3　用施密特正交化方法，将向量组 $\boldsymbol{\alpha}_1=(1,1,1,1)$，$\boldsymbol{\alpha}_2=(1,-1,0,4)$，$\boldsymbol{\alpha}_3=(3,5,1,-1)$ 正交规范化.

解　先将向量组正交化，取

$$\boldsymbol{\beta}_1=\boldsymbol{\alpha}_1=(1,1,1,1),$$

$$\boldsymbol{\beta}_2=\boldsymbol{\alpha}_2-\frac{[\boldsymbol{\alpha}_2,\boldsymbol{\beta}_1]}{[\boldsymbol{\beta}_1,\boldsymbol{\beta}_1]}\boldsymbol{\beta}_1$$

$$=(1,-1,0,4)-\frac{1-1+0+4}{1+1+1+1}(1,1,1,1)=(0,-2,-1,3),$$

$$\boldsymbol{\beta}_3=\boldsymbol{\alpha}_3-\frac{[\boldsymbol{\alpha}_3,\boldsymbol{\beta}_1]}{[\boldsymbol{\beta}_1,\boldsymbol{\beta}_1]}\boldsymbol{\beta}_1-\frac{[\boldsymbol{\alpha}_3,\boldsymbol{\beta}_2]}{[\boldsymbol{\beta}_2,\boldsymbol{\beta}_2]}\boldsymbol{\beta}_2$$

$$=(3,5,1,-1)-\frac{3+5+1-1}{1+1+1+1}(1,1,1,1)$$

$$-\frac{-10-1-3}{4+1+9}(0,-2,-1,3)$$

$$=(1,1,-2,0).$$

然后再将向量组 $\boldsymbol{\beta}_1,\boldsymbol{\beta}_2,\boldsymbol{\beta}_3$ 单位化，取

$$\boldsymbol{e}_1=\frac{\boldsymbol{\beta}_1}{\|\boldsymbol{\beta}_1\|}=\frac{1}{2}(1,1,1,1)=\left(\frac{1}{2},\frac{1}{2},\frac{1}{2},\frac{1}{2}\right),$$

$$\boldsymbol{e}_2=\frac{\boldsymbol{\beta}_2}{\|\boldsymbol{\beta}_2\|}=\frac{1}{\sqrt{14}}(0,-2,-1,3)=\left(0,-\frac{2}{\sqrt{14}},-\frac{1}{\sqrt{14}},\frac{3}{\sqrt{14}}\right),$$

$$\boldsymbol{e}_3=\frac{\boldsymbol{\beta}_3}{\|\boldsymbol{\beta}_3\|}=\frac{1}{\sqrt{6}}(1,1,-2,0)=\left(\frac{1}{\sqrt{6}},\frac{1}{\sqrt{6}},-\frac{2}{\sqrt{6}},0\right),$$

则 $\boldsymbol{e}_1,\boldsymbol{e}_2,\boldsymbol{e}_3$ 即为所求规范正交向量组.

例 4　已知 $\boldsymbol{\alpha}_1=\begin{pmatrix}1\\1\\1\end{pmatrix}$，求一组非零向量 $\boldsymbol{\alpha}_2,\boldsymbol{\alpha}_3$，使 $\boldsymbol{\alpha}_1,\boldsymbol{\alpha}_2,\boldsymbol{\alpha}_3$ 两两正交.

解　所求 $\boldsymbol{\alpha}_2,\boldsymbol{\alpha}_3$ 应满足方程 $\boldsymbol{\alpha}_1^{\mathrm{T}}\boldsymbol{x}=\boldsymbol{0}$，即 $x_1+x_2+x_3=0$. 它的一组基础解系为

$$\boldsymbol{\xi}_1=\begin{pmatrix}1\\0\\-1\end{pmatrix},\quad \boldsymbol{\xi}_2=\begin{pmatrix}0\\1\\-1\end{pmatrix}.$$

将基础解系正交化，取

$$\boldsymbol{\alpha}_2=\boldsymbol{\xi}_1=\begin{pmatrix}1\\0\\-1\end{pmatrix},$$

$$\boldsymbol{\alpha}_3 = \boldsymbol{\xi}_2 - \frac{[\boldsymbol{\xi}_2,\boldsymbol{\xi}_1]}{[\boldsymbol{\xi}_1,\boldsymbol{\xi}_1]}\boldsymbol{\xi}_1 = \begin{pmatrix} 0 \\ 1 \\ -1 \end{pmatrix} - \frac{1}{2}\begin{pmatrix} 1 \\ 0 \\ -1 \end{pmatrix} = \begin{pmatrix} -\frac{1}{2} \\ 1 \\ -\frac{1}{2} \end{pmatrix},$$

则 $\boldsymbol{\alpha}_2,\boldsymbol{\alpha}_3$ 即为所求.

三、正交矩阵

定义 4.2.6 若 n 阶方阵 $\boldsymbol{A}$ 列(行)向量都是单位向量,且两两正交,则称 $\boldsymbol{A}$ 为正交矩阵.

例如,实矩阵 $\begin{pmatrix} 1 & 0 \\ 0 & 1 \end{pmatrix}$ 和 $\begin{pmatrix} \frac{1}{3} & \frac{2}{3} & \frac{2}{3} \\ \frac{2}{3} & \frac{1}{3} & -\frac{2}{3} \\ \frac{2}{3} & -\frac{2}{3} & \frac{1}{3} \end{pmatrix}$ 都是正交矩阵.

定理 4.2.2 方阵 $\boldsymbol{A}$ 为正交矩阵的充要条件是 $\boldsymbol{A}^{\mathrm{T}}\boldsymbol{A} = \boldsymbol{A}\boldsymbol{A}^{\mathrm{T}} = \boldsymbol{E}$.

证明 设 $\boldsymbol{A} = (\boldsymbol{\alpha}_1,\boldsymbol{\alpha}_2,\cdots,\boldsymbol{\alpha}_n)$,$\boldsymbol{\alpha}_i(i = 1,2,\cdots,n)$ 是 n 维列向量,则

$$\boldsymbol{A}^{\mathrm{T}}\boldsymbol{A} = \begin{pmatrix} \boldsymbol{\alpha}_1^{\mathrm{T}} \\ \boldsymbol{\alpha}_2^{\mathrm{T}} \\ \vdots \\ \boldsymbol{\alpha}_n^{\mathrm{T}} \end{pmatrix}(\boldsymbol{\alpha}_1,\boldsymbol{\alpha}_2,\cdots,\boldsymbol{\alpha}_n) = \begin{pmatrix} \boldsymbol{\alpha}_1^{\mathrm{T}}\boldsymbol{\alpha}_1 & \boldsymbol{\alpha}_1^{\mathrm{T}}\boldsymbol{\alpha}_2 & \cdots & \boldsymbol{\alpha}_1^{\mathrm{T}}\boldsymbol{\alpha}_n \\ \boldsymbol{\alpha}_2^{\mathrm{T}}\boldsymbol{\alpha}_1 & \boldsymbol{\alpha}_2^{\mathrm{T}}\boldsymbol{\alpha}_2 & \cdots & \boldsymbol{\alpha}_2^{\mathrm{T}}\boldsymbol{\alpha}_n \\ \vdots & \vdots & & \vdots \\ \boldsymbol{\alpha}_n^{\mathrm{T}}\boldsymbol{\alpha}_1 & \boldsymbol{\alpha}_n^{\mathrm{T}}\boldsymbol{\alpha}_2 & \cdots & \boldsymbol{\alpha}_n^{\mathrm{T}}\boldsymbol{\alpha}_n \end{pmatrix}.$$

那么 $\boldsymbol{A}^{\mathrm{T}}\boldsymbol{A} = \boldsymbol{E} \Leftrightarrow \boldsymbol{\alpha}_i^{\mathrm{T}}\boldsymbol{\alpha}_j = \begin{cases} 1, & \text{当 } i = j, \\ 0, & \text{当 } i \neq j \end{cases}$ $(i,j = 1,2,\cdots,n)$,即 $\boldsymbol{\alpha}_1,\boldsymbol{\alpha}_2,\cdots,\boldsymbol{\alpha}_n$ 都是单位向量,且它们两两正交.

正交矩阵有以下性质:

性质 1 正交矩阵的行列式等于 1 或 -1.

性质 2 正交矩阵总是可逆的,且 $\boldsymbol{A}^{-1}=\boldsymbol{A}^{\mathrm{T}}$.

性质 3 如果 $\boldsymbol{A},\boldsymbol{B}$ 是同阶的正交矩阵,则乘积 $\boldsymbol{AB}$ 也是正交矩阵.

例 5 判别下列矩阵是否为正交矩阵:

(1) $\begin{pmatrix} 1 & -\frac{1}{2} & \frac{1}{3} \\ -\frac{1}{2} & 1 & \frac{1}{2} \\ \frac{1}{3} & \frac{1}{2} & 1 \end{pmatrix}$; (2) $\begin{pmatrix} \frac{1}{9} & -\frac{8}{9} & -\frac{4}{9} \\ -\frac{8}{9} & \frac{1}{9} & -\frac{4}{9} \\ -\frac{4}{9} & -\frac{4}{9} & \frac{7}{9} \end{pmatrix}$;

(3) $\begin{pmatrix} \frac{1}{2} & -\frac{1}{2} & \frac{1}{2} & -\frac{1}{2} \\ \frac{1}{2} & -\frac{1}{2} & -\frac{1}{2} & \frac{1}{2} \\ \frac{1}{\sqrt{2}} & \frac{1}{\sqrt{2}} & 0 & 0 \\ 0 & 0 & \frac{1}{\sqrt{2}} & \frac{1}{\sqrt{2}} \end{pmatrix}$.

解　(1) 考察矩阵的第一列与第二列,由于

$$1\times\left(-\frac{1}{2}\right)+\left(-\frac{1}{2}\right)\times 1+\frac{1}{3}\times\frac{1}{2}=-\frac{5}{6}\neq 0,$$

因此这两个列向量不正交,所以该矩阵不是正交矩阵.

(2) 由于

$$\begin{pmatrix} \frac{1}{9} & -\frac{8}{9} & -\frac{4}{9} \\ -\frac{8}{9} & \frac{1}{9} & -\frac{4}{9} \\ -\frac{4}{9} & -\frac{4}{9} & \frac{7}{9} \end{pmatrix}^{\mathrm{T}}\begin{pmatrix} \frac{1}{9} & -\frac{8}{9} & -\frac{4}{9} \\ -\frac{8}{9} & \frac{1}{9} & -\frac{4}{9} \\ -\frac{4}{9} & -\frac{4}{9} & \frac{7}{9} \end{pmatrix}=\begin{pmatrix} 1 & 0 & 0 \\ 0 & 1 & 0 \\ 0 & 0 & 1 \end{pmatrix},$$

因此该矩阵是正交矩阵.

(3) 容易看出它的每个行向量都是单位向量,且两两正交,所以是正交矩阵.

定义 4.2.7　若 $\boldsymbol{T}$ 是 n 阶正交矩阵,则 n 维向量空间的线性变换 $\boldsymbol{y}=\boldsymbol{T}\boldsymbol{x}$ 称为正交变换.

设 $\boldsymbol{y}=\boldsymbol{T}\boldsymbol{x}$ 为正交变换,$\boldsymbol{\beta}_1=\boldsymbol{T}\boldsymbol{\alpha}_1,\boldsymbol{\beta}_2=\boldsymbol{T}\boldsymbol{\alpha}_2$,则有

$$\boldsymbol{\beta}_1^{\mathrm{T}}\boldsymbol{\beta}_2=(\boldsymbol{T}\boldsymbol{\alpha}_1)^{\mathrm{T}}(\boldsymbol{T}\boldsymbol{\alpha}_2)=\boldsymbol{\alpha}_1^{\mathrm{T}}\boldsymbol{T}^{\mathrm{T}}\boldsymbol{T}\boldsymbol{\alpha}_2=\boldsymbol{\alpha}_1^{\mathrm{T}}\boldsymbol{\alpha}_2,$$

说明正交变换保持向量的内积不变.

练习 4.2

1. 填空题:

(1) 设 $\boldsymbol{\alpha}=(-1,0,3,-5)$,$\boldsymbol{\beta}=(4,-2,0,1)$,则内积 $[\boldsymbol{\alpha},\boldsymbol{\beta}]=$ ________.

(2) 向量 $\boldsymbol{\alpha}=(1,2,2)$ 与向量 $\boldsymbol{\beta}=(3,1,5)$ 的夹角 $\theta=$ ________.

2. 用施密特正交化方法将向量组 $\boldsymbol{\alpha}_1=(1,0,-1,1)$,$\boldsymbol{\alpha}_2=(1,-1,0,1)$,$\boldsymbol{\alpha}_3=(-1,1,1,0)$

正交规范化.

3. 设 $\boldsymbol{x}$ 为 n 维列向量，$\boldsymbol{x}^{\mathrm{T}}\boldsymbol{x}=1$，令 $\boldsymbol{A}=\boldsymbol{E}-2\boldsymbol{x}\boldsymbol{x}^{\mathrm{T}}$，求证：$\boldsymbol{A}$ 是对称的正交矩阵.

4. 用施密特正交化方法将矩阵 $\boldsymbol{A}=\begin{pmatrix}1&1&1\\1&2&4\\1&3&9\end{pmatrix}$ 化为正交矩阵.

第三节　矩阵对角化

一、相似矩阵与相似变换

定义 4.3.1　设 $\boldsymbol{A},\boldsymbol{B}$ 都是 n 阶方阵，若存在可逆矩阵 $\boldsymbol{P}$，使得

$$\boldsymbol{P}^{-1}\boldsymbol{A}\boldsymbol{P}=\boldsymbol{B},$$

则称 $\boldsymbol{B}$ 是 $\boldsymbol{A}$ 的相似矩阵，或说矩阵 $\boldsymbol{A}$ 与 $\boldsymbol{B}$ 相似. 对矩阵 $\boldsymbol{A}$ 进行运算 $\boldsymbol{P}^{-1}\boldsymbol{A}\boldsymbol{P}$ 称为对 $\boldsymbol{A}$ 进行相似变换，可逆矩阵 $\boldsymbol{P}$ 称为把 $\boldsymbol{A}$ 变成 $\boldsymbol{B}$ 的相似变换矩阵.

显然，矩阵的相似是一种等价关系，容易验证相似满足反身性、对称性、传递性.

由矩阵的运算易知，对于相似变换有以下运算性质成立：

(1) $\boldsymbol{P}^{-1}(\boldsymbol{A}_1\boldsymbol{A}_2)\boldsymbol{P}=(\boldsymbol{P}^{-1}\boldsymbol{A}_1\boldsymbol{P})(\boldsymbol{P}^{-1}\boldsymbol{A}_2\boldsymbol{P})$；

(2) $\boldsymbol{P}^{-1}(k_1\boldsymbol{A}_1+k_2\boldsymbol{A}_2)\boldsymbol{P}=k_1\boldsymbol{P}^{-1}\boldsymbol{A}_1\boldsymbol{P}+k_2\boldsymbol{P}^{-1}\boldsymbol{A}_2\boldsymbol{P}$，其中 k_1,k_2 是任意常数.

相似矩阵具有如下性质：

性质 1　相似矩阵具有相同的秩和行列式.

证明　由定义 4.3.1 知，矩阵相似是矩阵等价的特殊情况，故相似矩阵的秩相等. 设矩阵 $\boldsymbol{A}$ 与 $\boldsymbol{B}$ 相似，则

$$|\boldsymbol{B}|=|\boldsymbol{P}^{-1}\boldsymbol{A}\boldsymbol{P}|=|\boldsymbol{P}^{-1}||\boldsymbol{A}||\boldsymbol{P}|=|\boldsymbol{A}|.$$

性质 2　如果两个相似矩阵可逆，那么它们的逆也相似.

证明　若矩阵 $\boldsymbol{A}$ 与 $\boldsymbol{B}$ 相似，且 $\boldsymbol{A},\boldsymbol{B}$ 可逆，则存在可逆矩阵 $\boldsymbol{P}$，使得

$$\boldsymbol{P}^{-1}\boldsymbol{A}\boldsymbol{P}=\boldsymbol{B},$$

从而

$$\boldsymbol{B}^{-1}=(\boldsymbol{P}^{-1}\boldsymbol{A}\boldsymbol{P})^{-1}=\boldsymbol{P}^{-1}\boldsymbol{A}^{-1}\boldsymbol{P}.$$

所以 $\boldsymbol{A}^{-1}$ 与 $\boldsymbol{B}^{-1}$ 也相似.

性质 3　若 $\boldsymbol{A}$ 与 $\boldsymbol{B}$ 相似，则 $\boldsymbol{A}^m$ 与 $\boldsymbol{B}^m$ 也相似，其中 m 为正整数.

证明　由 $\boldsymbol{P}^{-1}\boldsymbol{A}\boldsymbol{P}=\boldsymbol{B}$ 得 $(\boldsymbol{P}^{-1}\boldsymbol{A}\boldsymbol{P})^m=\boldsymbol{B}^m$. 而

$$\boldsymbol{B}^m=(\boldsymbol{P}^{-1}\boldsymbol{A}\boldsymbol{P})(\boldsymbol{P}^{-1}\boldsymbol{A}\boldsymbol{P})\cdots(\boldsymbol{P}^{-1}\boldsymbol{A}\boldsymbol{P})\quad(m\text{ 个 }\boldsymbol{P}^{-1}\boldsymbol{A}\boldsymbol{P}\text{ 相乘})$$

$$= P^{-1}A^mP,$$

所以 A^m 与 B^m 相似.

性质 4　相似矩阵有相同的特征多项式及相同的特征值.

证明　设 A 与 B 相似,则存在可逆矩阵 P,使得 $P^{-1}AP = B$. 那么

$$\begin{aligned}|\lambda E - B| &= |P^{-1}(\lambda E)P - P^{-1}AP| \\ &= |P^{-1}(\lambda E - A)P| \\ &= |P^{-1}||\lambda E - A||P| \\ &= |\lambda E - A|,\end{aligned}$$

即 A 与 B 的特征多项式相同,从而它们的特征值相同.

由性质 4 易知,若矩阵 A 与对角矩阵

$$\Lambda = \begin{pmatrix} \lambda_1 & & & \\ & \lambda_2 & & \\ & & \ddots & \\ & & & \lambda_n \end{pmatrix}$$

相似,则 $\lambda_1,\lambda_2,\cdots,\lambda_n$ 即为 A 的 n 个特征值.

n 阶方阵 A 在什么条件下相似于一个对角矩阵?其相似变换矩阵如何确定,即 A 经过什么样的相似变换可化为对角矩阵?这就是我们将要研究的矩阵对角化问题.

二、利用相似变换将方阵对角化

对于 n 阶方阵 A,若能找到可逆矩阵 P,使 $P^{-1}AP = \Lambda$ 为对角矩阵,就称将方阵 A 对角化.

定理 4.3.1　n 阶方阵 A 与对角矩阵 Λ 相似(即 A 可以对角化)的充分必要条件是 A 有 n 个线性无关的特征向量.

证明　必要性. 设 A 与 Λ 相似,记

$$\Lambda = \begin{pmatrix} \lambda_1 & & & \\ & \lambda_2 & & \\ & & \ddots & \\ & & & \lambda_n \end{pmatrix},$$

则存在可逆矩阵 P,使得 $P^{-1}AP = \Lambda$,于是 $AP = P\Lambda$. 将 P 按列分块,记为 $P = (p_1,p_2,\cdots,p_n)$,则有

$$A(p_1,p_2,\cdots,p_n) = (p_1,p_2,\cdots,p_n)\begin{pmatrix} \lambda_1 & & & \\ & \lambda_2 & & \\ & & \ddots & \\ & & & \lambda_n \end{pmatrix},$$

即

$$(\boldsymbol{Ap}_1,\boldsymbol{Ap}_2,\cdots,\boldsymbol{Ap}_n)=(\lambda_1\boldsymbol{p}_1,\lambda_2\boldsymbol{p}_2,\cdots,\lambda_n\boldsymbol{p}_n),$$

于是

$$\boldsymbol{Ap}_i=\lambda_i\boldsymbol{p}_i\quad(i=1,2,\cdots,n).$$

可见,$\lambda_1,\lambda_2,\cdots,\lambda_n$ 是 $\boldsymbol{A}$ 的特征值,而 $\boldsymbol{P}$ 的列向量 $\boldsymbol{p}_1,\boldsymbol{p}_2,\cdots,\boldsymbol{p}_n$ 就是 $\boldsymbol{A}$ 的对应 $\lambda_1,\lambda_2,\cdots,\lambda_n$ 的特征向量.又因为 $\boldsymbol{P}$ 可逆,所以 $\boldsymbol{p}_1,\boldsymbol{p}_2,\cdots,\boldsymbol{p}_n$ 线性无关.

充分性.设 $\boldsymbol{A}$ 有 n 个线性无关的特征向量 $\boldsymbol{p}_1,\boldsymbol{p}_2,\cdots,\boldsymbol{p}_n$,并假设它们对应的特征值分别是 $\lambda_1,\lambda_2,\cdots,\lambda_n$,则

$$\boldsymbol{Ap}_i=\lambda_i\boldsymbol{p}_i\quad(i=1,2,\cdots,n).$$

以 $\boldsymbol{p}_i$ 为列构造矩阵 $\boldsymbol{P}=(\boldsymbol{p}_1,\boldsymbol{p}_2,\cdots,\boldsymbol{p}_n)$,则 $\boldsymbol{P}$ 为可逆矩阵,且

$$\begin{aligned}\boldsymbol{AP}&=\boldsymbol{A}(\boldsymbol{p}_1,\boldsymbol{p}_2,\cdots,\boldsymbol{p}_n)=(\lambda_1\boldsymbol{p}_1,\lambda_2\boldsymbol{p}_2,\cdots,\lambda_n\boldsymbol{p}_n)\\&=(\boldsymbol{p}_1,\boldsymbol{p}_2,\cdots,\boldsymbol{p}_n)\begin{pmatrix}\lambda_1&&&\\&\lambda_2&&\\&&\ddots&\\&&&\lambda_n\end{pmatrix}\\&=\boldsymbol{P\Lambda}.\end{aligned}$$

于是 $\boldsymbol{P}^{-1}\boldsymbol{AP}=\boldsymbol{\Lambda}$,所以 $\boldsymbol{A}$ 与对角矩阵 $\boldsymbol{\Lambda}$ 相似,即可以对角化.

注意:(1) 若方阵 $\boldsymbol{A}$ 可以对角化,则以上对角矩阵 $\boldsymbol{\Lambda}$(不计 λ_i 的排列顺序)是唯一的,称为 $\boldsymbol{A}$ 的相似标准形.

(2) 相似变换矩阵 $\boldsymbol{P}$ 可由 $\boldsymbol{A}$ 的 n 个线性无关的特征向量作为列向量而构成.

推论 1　若 n 阶方阵 $\boldsymbol{A}$ 的 n 个特征值互不相等,则 $\boldsymbol{A}$ 可以对角化.

如果 $\boldsymbol{A}$ 的特征方程有重根,此时不一定有 n 个线性无关的特征向量,因而矩阵 $\boldsymbol{A}$ 不一定能对角化,但若能找到 n 个线性无关的特征向量,则 $\boldsymbol{A}$ 还是可以对角化.

例 1　判断下列矩阵能否对角化,若能对角化,则求出可逆矩阵 $\boldsymbol{P}$,使 $\boldsymbol{P}^{-1}\boldsymbol{AP}$ 为对角矩阵:

$$(1)\ \boldsymbol{A}=\begin{pmatrix}1&-2&2\\-2&-2&4\\2&4&-2\end{pmatrix};\qquad(2)\ \boldsymbol{A}=\begin{pmatrix}-2&1&-2\\-5&3&-3\\1&0&2\end{pmatrix}.$$

解　(1) 由

$$\begin{aligned}|\lambda\boldsymbol{E}-\boldsymbol{A}|&=\begin{vmatrix}\lambda-1&2&-2\\2&\lambda+2&-4\\-2&-4&\lambda+2\end{vmatrix}\\&=(\lambda-2)^2(\lambda+7)=0,\end{aligned}$$

得

$$\lambda_1=\lambda_2=2,\quad \lambda_3=-7.$$

对于 $\lambda_1=\lambda_2=2$，解方程组 $(2\boldsymbol{E}-\boldsymbol{A})\boldsymbol{x}=\boldsymbol{0}$，由

$$2\boldsymbol{E}-\boldsymbol{A}=\begin{pmatrix}1&2&-2\\2&4&-4\\-2&-4&4\end{pmatrix}\sim\begin{pmatrix}1&2&-2\\0&0&0\\0&0&0\end{pmatrix},$$

得基础解系

$$\boldsymbol{\alpha}_1=\begin{pmatrix}-2\\1\\0\end{pmatrix},\quad \boldsymbol{\alpha}_2=\begin{pmatrix}2\\0\\1\end{pmatrix}.$$

同理，对于 $\lambda_3=-7$，解方程组 $(-7\boldsymbol{E}-\boldsymbol{A})\boldsymbol{x}=\boldsymbol{0}$，求得基础解系

$$\boldsymbol{\alpha}_3=\begin{pmatrix}-1\\-2\\2\end{pmatrix}.$$

由于 $\begin{vmatrix}-2&2&-1\\1&0&-2\\0&1&2\end{vmatrix}\neq 0$，因此 $\boldsymbol{\alpha}_1,\boldsymbol{\alpha}_2,\boldsymbol{\alpha}_3$ 线性无关，由定理 4.3.1 知，矩阵 $\boldsymbol{A}$ 可以对角化，且 $\boldsymbol{P}=\begin{pmatrix}-2&2&-1\\1&0&-2\\0&1&2\end{pmatrix}$.

(2) 由

$$|\lambda\boldsymbol{E}-\boldsymbol{A}|=\begin{vmatrix}\lambda+2&-1&2\\5&\lambda-3&3\\-1&0&\lambda-2\end{vmatrix}=(\lambda-1)^3=0,$$

得 $\boldsymbol{A}$ 的特征值

$$\lambda_1=\lambda_2=\lambda_3=1.$$

将 $\lambda=1$ 代入 $(\lambda\boldsymbol{E}-\boldsymbol{A})\boldsymbol{x}=\boldsymbol{0}$，解得基础解系为

$$\boldsymbol{\xi}=\begin{pmatrix}1\\1\\-1\end{pmatrix},$$

因而找不到 3 个线性无关的特征向量，故 $\boldsymbol{A}$ 不能对角化.

例 2　设 $\boldsymbol{A}=\begin{pmatrix}4&6&0\\-3&-5&0\\-3&-6&1\end{pmatrix}$，(1) 求出可逆矩阵 $\boldsymbol{P}$，使 $\boldsymbol{P}^{-1}\boldsymbol{A}\boldsymbol{P}$ 为对角矩阵；

(2) 求 $\boldsymbol{A}^k$,其中 k 为任意自然数.

解 (1) $|\lambda \boldsymbol{E}-\boldsymbol{A}|=\begin{vmatrix}\lambda-4 & -6 & 0\\ 3 & \lambda+5 & 0\\ 3 & 6 & \lambda-1\end{vmatrix}=(\lambda-1)^2(\lambda+2)$,

故 $\boldsymbol{A}$ 的特征值为

$$\lambda_1=\lambda_2=1,\quad \lambda_3=-2.$$

将 $\lambda_1=\lambda_2=1$ 代入 $(\lambda\boldsymbol{E}-\boldsymbol{A})\boldsymbol{x}=\boldsymbol{0}$,解之得基础解系

$$\boldsymbol{\xi}_1=\begin{pmatrix}-2\\1\\0\end{pmatrix},\quad \boldsymbol{\xi}_2=\begin{pmatrix}0\\0\\1\end{pmatrix}.$$

将 $\lambda_3=-2$ 代入 $(\lambda\boldsymbol{E}-\boldsymbol{A})\boldsymbol{x}=\boldsymbol{0}$,解之得基础解系

$$\boldsymbol{\xi}_3=\begin{pmatrix}-1\\1\\1\end{pmatrix}.$$

由于 $\boldsymbol{\xi}_1,\boldsymbol{\xi}_2,\boldsymbol{\xi}_3$ 线性无关,因此 $\boldsymbol{A}$ 可以对角化. 令

$$\boldsymbol{P}=(\boldsymbol{\xi}_1,\boldsymbol{\xi}_2,\boldsymbol{\xi}_3)=\begin{pmatrix}-2 & 0 & -1\\ 1 & 0 & 1\\ 0 & 1 & 1\end{pmatrix},$$

则有

$$\boldsymbol{P}^{-1}\boldsymbol{A}\boldsymbol{P}=\begin{pmatrix}1 & 0 & 0\\ 0 & 1 & 0\\ 0 & 0 & -2\end{pmatrix}.$$

(2) $\boldsymbol{A}=\boldsymbol{P}\begin{pmatrix}1 & 0 & 0\\ 0 & 1 & 0\\ 0 & 0 & -2\end{pmatrix}\boldsymbol{P}^{-1}$,则

$$\begin{aligned}\boldsymbol{A}^k&=\boldsymbol{P}\begin{pmatrix}1 & 0 & 0\\ 0 & 1 & 0\\ 0 & 0 & -2\end{pmatrix}^k\boldsymbol{P}^{-1}\\ &=\begin{pmatrix}-2 & 0 & -1\\ 1 & 0 & 1\\ 0 & 1 & 1\end{pmatrix}\begin{pmatrix}1 & 0 & 0\\ 0 & 1 & 0\\ 0 & 0 & (-2)^k\end{pmatrix}\begin{pmatrix}-1 & -1 & 0\\ -1 & -2 & 1\\ 1 & 2 & 0\end{pmatrix}\\ &=\begin{pmatrix}2-(-2)^k & 2+(-2)^{k+1} & 0\\ (-2)^k-1 & -1-(-2)^{k+1} & 0\\ (-2)^k-1 & -2-(-2)^{k+1} & 1\end{pmatrix}.\end{aligned}$$

注意：矩阵 $\boldsymbol{P}$ 中的列向量与对角矩阵的特征值的位置要相互对应. 例如，若令 $\boldsymbol{P}=(\boldsymbol{\xi}_3,\boldsymbol{\xi}_1,\boldsymbol{\xi}_2)$，则有

$$\boldsymbol{P}^{-1}\boldsymbol{AP}=\begin{pmatrix}-2&0&0\\0&1&0\\0&0&1\end{pmatrix}.$$

三、对称矩阵对角化

下面我们讨论一类特殊的矩阵 —— 对称矩阵的对角化问题(本节所提到的对称矩阵，除非特别说明，均指实对称矩阵).

定理 4.3.2　对称矩阵的特征值均为实数.

证明　设复数 λ 为对称矩阵 $\boldsymbol{A}$ 的特征值，复向量 $\boldsymbol{x}$ 为对应的特征向量，即

$$\boldsymbol{Ax}=\lambda\boldsymbol{x}\quad(\boldsymbol{x}\neq\boldsymbol{0}).$$

用 $\bar{\lambda}$ 表示 λ 的共轭复数，$\bar{\boldsymbol{x}}$ 表示 $\boldsymbol{x}$ 的共轭复向量，则

$$\boldsymbol{A}\bar{\boldsymbol{x}}=\overline{\boldsymbol{A}}\bar{\boldsymbol{x}}=\overline{\boldsymbol{Ax}}=\overline{\lambda\boldsymbol{x}}=\bar{\lambda}\,\bar{\boldsymbol{x}}.$$

于是

$$\bar{\boldsymbol{x}}^{\mathrm{T}}\boldsymbol{Ax}=\bar{\boldsymbol{x}}^{\mathrm{T}}(\boldsymbol{Ax})=\bar{\boldsymbol{x}}^{\mathrm{T}}\lambda\boldsymbol{x}=\lambda\,\bar{\boldsymbol{x}}^{\mathrm{T}}\boldsymbol{x},$$

及

$$\bar{\boldsymbol{x}}^{\mathrm{T}}\boldsymbol{Ax}=(\bar{\boldsymbol{x}}^{\mathrm{T}}\boldsymbol{A}^{\mathrm{T}})\boldsymbol{x}=(\boldsymbol{A}\bar{\boldsymbol{x}})^{\mathrm{T}}\boldsymbol{x}=(\bar{\lambda}\,\bar{\boldsymbol{x}})^{\mathrm{T}}\boldsymbol{x}=\bar{\lambda}\,\bar{\boldsymbol{x}}^{\mathrm{T}}\boldsymbol{x}.$$

所以

$$(\lambda-\bar{\lambda})\,\bar{\boldsymbol{x}}^{\mathrm{T}}\boldsymbol{x}=0.$$

由于 $\boldsymbol{x}\neq\boldsymbol{0}$，

$$\bar{\boldsymbol{x}}^{\mathrm{T}}\boldsymbol{x}=\sum_{i=1}^{n}\bar{x}_i x_i=\sum_{i=1}^{n}|x_i|^2\neq0,$$

因此 $\lambda-\bar{\lambda}=0$，即 $\lambda=\bar{\lambda}$，所以 λ 是实数.

由于对称矩阵 $\boldsymbol{A}$ 的特征值 λ_i 为实数，因此齐次线性方程组

$$(\boldsymbol{A}-\lambda_i\boldsymbol{E})\boldsymbol{x}=\boldsymbol{0}$$

是实系数方程组，从而方程组必有实的基础解系，因而对应的特征向量可以取实向量.

定理 4.3.3　设 λ_1,λ_2 是实对称矩阵 $\boldsymbol{A}$ 的两个特征值，$\lambda_1\neq\lambda_2$，$\boldsymbol{p}_1,\boldsymbol{p}_2$ 是与之对应的特征向量，则 $\boldsymbol{p}_1$ 与 $\boldsymbol{p}_2$ 正交.

证明　由于

$$\boldsymbol{Ap}_1=\lambda_1\boldsymbol{p}_1,\quad \boldsymbol{Ap}_2=\lambda_2\boldsymbol{p}_2,\quad \lambda_1\neq\lambda_2,\quad \boldsymbol{A}=\boldsymbol{A}^{\mathrm{T}},$$

因此

$$\lambda_1\boldsymbol{p}_1^{\mathrm{T}}=(\lambda_1\boldsymbol{p}_1)^{\mathrm{T}}=(\boldsymbol{Ap}_1)^{\mathrm{T}}=\boldsymbol{p}_1^{\mathrm{T}}\boldsymbol{A}^{\mathrm{T}}=\boldsymbol{p}_1^{\mathrm{T}}\boldsymbol{A},$$

于是

$$\lambda_1 \boldsymbol{p}_1^{\mathrm{T}} \boldsymbol{p}_2 = \boldsymbol{p}_1^{\mathrm{T}} \boldsymbol{A} \boldsymbol{p}_2 = \boldsymbol{p}_1^{\mathrm{T}} \lambda_2 \boldsymbol{p}_2 = \lambda_2 \boldsymbol{p}_1^{\mathrm{T}} \boldsymbol{p}_2,$$

所以

$$(\lambda_1 - \lambda_2) \boldsymbol{p}_1^{\mathrm{T}} \boldsymbol{p}_2 = 0.$$

又因为 $\lambda_1 \neq \lambda_2$，所以 $\boldsymbol{p}_1^{\mathrm{T}} \boldsymbol{p}_2 = 0$，即 $\boldsymbol{p}_1$ 与 $\boldsymbol{p}_2$ 正交.

定理 4.3.4 设 $\boldsymbol{A}$ 为 n 阶对称矩阵，λ 是 $\boldsymbol{A}$ 的特征方程的 r 重根，则矩阵 $\lambda \boldsymbol{E} - \boldsymbol{A}$ 的秩为 $n-r$，从而恰有 r 个线性无关的特征向量与 λ 对应.

证明略.

定理 4.3.5 设 $\boldsymbol{A}$ 为 n 阶对称矩阵，则必有正交矩阵 $\boldsymbol{P}$，使得 $\boldsymbol{P}^{-1}\boldsymbol{A}\boldsymbol{P} = \boldsymbol{\Lambda}$，其中 $\boldsymbol{\Lambda}$ 是以 $\boldsymbol{A}$ 的 n 个特征值为对角元素的对角矩阵.

证明 设 $\boldsymbol{A}$ 的互不相等的特征值为 $\lambda_1, \lambda_2, \cdots, \lambda_s$，它们的重数依次为 $r_1, r_2, \cdots, r_s (r_1 + r_2 + \cdots + r_s = n)$.

由定理 4.3.4 知，对应于特征值 $\lambda_i (i = 1, 2, \cdots, s)$，恰有 r_i 个线性无关的特征向量，把它们正交化，并单位化，即得 r_i 个彼此正交的单位特征向量. 由 $r_1 + r_2 + \cdots + r_s = n$ 知，这样的特征向量共有 n 个. 而对应于不同特征值的特征向量正交，故这 n 个单位特征向量两两正交. 以它们为列向量构成正交矩阵 $\boldsymbol{P}$，则

$$\boldsymbol{P}^{-1}\boldsymbol{A}\boldsymbol{P} = \boldsymbol{\Lambda},$$

其中对角矩阵 $\boldsymbol{\Lambda}$ 的对角元素含 r_1 个 λ_1，r_2 个 λ_2，$\cdots$，r_s 个 λ_s.

根据定理 4.3.5，可得利用正交矩阵将对称矩阵对角化的具体步骤如下：

(1) 求 $\boldsymbol{A}$ 的特征值；

(2) 由 $(\lambda_i \boldsymbol{E} - \boldsymbol{A})\boldsymbol{x} = \boldsymbol{0}$，求出与 λ_i 对应的特征向量；

(3) 将特征向量正交化、单位化，得到 n 个两两正交的单位特征向量；

(4) 以这 n 个两两正交的单位特征向量为列向量构造正交矩阵 $\boldsymbol{P}$，则有

$$\boldsymbol{P}^{-1}\boldsymbol{A}\boldsymbol{P} = \begin{pmatrix} \lambda_1 & & & & & & & \\ & \ddots & & & & & & \\ & & \lambda_1 & & & & & \\ & & & \lambda_2 & & & & \\ & & & & \ddots & & & \\ & & & & & \lambda_2 & & \\ & & & & & & \ddots & \\ & & & & & & & \lambda_s \\ & & & & & & & & \ddots \\ & & & & & & & & & \lambda_s \end{pmatrix}.$$

例 3 对下列各对称矩阵，分别求出正交矩阵 $\boldsymbol{P}$，使得 $\boldsymbol{P}^{-1}\boldsymbol{A}\boldsymbol{P}$ 为对角矩阵：

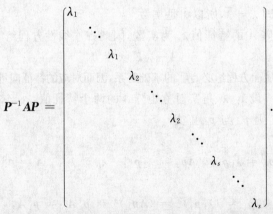

$$(1)\ \boldsymbol{A}=\begin{pmatrix}2&-2&0\\-2&1&-2\\0&-2&0\end{pmatrix};\qquad(2)\ \boldsymbol{A}=\begin{pmatrix}4&0&0\\0&3&1\\0&1&3\end{pmatrix}.$$

解　(1) 求 $\boldsymbol{A}$ 的特征值. 由

$$|\lambda\boldsymbol{E}-\boldsymbol{A}|=\begin{vmatrix}\lambda-2&2&0\\2&\lambda-1&2\\0&2&\lambda\end{vmatrix}=(\lambda-4)(\lambda-1)(\lambda+2)=0,$$

得

$$\lambda_1=4,\quad\lambda_2=1,\quad\lambda_3=-2.$$

求对应于 λ_i 的特征向量. 对 $\lambda_1=4$,由$(4\boldsymbol{E}-\boldsymbol{A})\boldsymbol{x}=\boldsymbol{0}$,得方程组

$$\begin{cases}2x_1+2x_2=0,\\2x_1+3x_2+2x_3=0,\\2x_2+4x_3=0.\end{cases}$$

解之得基础解系

$$\boldsymbol{\xi}_1=\begin{pmatrix}-2\\2\\-1\end{pmatrix}.$$

对 $\lambda_2=1$,由$(\boldsymbol{E}-\boldsymbol{A})\boldsymbol{x}=\boldsymbol{0}$,得方程组

$$\begin{cases}-x_1+2x_2=0,\\2x_1+2x_3=0,\\2x_2+x_3=0.\end{cases}$$

解之得基础解系

$$\boldsymbol{\xi}_2=\begin{pmatrix}2\\1\\-2\end{pmatrix}.$$

对 $\lambda_3=-2$,由$(-2\boldsymbol{E}-\boldsymbol{A})\boldsymbol{x}=\boldsymbol{0}$,得方程组

$$\begin{cases}-4x_1+2x_2=0,\\2x_1-3x_2+2x_3=0,\\2x_2-2x_3=0.\end{cases}$$

解之得基础解系

$$\boldsymbol{\xi}_3=\begin{pmatrix}1\\2\\2\end{pmatrix}.$$

将特征向量正交化、单位化. 由于 $\boldsymbol{\xi}_1,\boldsymbol{\xi}_2,\boldsymbol{\xi}_3$ 是 $\boldsymbol{A}$ 的属于不同特征值的特征向量,因此 $\boldsymbol{\xi}_1,\boldsymbol{\xi}_2,\boldsymbol{\xi}_3$ 两两正交. 将它们单位化,令 $\boldsymbol{\eta}_i=\dfrac{\boldsymbol{\xi}_i}{\|\boldsymbol{\xi}_i\|}(i=1,2,3)$,得

$$\boldsymbol{\eta}_1=\begin{pmatrix}-\frac{2}{3}\\ \frac{2}{3}\\ -\frac{1}{3}\end{pmatrix},\quad \boldsymbol{\eta}_2=\begin{pmatrix}\frac{2}{3}\\ \frac{1}{3}\\ -\frac{2}{3}\end{pmatrix},\quad \boldsymbol{\eta}_3=\begin{pmatrix}\frac{1}{3}\\ \frac{2}{3}\\ \frac{2}{3}\end{pmatrix}.$$

作矩阵

$$\boldsymbol{P}=\begin{pmatrix}-\frac{2}{3} & \frac{2}{3} & \frac{1}{3}\\ \frac{2}{3} & \frac{1}{3} & \frac{2}{3}\\ -\frac{1}{3} & -\frac{2}{3} & \frac{2}{3}\end{pmatrix},$$

则 $\boldsymbol{P}^{-1}\boldsymbol{A}\boldsymbol{P}=\begin{pmatrix}4 & 0 & 0\\ 0 & 1 & 0\\ 0 & 0 & -2\end{pmatrix}$.

(2) 由 $|\lambda\boldsymbol{E}-\boldsymbol{A}|=\begin{vmatrix}\lambda-4 & 0 & 0\\ 0 & \lambda-3 & -1\\ 0 & -1 & \lambda-3\end{vmatrix}=(\lambda-4)^2(\lambda-2)=0$,得

$$\lambda_1=\lambda_2=4,\quad \lambda_3=2.$$

对于 $\lambda_1=\lambda_2=4$,由 $(4\boldsymbol{E}-\boldsymbol{A})\boldsymbol{x}=\boldsymbol{0}$,得基础解系

$$\boldsymbol{\xi}_1=\begin{pmatrix}1\\0\\0\end{pmatrix},\quad \boldsymbol{\xi}_2=\begin{pmatrix}0\\1\\1\end{pmatrix}.$$

显然 $\boldsymbol{\xi}_1,\boldsymbol{\xi}_2$ 正交.

对 $\lambda_3=2$,由 $(2\boldsymbol{E}-\boldsymbol{A})\boldsymbol{x}=\boldsymbol{0}$,得基础解系

$$\boldsymbol{\xi}_3=\begin{pmatrix}0\\1\\-1\end{pmatrix}.$$

所以 $\boldsymbol{\xi}_1,\boldsymbol{\xi}_2,\boldsymbol{\xi}_3$ 两两正交.

再将 $\boldsymbol{\xi}_1,\boldsymbol{\xi}_2,\boldsymbol{\xi}_3$ 单位化,令 $\boldsymbol{\eta}_i=\dfrac{\boldsymbol{\xi}_i}{\|\boldsymbol{\xi}_i\|}\ (i=1,2,3)$,得

$$\boldsymbol{\eta}_1=\begin{pmatrix}1\\0\\0\end{pmatrix},\quad \boldsymbol{\eta}_2=\begin{pmatrix}0\\ \frac{\sqrt{2}}{2}\\ \frac{\sqrt{2}}{2}\end{pmatrix},\quad \boldsymbol{\eta}_3=\begin{pmatrix}0\\ \frac{\sqrt{2}}{2}\\ -\frac{\sqrt{2}}{2}\end{pmatrix}.$$

于是得正交矩阵

$$P = (\boldsymbol{\eta}_1, \boldsymbol{\eta}_2, \boldsymbol{\eta}_3) = \begin{pmatrix} 1 & 0 & 0 \\ 0 & \frac{\sqrt{2}}{2} & \frac{\sqrt{2}}{2} \\ 0 & \frac{\sqrt{2}}{2} & -\frac{\sqrt{2}}{2} \end{pmatrix},$$

使得 $P^{-1}AP = \begin{pmatrix} 4 & 0 & 0 \\ 0 & 4 & 0 \\ 0 & 0 & 2 \end{pmatrix}$.

练习 4.3

1. 填空题:

(1) 若矩阵 A 与矩阵 kE 相似,则 $A=$________.

(2) 若 n 阶方阵 A 与 B 相似,且 $A^2=A$,则 $B^2=$________.

(3) 已知 $A=\begin{pmatrix} 1 & -1 & 1 \\ 2 & 4 & -2 \\ -3 & -3 & 5 \end{pmatrix}$,$B=\begin{pmatrix} \lambda & 0 & 0 \\ 0 & 2 & 0 \\ 0 & 0 & 2 \end{pmatrix}$,且 A 与 B 相似,则 $\lambda=$________.

(4) 若 A 是三阶方阵,且 A 的特征值为 2,4,6,则 $|A-3E|=$________.

(5) 已知 A 与 B 相似,且 $B=\begin{pmatrix} 0 & 0 & 1 \\ 0 & 1 & 0 \\ 1 & 0 & 0 \end{pmatrix}$,则 $r(A-2E)+r(A-E)=$________.

2. 设 $A=\begin{pmatrix} 3 & 1 & 3 \\ 9 & 2 & 0 \\ 1 & 0 & 2 \end{pmatrix}$,(1) 求 A 所有的特征值和特征向量;(2) 判断 A 能否对角化,若能,则求出相似变换矩阵 P,使 A 化为对角形.

3. 设三阶方阵 A 的特征值为 $\lambda_1=1,\lambda_2=0,\lambda_3=-1$,对应的特征向量依次为 $p_1=(1,2,2)^{\mathrm{T}}$,$p_2=(2,-2,1)^{\mathrm{T}}$,$p_3=(-2,-1,2)^{\mathrm{T}}$,求 A.

4. 已知矩阵 $A=\begin{pmatrix} -2 & 1 & 1 \\ 0 & 2 & 0 \\ -4 & 1 & 3 \end{pmatrix}$,(1) 求可逆矩阵 P,使 $P^{-1}AP$ 为对角矩阵;(2) 求 $|A^{10}|$.

5. 试求一个正交的相似变换矩阵 P,将对称矩阵 $A=\begin{pmatrix} 2 & -2 & 0 \\ -2 & 1 & -2 \\ 0 & -2 & 0 \end{pmatrix}$ 化为对角矩阵.

习 题 四

1. 求下列矩阵的特征值和特征向量：

(1) $\begin{pmatrix} 1 & -1 \\ 2 & 4 \end{pmatrix}$；　(2) $\begin{pmatrix} 1 & 2 & 3 \\ 2 & 1 & 3 \\ 3 & 3 & 6 \end{pmatrix}$.

2. 设 $\boldsymbol{A}=\begin{pmatrix} 0 & 0 & 1 \\ x & 1 & y \\ 1 & 0 & 0 \end{pmatrix}$ 有 3 个线性无关的特征向量，求：(1) $\boldsymbol{A}$ 的特征值；(2) x 和 y 应满足的条件.

3. 已知 $\boldsymbol{A}$ 为 n 阶方阵，$\boldsymbol{A}^2=\boldsymbol{A}$，证明：$\boldsymbol{A}$ 的特征值是 1 或 0.

4. 设 $\boldsymbol{\alpha}$ 是 n 维列向量，$\boldsymbol{A}$ 为 n 阶正交矩阵，证明：$\|\boldsymbol{A\alpha}\|=\|\boldsymbol{\alpha}\|$.

5. 设 $\boldsymbol{A}$ 是 n 阶实矩阵，$\boldsymbol{A\xi}=\lambda\boldsymbol{\xi}$，$\boldsymbol{A}^{\mathrm{T}}\boldsymbol{\eta}=\mu\boldsymbol{\eta}$，其中 λ,μ 是数，且 $\lambda\neq\mu$，$\boldsymbol{\xi},\boldsymbol{\eta}$ 是 n 维实向量，证明：$\boldsymbol{\xi},\boldsymbol{\eta}$ 正交.

6. 设方阵 $\boldsymbol{A}=\begin{pmatrix} 1 & -2 & -4 \\ -2 & x & -2 \\ -4 & -2 & 1 \end{pmatrix}$ 与 $\boldsymbol{\Lambda}=\begin{pmatrix} 5 & & \\ & y & \\ & & -4 \end{pmatrix}$ 相似，求 x,y.

7. 设三阶矩阵 $\boldsymbol{A}$ 的特征值为 $\lambda_1=1,\lambda_2=2,\lambda_3=3$，对应的特征向量依次为 $\boldsymbol{p}_1=(1,1,1)^{\mathrm{T}}$，$\boldsymbol{p}_2=(1,2,4)^{\mathrm{T}}$，$\boldsymbol{p}_3=(1,3,9)^{\mathrm{T}}$，求 $\boldsymbol{A}$.

8. 已知 $\boldsymbol{A}=\begin{pmatrix} 1 & 2 \\ 4 & 3 \end{pmatrix}$，求 $\boldsymbol{A}^{100}$.

9. 设 $\boldsymbol{A}$ 是三阶方阵，有特征值为 $\lambda_1,\lambda_2,\lambda_3$，对应的特征向量依次为 $\boldsymbol{\xi}_1=(1,0,0)^{\mathrm{T}}$，$\boldsymbol{\xi}_2=(1,1,0)^{\mathrm{T}}$，$\boldsymbol{\xi}_3=(1,1,1)^{\mathrm{T}}$，求 $\boldsymbol{A}^n$.

10. 设三阶实对称矩阵 $\boldsymbol{A}$ 的特征值为 6,3,3，与特征值 6 对应的一个特征向量为 $\boldsymbol{p}_1=(1,1,1)^{\mathrm{T}}$，求 $\boldsymbol{A}$.

11. 设矩阵 $\boldsymbol{A}=\begin{pmatrix} 2 & 0 & 1 \\ 3 & 1 & 3 \\ 4 & 0 & 5 \end{pmatrix}$，(1) 求 $\boldsymbol{A}$ 的特征值及对应的特征向量；(2) 判定 $\boldsymbol{A}$ 是否相似于对角矩阵，若 $\boldsymbol{A}$ 可与对角矩阵相似，求出此对角矩阵 $\boldsymbol{\Lambda}$ 和相应的可逆矩阵 $\boldsymbol{P}$，使 $\boldsymbol{P}^{-1}\boldsymbol{AP}=\boldsymbol{\Lambda}$.

12. 试求一个正交的相似变换矩阵 $\boldsymbol{P}$，将对称矩阵 $\boldsymbol{A}=\begin{pmatrix} 2 & 2 & -2 \\ 2 & 5 & -4 \\ -2 & -4 & 5 \end{pmatrix}$ 化为对角矩阵.

13. 若 λ 是方阵 $\boldsymbol{A}$ 的特征值，$f(x)=a_0x^n+a_1x^{n-1}+\cdots+a_{n-1}x+a_n$，证明：$f(\lambda)$ 是 $f(\boldsymbol{A})$ 的特征值.

第五章　二　次　型

在实际问题中除了线性问题外，还存在许多非线性问题，其中最简单的模型就是二次型. 二次型问题起源于解析几何中化二次曲线（面）方程为标准方程问题. 例如，在平面解析几何中，当二次曲线的中心与坐标原点重合时，其一般方程是

$$ax^2 + 2bxy + cy^2 = 1.$$

为了便于研究其几何性质，我们可以用适当的坐标旋转变换

$$\begin{cases} x = x'\cos\theta - y'\sin\theta, \\ y = x'\sin\theta + y'\cos\theta, \end{cases}$$

把方程化为标准方程

$$mx'^2 + ny'^2 = 1.$$

这样的问题在数学的其他分支以及其他的学科领域都经常遇到，把它一般化，就是 n 个变量的二次齐次多项式的化简问题，亦即二次型的化简问题.

第一节　二次型及其标准型

定义 5.1.1　含有 n 个变量 $x_1, x_2, \cdots, x_n$ 的二次齐次多项式

$$\begin{aligned} f(x_1, x_2, \cdots, x_n) = {} & a_{11}x_1^2 + a_{22}x_2^2 + \cdots + a_{nn}x_n^2 + 2a_{12}x_1x_2 \\ & + 2a_{13}x_1x_3 + \cdots + 2a_{n-1,n}x_{n-1}x_n \end{aligned} \tag{5.1.1}$$

称为二次型.

当系数 a_{ij} 为复数时，f 称为复二次型；当 a_{ij} 为实数时，f 称为实二次型（本课程仅讨论实二次型）.

取 $a_{ij} = a_{ji}$，则 $2a_{ij}x_ix_j = a_{ij}x_ix_j + a_{ji}x_jx_i$，于是二次型(5.1.1) 可以写成

$$\begin{aligned} f(x_1, x_2, \cdots, x_n) = {} & a_{11}x_1^2 + a_{12}x_1x_2 + \cdots + a_{1n}x_1x_n \\ & + a_{21}x_2x_1 + a_{22}x_2^2 + \cdots + a_{2n}x_2x_n \end{aligned}$$

$$+\cdots$$
$$+a_{n1}x_nx_1+a_{n2}x_nx_2+\cdots+a_{nn}x_n^2. \quad (5.1.2)$$

把式(5.1.2)中的系数排列成矩阵

$$\boldsymbol{A}=\begin{pmatrix} a_{11} & a_{12} & \cdots & a_{1n} \\ a_{21} & a_{22} & \cdots & a_{2n} \\ \vdots & \vdots & & \vdots \\ a_{n1} & a_{n2} & \cdots & a_{nn} \end{pmatrix},$$

则 $\boldsymbol{A}$ 为对称矩阵. 记 $\boldsymbol{x}=\begin{pmatrix} x_1 \\ x_2 \\ \vdots \\ x_n \end{pmatrix}$,则

$$f(x_1,x_2,\cdots,x_n)=(x_1,x_2,\cdots,x_n)\begin{pmatrix} a_{11} & a_{12} & \cdots & a_{1n} \\ a_{21} & a_{22} & \cdots & a_{2n} \\ \vdots & \vdots & & \vdots \\ a_{n1} & a_{n2} & \cdots & a_{nn} \end{pmatrix}\begin{pmatrix} x_1 \\ x_2 \\ \vdots \\ x_n \end{pmatrix}=\boldsymbol{x}^{\mathrm{T}}\boldsymbol{A}\boldsymbol{x}.$$

(5.1.3)

例如,二次型 $f=x^2+4y^2+5z^2+2xy-2xz-6yz$ 用矩阵表示为

$$f=(x,y,z)\begin{pmatrix} 1 & 1 & -1 \\ 1 & 4 & -3 \\ -1 & -3 & 5 \end{pmatrix}\begin{pmatrix} x \\ y \\ z \end{pmatrix}.$$

显然,这种表示是唯一的,即任给一个二次型可唯一确定一个对称矩阵;反之,任给一个对称矩阵也可唯一确定一个二次型. 例如,对称矩阵

$$\boldsymbol{A}=\begin{pmatrix} 1 & -1 & 0 \\ -1 & 2 & \frac{3}{2} \\ 0 & \frac{3}{2} & 0 \end{pmatrix}$$

对应的二次型为 $f=x^2+2y^2-2xy+3yz$. 因此,二次型与对称矩阵之间存在一一对应关系,我们称对称矩阵 $\boldsymbol{A}$ 为二次型 f 的矩阵,也称 f 为对称矩阵 $\boldsymbol{A}$ 的二次型. 矩阵 $\boldsymbol{A}$ 的秩就叫作二次型 f 的秩.

定义 5.1.2 设 $x_1,x_2,\cdots,x_n;y_1,y_2,\cdots,y_n$ 是两组变量,则关系式

$$\begin{cases} x_1=c_{11}y_1+c_{12}y_2+\cdots+c_{1n}y_n, \\ x_2=c_{21}y_1+c_{22}y_2+\cdots+c_{2n}y_n, \\ \cdots\cdots \\ x_n=c_{n1}y_1+c_{n2}y_2+\cdots+c_{nn}y_n \end{cases} \quad (5.1.4)$$

称为由 $y_1,y_2,\cdots,y_n$ 到 $x_1,x_2,\cdots,x_n$ 的一个线性变换.

式(5.1.4)可写成矩阵形式

$$\boldsymbol{x}=\boldsymbol{C}\boldsymbol{y},$$

其中

$$\boldsymbol{x}=\begin{pmatrix}x_1\\x_2\\\vdots\\x_n\end{pmatrix},\quad \boldsymbol{C}=\begin{pmatrix}c_{11}&c_{12}&\cdots&c_{1n}\\c_{21}&c_{22}&\cdots&c_{2n}\\\vdots&\vdots&&\vdots\\c_{n1}&c_{n2}&\cdots&c_{nn}\end{pmatrix},\quad \boldsymbol{y}=\begin{pmatrix}y_1\\y_2\\\vdots\\y_n\end{pmatrix},$$

$\boldsymbol{C}$ 称为线性变换(5.1.4)的矩阵. 若 $|\boldsymbol{C}|\neq 0$,则称线性变换(5.1.4)是可逆的(或非退化的). 若 $\boldsymbol{C}$ 是正交矩阵,则称线性变换(5.1.4)是正交的,简称正交变换.

二次型的化简问题即寻找合适的线性变换使二次型变得更简单. 二次型经线性变换后仍是二次型.

设二次型

$$f=\boldsymbol{x}^{\mathrm{T}}\boldsymbol{A}\boldsymbol{x},$$

经过可逆的线性变换 $\boldsymbol{x}=\boldsymbol{C}\boldsymbol{y}$ 后变成

$$f=(\boldsymbol{C}\boldsymbol{y})^{\mathrm{T}}\boldsymbol{A}(\boldsymbol{C}\boldsymbol{y})=\boldsymbol{y}^{\mathrm{T}}(\boldsymbol{C}^{\mathrm{T}}\boldsymbol{A}\boldsymbol{C})\boldsymbol{y}=\boldsymbol{y}^{\mathrm{T}}\boldsymbol{B}\boldsymbol{y},$$

其中 $\boldsymbol{B}=\boldsymbol{C}^{\mathrm{T}}\boldsymbol{A}\boldsymbol{C}$,且 $\boldsymbol{B}^{\mathrm{T}}=(\boldsymbol{C}^{\mathrm{T}}\boldsymbol{A}\boldsymbol{C})^{\mathrm{T}}=\boldsymbol{C}^{\mathrm{T}}\boldsymbol{A}\boldsymbol{C}=\boldsymbol{B}$.

定义 5.1.3　设 $\boldsymbol{A},\boldsymbol{B}$ 为 n 阶方阵,若存在 n 阶可逆方阵 $\boldsymbol{C}$,使

$$\boldsymbol{C}^{\mathrm{T}}\boldsymbol{A}\boldsymbol{C}=\boldsymbol{B},$$

则称矩阵 $\boldsymbol{A}$ 与 $\boldsymbol{B}$ 合同.

容易验证合同关系满足反身性、对称性、传递性,亦即矩阵间的合同关系是一种等价关系. 由于 $\boldsymbol{C}$ 可逆,因此合同的矩阵有相同的秩.

由此可见,经可逆的线性变换后,二次型的秩不变,对应的矩阵合同.

定义 5.1.4　二次型 $f(x_1,x_2,\cdots,x_n)=\boldsymbol{x}^{\mathrm{T}}\boldsymbol{A}\boldsymbol{x}$ 经可逆线性变换后,变成只含平方项的二次型

$$f(y_1,y_2,\cdots,y_n)=k_1y_1^2+k_2y_2^2+\cdots+k_ny_n^2,\tag{5.1.5}$$

称为二次型的标准型.

显然标准型对应的矩阵是对角矩阵,故矩阵 $\boldsymbol{A}$ 与对角矩阵合同. 因此,二次型的化简即寻找合适的可逆线性变换,将二次型化为标准型. 二次型化标准型的问题是本章的中心问题.

下面我们介绍 3 种常用的化二次型为标准型的方法.

方法一:正交变换法.

由于二次型与它的矩阵是一一对应的,因此二次型化标准型的问题就是矩

阵与对角矩阵合同的问题. 实二次型的矩阵是实对称矩阵, 由定理 4.3.5 知, 必有正交矩阵 $\boldsymbol{P}$, 使 $\boldsymbol{P}^{-1}\boldsymbol{A}\boldsymbol{P}$ 为对角矩阵. 由 $\boldsymbol{P}$ 正交, 则有 $\boldsymbol{P}^{-1}=\boldsymbol{P}^{\mathrm{T}}$, 于是二次型的矩阵 $\boldsymbol{A}$ 合同于对角矩阵. 因此, 我们有：

定理 5.1.1　任意 n 元实二次型 $f=\boldsymbol{x}^{\mathrm{T}}\boldsymbol{A}\boldsymbol{x}$, 一定存在正交变换 $\boldsymbol{x}=\boldsymbol{P}\boldsymbol{y}$, 使 f 化为标准型

$$\lambda_1 y_1^2+\lambda_2 y_2^2+\cdots+\lambda_n y_n^2, \tag{5.1.6}$$

其中 $\lambda_1,\lambda_2,\cdots,\lambda_n$ 是 $\boldsymbol{A}$ 的 n 个特征值, 正交矩阵 $\boldsymbol{P}$ 的 n 个列向量为 $\boldsymbol{A}$ 的对应于特征值 $\lambda_1,\lambda_2,\cdots,\lambda_n$ 的正交单位特征向量.

综上所述, 可知正交变换法化二次型为标准型与前一章对称矩阵对角化的步骤是相同的.

例 1　利用正交变换化二次型

$$f(x_1,x_2,x_3)=x_1^2+4x_2^2+x_3^2-4x_1x_2-8x_1x_3-4x_2x_3$$

为标准型.

解　二次型 f 的矩阵

$$\boldsymbol{A}=\begin{pmatrix}1&-2&-4\\-2&4&-2\\-4&-2&1\end{pmatrix},$$

其特征多项式

$$|\lambda\boldsymbol{E}-\boldsymbol{A}|=\begin{vmatrix}\lambda-1&2&4\\2&\lambda-4&2\\4&2&\lambda-1\end{vmatrix}=(\lambda-5)^2(\lambda+4),$$

$\boldsymbol{A}$ 的特征值为 $\lambda_1=\lambda_2=5,\lambda_3=-4$.

对于 $\lambda_1=\lambda_2=5$, 解方程组 $(5\boldsymbol{E}-\boldsymbol{A})\boldsymbol{x}=\boldsymbol{0}$,

$$5\boldsymbol{E}-\boldsymbol{A}=\begin{pmatrix}4&2&4\\2&1&2\\4&2&4\end{pmatrix}\sim\begin{pmatrix}2&1&2\\0&0&0\\0&0&0\end{pmatrix},$$

其基础解系为

$$\boldsymbol{\xi}_1=\begin{pmatrix}1\\-2\\0\end{pmatrix},\quad \boldsymbol{\xi}_2=\begin{pmatrix}0\\-2\\1\end{pmatrix}.$$

先正交化, 取

$$\boldsymbol{\eta}_1=\boldsymbol{\xi}_1,$$

$$\boldsymbol{\eta}_2=\boldsymbol{\xi}_2-\frac{[\boldsymbol{\xi}_2,\boldsymbol{\eta}_1]}{[\boldsymbol{\eta}_1,\boldsymbol{\eta}_1]}\boldsymbol{\eta}_1=\begin{pmatrix}0\\-2\\1\end{pmatrix}-\frac{4}{5}\begin{pmatrix}1\\-2\\0\end{pmatrix}=\begin{pmatrix}-\frac{4}{5}\\-\frac{2}{5}\\1\end{pmatrix}.$$

再单位化,有

$$\boldsymbol{e}_1=\frac{\boldsymbol{\eta}_1}{\|\boldsymbol{\eta}_1\|}=\begin{pmatrix}\frac{1}{\sqrt{5}}\\-\frac{2}{\sqrt{5}}\\0\end{pmatrix},\quad \boldsymbol{e}_2=\frac{\boldsymbol{\eta}_2}{\|\boldsymbol{\eta}_2\|}=\begin{pmatrix}-\frac{4}{\sqrt{45}}\\-\frac{2}{\sqrt{45}}\\\frac{5}{\sqrt{45}}\end{pmatrix}.$$

对于 $\lambda_3=-4$,解方程组 $(-4\boldsymbol{E}-\boldsymbol{A})\boldsymbol{x}=\boldsymbol{0}$,

$$-4\boldsymbol{E}-\boldsymbol{A}=\begin{pmatrix}-5&2&4\\2&-8&2\\4&2&-5\end{pmatrix}\sim\begin{pmatrix}1&0&-1\\0&1&-\frac{1}{2}\\0&0&0\end{pmatrix},$$

得基础解系

$$\boldsymbol{\xi}_3=\begin{pmatrix}2\\1\\2\end{pmatrix}.$$

单位化,有

$$\boldsymbol{e}_3=\frac{\boldsymbol{\xi}_3}{\|\boldsymbol{\xi}_3\|}=\begin{pmatrix}\frac{2}{3}\\\frac{1}{3}\\\frac{2}{3}\end{pmatrix}.$$

令

$$\boldsymbol{P}=(\boldsymbol{e}_1,\boldsymbol{e}_2,\boldsymbol{e}_3)=\begin{pmatrix}\frac{1}{\sqrt{5}}&-\frac{4}{\sqrt{45}}&\frac{2}{3}\\-\frac{2}{\sqrt{5}}&-\frac{2}{\sqrt{45}}&\frac{1}{3}\\0&\frac{5}{\sqrt{45}}&\frac{2}{3}\end{pmatrix},$$

则经过正交变换 $\boldsymbol{x}=\boldsymbol{P}\boldsymbol{y}$ 后,二次型化为标准型 $f=5y_1^2+5y_2^2-4y_3^2$.

方法二：配方法(拉格朗日配方法).

利用正交变换化二次型为标准型过程繁杂，计算量大，下面我们通过例题介绍另一种方法——拉格朗日配方法(简称配方法).

例 2 化二次型 $f=2x_1^2+5x_2^2+5x_3^2+4x_1x_2-4x_1x_3-8x_2x_3$ 为标准型，并求出所用的可逆线性变换.

解 f 中含有 x_1 的平方项，把所有含 x_1 的项归并起来，配方得

$$\begin{aligned} f &= 2x_1^2+4x_1x_2-4x_1x_3+5x_2^2+5x_3^2-8x_2x_3 \\ &= 2(x_1^2+2x_1x_2-2x_1x_3+x_2^2+x_3^2-2x_2x_3) \\ &\quad -2x_2^2-2x_3^2+4x_2x_3+5x_2^2+5x_3^2-8x_2x_3 \\ &= 2(x_1+x_2-x_3)^2+3x_2^2+3x_3^2-4x_2x_3. \end{aligned}$$

上式除第一项外，不再含 x_1，剩余部分含 x_2^2 项，类似于以上过程，继续配方得

$$\begin{aligned} f &= 2(x_1+x_2-x_3)^2+3\left(x_2^2-\frac{4}{3}x_2x_3+\frac{4}{9}x_3^2\right)-\frac{4}{3}x_3^2+3x_3^2 \\ &= 2(x_1+x_2-x_3)^2+3\left(x_2-\frac{2}{3}x_3\right)^2+\frac{5}{3}x_3^2. \end{aligned}$$

令

$$\begin{cases} y_1=x_1+x_2-x_3, \\ y_2=x_2-\dfrac{2}{3}x_3, \\ y_3=x_3, \end{cases}$$

即

$$\begin{cases} x_1=y_1-y_2+\dfrac{1}{3}y_3, \\ x_2=y_2+\dfrac{2}{3}y_3, \\ x_3=y_3, \end{cases}$$

得标准型

$$f=2y_1^2+3y_2^2+\frac{5}{3}y_3^2.$$

所用的可逆线性变换为 $\boldsymbol{x}=\boldsymbol{C}\boldsymbol{y}$，其中线性变换矩阵

$$\boldsymbol{C}=\begin{pmatrix} 1 & -1 & \dfrac{1}{3} \\ 0 & 1 & \dfrac{2}{3} \\ 0 & 0 & 1 \end{pmatrix}.$$

例 3 化二次型 $f=2x_1x_2-2x_1x_3+2x_2x_3$ 为标准型，并求出所用的可逆

线性变换.

解　f 中不含平方项,令 $\begin{cases} x_1 = y_1 + y_2, \\ x_2 = y_1 - y_2, \\ x_3 = y_3, \end{cases}$ 代入二次型 f 可得

$$f = 2y_1^2 - 2y_2^2 - 4y_2y_3.$$

上式除第一项外都不含 y_1,而第一项已是平方项,故对 y_2 进行配方,得

$$\begin{aligned} f &= 2y_1^2 - 2(y_2^2 + 2y_2y_3 + y_3^2) + 2y_3^2 \\ &= 2y_1^2 - 2(y_2 + y_3)^2 + 2y_3^2. \end{aligned}$$

令

$$\begin{cases} z_1 = y_1, \\ z_2 = y_2 + y_3, \\ z_3 = y_3, \end{cases}$$

即

$$\begin{cases} y_1 = z_1, \\ y_2 = z_2 - z_3, \\ y_3 = z_3, \end{cases}$$

得二次型 f 的标准型

$$f = 2z_1^2 - 2z_2^2 + 2z_3^2.$$

所用的可逆线性变换为

$$\begin{aligned} \begin{pmatrix} x_1 \\ x_2 \\ x_3 \end{pmatrix} &= \begin{pmatrix} 1 & 1 & 0 \\ 1 & -1 & 0 \\ 0 & 0 & 1 \end{pmatrix} \begin{pmatrix} y_1 \\ y_2 \\ y_3 \end{pmatrix} \\ &= \begin{pmatrix} 1 & 1 & 0 \\ 1 & -1 & 0 \\ 0 & 0 & 1 \end{pmatrix} \begin{pmatrix} 1 & 0 & 0 \\ 0 & 1 & -1 \\ 0 & 0 & 1 \end{pmatrix} \begin{pmatrix} z_1 \\ z_2 \\ z_3 \end{pmatrix} \\ &= \begin{pmatrix} 1 & 1 & -1 \\ 1 & -1 & 1 \\ 0 & 0 & 1 \end{pmatrix} \begin{pmatrix} z_1 \\ z_2 \\ z_3 \end{pmatrix}, \end{aligned}$$

即所用的线性变换为

$$\begin{cases} x_1 = z_1 + z_2 - z_3, \\ x_2 = z_1 - z_2 + z_3, \\ x_3 = z_3. \end{cases}$$

事实上,任何二次型都可用例 2、例 3 所用的配方法化为标准型.

方法三:初等变换法.

任意对称矩阵 $\boldsymbol{A}$ 都合同于一个对角矩阵 $\boldsymbol{\Lambda}$,即存在可逆矩阵 $\boldsymbol{C}$,使得 $\boldsymbol{C}^{\mathrm{T}}\boldsymbol{A}\boldsymbol{C}=\boldsymbol{\Lambda}$. 设 $\boldsymbol{C}=\boldsymbol{P}_1\boldsymbol{P}_2\cdots\boldsymbol{P}_s$,其中 $\boldsymbol{P}_i(i=1,2,\cdots,s)$ 是初等矩阵,则

$$\boldsymbol{C}^{\mathrm{T}}\boldsymbol{A}\boldsymbol{C}=\boldsymbol{P}_s^{\mathrm{T}}\cdots\boldsymbol{P}_2^{\mathrm{T}}\boldsymbol{P}_1^{\mathrm{T}}\boldsymbol{A}\boldsymbol{P}_1\boldsymbol{P}_2\cdots\boldsymbol{P}_s=\boldsymbol{\Lambda}.$$

由于 $\boldsymbol{E}(i,j)^{\mathrm{T}}=\boldsymbol{E}(i,j)$,$\boldsymbol{E}(i(k))^{\mathrm{T}}=\boldsymbol{E}(i(k))$,$\boldsymbol{E}(i,j(k))^{\mathrm{T}}=\boldsymbol{E}(j,i(k))$,于是上式表示对 $\boldsymbol{A}$ 做一次初等列变换,再接着做一次对应的初等行变换,每次成对实施初等列、行变换,最终可将 $\boldsymbol{A}$ 化为对角矩阵 $\boldsymbol{\Lambda}$.

又 $\boldsymbol{E}\boldsymbol{P}_1\boldsymbol{P}_2\cdots\boldsymbol{P}_s=\boldsymbol{C}$,即对单位矩阵做同样的初等列变换可得所需要的可逆线性变换矩阵.

因此,构造分块矩阵 $\begin{pmatrix}\boldsymbol{A}\\\boldsymbol{E}\end{pmatrix}$,对该矩阵实施初等列变换,同时只对矩阵 $\boldsymbol{A}$ 实施相应的初等行变换,当 $\boldsymbol{A}$ 变为对角矩阵 $\boldsymbol{\Lambda}$ 时,$\boldsymbol{E}$ 就变为所需的线性变换矩阵 $\boldsymbol{C}$.

例 4 化二次型 $f=x_1^2+2x_2^2+2x_3^2-2x_1x_2+4x_1x_3-6x_2x_3$ 为标准型,并求所用的可逆线性变换.

解 二次型 f 的矩阵 $\boldsymbol{A}=\begin{pmatrix}1&-1&2\\-1&2&-3\\2&-3&2\end{pmatrix}$.

$$\begin{pmatrix}\boldsymbol{A}\\\boldsymbol{E}\end{pmatrix}=\begin{pmatrix}1&-1&2\\-1&2&-3\\2&-3&2\\1&0&0\\0&1&0\\0&0&1\end{pmatrix}\xrightarrow[c_3-2c_1]{c_2+c_1}\begin{pmatrix}1&0&0\\-1&1&-1\\2&-1&-2\\1&1&-2\\0&1&0\\0&0&1\end{pmatrix}\xrightarrow[r_3-2r_1]{r_2+r_1}\begin{pmatrix}1&0&0\\0&1&-1\\0&-1&-2\\1&1&-2\\0&1&0\\0&0&1\end{pmatrix}$$

$$\xrightarrow{c_3+c_2}\begin{pmatrix}1&0&0\\0&1&0\\0&-1&-3\\1&1&-1\\0&1&1\\0&0&1\end{pmatrix}\xrightarrow{r_3+r_2}\begin{pmatrix}1&0&0\\0&1&0\\0&0&-3\\1&1&-1\\0&1&1\\0&0&1\end{pmatrix},$$

则 $\boldsymbol{C}=\begin{pmatrix}1&1&-1\\0&1&1\\0&0&1\end{pmatrix}$,那么由可逆线性变换 $\boldsymbol{x}=\boldsymbol{C}\boldsymbol{y}$,二次型 f 化为标准型

$$f=y_1^2+y_2^2-3y_3^2.$$

练习 5.1

1. 填空题：

(1) 二次型 $f=x^2+2y^2+3z^2+2xz$ 的矩阵 $\boldsymbol{A}=$ ________.

(2) 二次型 $f=x^2+y^2+2yz$ 的秩为________.

(3) 设二次型 $f=\boldsymbol{x}^{\mathrm{T}}\boldsymbol{A}\boldsymbol{x}=ax_1^2+2x_2^2-2x_3^2+2bx_1x_3\ (b>0)$，其中二次型的矩阵 $\boldsymbol{A}$ 的特征值之和为 1，特征值之积为 -12，则 $a=$________，$b=$ ________.

(4) 矩阵 $\begin{pmatrix}1&1&2\\1&2&3\\2&3&3\end{pmatrix}$ 的二次型为________，矩阵 $\begin{pmatrix}1&1&2&0\\1&2&3&0\\2&3&3&0\\0&0&0&0\end{pmatrix}$ 的二次型为________.

2. 写出二次型 $f(x_1,x_2)=\boldsymbol{x}^{\mathrm{T}}\begin{pmatrix}2&1\\3&1\end{pmatrix}\boldsymbol{x}$ 的矩阵.

3. 已知二次型 $4x_2^2-3x_3^2+2ax_1x_2-4x_1x_3+8x_2x_3$ 经正交变换化为标准型 $y_1^2+6y_2^2+by_3^2$，求 a,b 的值.

4. 利用配方法将下列二次型化为标准型：

(1) $f=x_1^2+2x_1x_2+2x_2^2+4x_2x_3+4x_3^2$；

(2) $f=-4x_1x_2+2x_1x_3+2x_2x_3$.

5. 用正交变换，将二次型 $f(x_1,x_2,x_3)=x_1^2+x_2^2+x_3^2-4x_1x_2-4x_2x_3-4x_1x_3$ 化为标准型.

6. 设 $\boldsymbol{A}=\begin{pmatrix}0&1&0&0\\1&0&0&0\\0&0&2&1\\0&0&1&2\end{pmatrix}$.

(1) 求出 $\boldsymbol{A}$，$\boldsymbol{A}^{-1}$ 和 $\boldsymbol{A}^2+\boldsymbol{A}$ 的特征值；

(2) 分别写出矩阵 $\boldsymbol{A}$ 和 $\boldsymbol{A}^{-1}$ 的二次型，并求出它们的标准型.

第二节　正定二次型

在化二次型为标准型的过程中，由于所用的可逆线性变换不同，所得到的标准型也不同，即二次型的标准型不是唯一的，但标准型中平方项的项数(等于二次型的秩) 是不变的. 而且，在限定变换为实可逆变换的前提下，还有如下结论.

定理 5.2.1(惯性定理)　二次型 $f=\boldsymbol{x}^{\mathrm{T}}\boldsymbol{A}\boldsymbol{x}$ 的标准型中正系数的个数及负

系数的个数是唯一确定的，与所用的线性变换无关.

证明略.

定义 5.2.1 在二次型 f 的标准型中，正系数的个数 p 称为二次型 f 的正惯性指数，负系数个数 q 称为 f 的负惯性指数.

设二次型 f 的标准型为

$$f = d_1 y_1^2 + d_2 y_2^2 + \cdots + d_p y_p^2 - d_{p+1} y_{p+1}^2 - \cdots - d_{p+q} y_r^2,$$

其中 $d_i > 0 (i = 1, 2, \cdots, p+q)$，且 $p + q = r$，r 为二次型的秩.

再做可逆线性变换

$$\begin{cases} y_1 = \dfrac{1}{\sqrt{d_1}} z_1, \\ y_2 = \dfrac{1}{\sqrt{d_2}} z_2, \\ \quad \cdots\cdots \\ y_r = \dfrac{1}{\sqrt{d_{p+q}}} z_r, \\ y_{r+1} = z_{r+1}, \\ \quad \cdots\cdots \\ y_n = z_n, \end{cases}$$

则

$$f = z_1^2 + z_2^2 + \cdots + z_p^2 - z_{p+1}^2 - \cdots - z_r^2.$$

上式称为二次型 f 的规范型. 二次型的规范型是唯一的.

定义 5.2.2 设二次型 $f = \boldsymbol{x}^{\mathrm{T}} \boldsymbol{A} \boldsymbol{x}$，显然 $\boldsymbol{x} = \boldsymbol{0}$ 时 $f(\boldsymbol{0}) = 0$. 如果对于任给 $\boldsymbol{x} \neq \boldsymbol{0}$，

(1) 若 $f(\boldsymbol{x}) > 0$，则称 f 为正定二次型，$\boldsymbol{A}$ 为正定矩阵；

(2) 若 $f(\boldsymbol{x}) < 0$，则称 f 是负定二次型，$\boldsymbol{A}$ 为负定矩阵.

定理 5.2.2 n 元实二次型 $f = \boldsymbol{x}^{\mathrm{T}} \boldsymbol{A} \boldsymbol{x}$ 正（负）定的充分必要条件是它的正（负）惯性指数为 n.

证明 充分性. 由条件知，存在可逆线性变换 $\boldsymbol{x} = \boldsymbol{C}\boldsymbol{y}$，使

$$f(\boldsymbol{x}) = f(\boldsymbol{C}\boldsymbol{y}) = k_1 y_1^2 + k_2 y_2^2 + \cdots + k_n y_n^2,$$

其中 $k_i (i = 1, 2, \cdots, n) > 0$. 故任取 $\boldsymbol{x} \neq \boldsymbol{0}$，有 $\boldsymbol{y} = \boldsymbol{C}^{-1} \boldsymbol{x} \neq \boldsymbol{0}$，因而

$$f(\boldsymbol{x}) = f(\boldsymbol{C}\boldsymbol{y}) = k_1 y_1^2 + k_2 y_2^2 + \cdots + k_n y_n^2 > 0,$$

即二次型 f 正定.

必要性. 用反证法. 设二次型 f 正定，假设存在 $k_i \leqslant 0 (1 \leqslant i \leqslant n)$，取 $\boldsymbol{y} = (0, \cdots, 0, 1, 0, \cdots, 0)^{\mathrm{T}}$（第 i 个坐标为 1），则有 $f(\boldsymbol{x}) = f(\boldsymbol{C}\boldsymbol{y}) = k_i \leqslant 0$，与 f 正定

矛盾,故 $k_i > 0\ (i = 1,2,\cdots,n)$.

推论 1　对称矩阵 $\boldsymbol{A}$ 正定的充要条件是 $\boldsymbol{A}$ 的特征值全为正.

推论 2　对称矩阵 $\boldsymbol{A}$ 正定的充要条件是 $\boldsymbol{A}$ 与单位矩阵合同.

推论 3　对称矩阵 $\boldsymbol{A}$ 正定的充要条件是存在可逆矩阵 $\boldsymbol{C}$,使 $\boldsymbol{A} = \boldsymbol{C}^{\mathrm{T}}\boldsymbol{C}$.

定理 5.2.3　设 $\boldsymbol{A}$ 为正定矩阵,则

(1) $\boldsymbol{A}$ 的主对角线上元素 $a_{ii} > 0(i = 1,2,\cdots,n)$;

(2) $|\boldsymbol{A}| > 0$.

证明　(1) 设二次型 $f = \boldsymbol{x}^{\mathrm{T}}\boldsymbol{A}\boldsymbol{x}$,由于 $\boldsymbol{A}$ 正定,因此 f 为正定二次型.

取 $\boldsymbol{x} = \boldsymbol{e}_i = (0,\cdots,0,1,0,\cdots,0)(i = 1,2,\cdots,n)$,其中第 i 个坐标为 1,则

$$f(\boldsymbol{e}_i) = a_{ii} > 0 \quad (i = 1,2,\cdots,n).$$

(2) $\boldsymbol{A}$ 正定,则 $\boldsymbol{A}$ 的特征值全为正,故 $|\boldsymbol{A}| > 0$.

由 $\boldsymbol{A}$ 正定,可推出 $-\boldsymbol{A}$ 负定,从而由定理 5.2.3 可得:

推论 4　若矩阵 $\boldsymbol{A}$ 为负定矩阵,则

(1) $\boldsymbol{A}$ 的主对角线上元素 $a_{ii} < 0(i = 1,2,\cdots,n)$;

(2) $|-\boldsymbol{A}| = (-1)^n |\boldsymbol{A}| > 0$.

定义 5.2.3　设矩阵 $\boldsymbol{A} = (a_{ij})_{n\times n}$,则称行列式

$$|\boldsymbol{A}_k| = \begin{vmatrix} a_{11} & a_{12} & \cdots & a_{1k} \\ a_{21} & a_{22} & \cdots & a_{2k} \\ \vdots & \vdots & & \vdots \\ a_{k1} & a_{k2} & \cdots & a_{kk} \end{vmatrix}$$

为 $\boldsymbol{A}$ 的 k 阶顺序主子式.

定理 5.2.4(霍尔维茨(Hurwitz)定理)　n 阶实对称矩阵 $\boldsymbol{A}$ 正定的充要条件是 $\boldsymbol{A}$ 的所有顺序主子式(n 个) 都大于零.

证明略.

推论 5　对称矩阵 $\boldsymbol{A}$ 负定的充分必要条件是:奇数阶顺序主子式为负,偶数阶顺序主子式为正.

例 1　判别二次型

$$f(x_1,x_2,x_3) = 5x_1^2 + x_2^2 + 5x_3^2 + 4x_1x_2 - 8x_1x_3 - 4x_2x_3$$

的正定性.

解　方法一.用配方法化二次型为标准型:

$$\begin{aligned} f &= 5x_1^2 + (x_2^2 + 4x_1x_2 - 8x_1x_3 - 4x_2x_3 + 4x_1^2 + 4x_3^2) \\ &\quad - 4x_1^2 - 4x_3^2 + 5x_3^2 \\ &= x_1^2 + (x_2 + 2x_1 - 2x_3)^2 + x_3^2 \geqslant 0, \end{aligned}$$

仅当 $x_1 = x_2 = x_3 = 0$ 时,$f = 0$,所以二次型 f 正定.

方法二. f 的矩阵

$$\boldsymbol{A}=\begin{pmatrix}5&2&-4\\2&1&-2\\-4&-2&5\end{pmatrix},$$

各阶顺序主子式分别为

$$|\boldsymbol{A}_1|=5>0,\quad |\boldsymbol{A}_2|=\begin{vmatrix}5&2\\2&1\end{vmatrix}=1>0,$$

$$|\boldsymbol{A}_3|=\begin{vmatrix}5&2&-4\\2&1&-2\\-4&-2&5\end{vmatrix}=1>0,$$

所以 $\boldsymbol{A}$ 正定,即 f 为正定二次型.

例 2 判定二次型

$$f(x_1,x_2,x_3)=(x_1,x_2,x_3)\begin{pmatrix}3&2&0\\2&3&0\\0&0&1\end{pmatrix}\begin{pmatrix}x_1\\x_2\\x_3\end{pmatrix}$$

的正定性.

解 由 $|\lambda\boldsymbol{E}-\boldsymbol{A}|=\begin{vmatrix}\lambda-3&-2&0\\-2&\lambda-3&0\\0&0&\lambda-1\end{vmatrix}=(\lambda-1)^2(\lambda-5)$,得二次型 f 的矩阵 $\boldsymbol{A}$ 的特征值为 $\lambda_1=\lambda_2=1,\lambda_3=5$,由推论 1 知 $\boldsymbol{A}$ 正定,即二次型 f 正定.

例 3 设 $f=x_1^2+4x_2^2+4x_3^2+2\lambda x_1x_2-2x_1x_3+4x_2x_3$,问 λ 为何值时,f 为正定二次型?

解 f 的矩阵

$$\boldsymbol{A}=\begin{pmatrix}1&\lambda&-1\\\lambda&4&2\\-1&2&4\end{pmatrix},$$

各阶顺序主子式分别为

$$|\boldsymbol{A}_1|=1>0,\quad |\boldsymbol{A}_2|=\begin{vmatrix}1&\lambda\\\lambda&4\end{vmatrix}=4-\lambda^2,$$

$$|\boldsymbol{A}_3|=|\boldsymbol{A}|=-4(\lambda-1)(\lambda+2).$$

由定理 5.2.4 知,当

$$\begin{cases}4-\lambda^2>0,\\-4(\lambda-1)(\lambda+2)>0,\end{cases}$$

即 $-2<\lambda<1$ 时，二次型 f 为正定二次型.

例 4　求证：若 $\boldsymbol{A}$ 是正定矩阵，则 $\boldsymbol{A}^{-1}$ 也是正定矩阵.

证明　方法一. 由 $\boldsymbol{A}$ 正定可知，$\boldsymbol{A}$ 的特征值 $\lambda_i\ (i=1,2,\cdots,n)$ 全为正，那么 $\boldsymbol{A}^{-1}$ 的特征值 $\dfrac{1}{\lambda_i}$ 也全为正，所以 $\boldsymbol{A}^{-1}$ 也是正定矩阵.

方法二. 因为 $\boldsymbol{A}$ 正定，故存在可逆矩阵 $\boldsymbol{C}$，使得 $\boldsymbol{A}=\boldsymbol{C}^{\mathrm{T}}\boldsymbol{C}$，于是

$$\boldsymbol{A}^{-1}=(\boldsymbol{C}^{\mathrm{T}}\boldsymbol{C})^{-1}=\boldsymbol{C}^{-1}(\boldsymbol{C}^{\mathrm{T}})^{-1}=\boldsymbol{C}^{-1}(\boldsymbol{C}^{-1})^{\mathrm{T}},$$

所以 $\boldsymbol{A}^{-1}$ 是正定矩阵，并且

$$(\boldsymbol{A}^{-1})^{\mathrm{T}}=(\boldsymbol{A}^{\mathrm{T}})^{-1}=\boldsymbol{A}^{-1}.$$

例 5　设 $\boldsymbol{A}=\begin{pmatrix}1&0&1\\0&2&0\\1&0&1\end{pmatrix}$，$\boldsymbol{B}=(k\boldsymbol{E}+\boldsymbol{A})^2$，其中 k 为实数. 问 k 为何值时，$\boldsymbol{B}$ 为正定矩阵？

解　由

$$|\lambda\boldsymbol{E}-\boldsymbol{A}|=\begin{vmatrix}\lambda-1&0&-1\\0&\lambda-2&0\\-1&0&\lambda-1\end{vmatrix}=(\lambda-2)^2\lambda=0,$$

得 $\boldsymbol{A}$ 的特征值为

$$\lambda_1=\lambda_2=2,\quad \lambda_3=0.$$

因而 $k\boldsymbol{E}+\boldsymbol{A}$ 的特征值为

$$\lambda_1'=\lambda_2'=k+2,\quad \lambda_3'=k,$$

故 $\boldsymbol{B}$ 的特征值分别为

$$\lambda_1''=\lambda_2''=(k+2)^2,\quad \lambda_3''=k^2.$$

因此当 $k\neq-2$ 且 $k\neq0$ 时，$\boldsymbol{B}$ 的特征值全为正，此时，$\boldsymbol{B}$ 为正定矩阵.

练习 5.2

1. 填空题：

(1) 若二次型 $f(x_1,x_2,x_3)=2x_1^2+x_2^2+4x_3^2+2x_1x_2+2tx_2x_3$ 正定，则 t 的取值范围是________.

(2) 已知 $\boldsymbol{A}=\begin{pmatrix}1&1&1\\1&1&1\\1&1&1\end{pmatrix}$，矩阵 $\boldsymbol{B}=\boldsymbol{A}+k\boldsymbol{E}$ 正定，则 k 的取值范围为________.

(3) 二次型 $f(x_1,x_2,x_3)=x_2^2+2x_1x_3$ 的负惯性指数 $q=$________.

(4) 设二次型 $f=(x_1+x_3)(x_1+2x_2-x_3)$，则其所对应的矩阵为 $\boldsymbol{A}=$ ________，其正惯性指数为 $p=$ ________，负惯性指数为 $q=$ ________.

2. 选择题：

(1) 二次型 $\boldsymbol{x}^{\mathrm{T}}\boldsymbol{A}\boldsymbol{x}$ 正定的充要条件是(　　).

(A) 负惯性指数为零　　(B) 存在可逆矩阵 $\boldsymbol{P}$，使 $\boldsymbol{P}^{-1}\boldsymbol{A}\boldsymbol{P}=\boldsymbol{E}$

(C) $\boldsymbol{A}$ 的特征值全大于零　　(D) 存在 n 阶矩阵 $\boldsymbol{C}$，使 $\boldsymbol{A}=\boldsymbol{C}\boldsymbol{C}^{\mathrm{T}}$

(2) 下列说法不正确的是(　　).

(A) 任一实对称矩阵必合同于一个对角矩阵

(B) 两个同阶的实对称矩阵 $\boldsymbol{A}$ 和 $\boldsymbol{B}$ 合同的充要条件是 $\boldsymbol{A}$ 和 $\boldsymbol{B}$ 有相同的正、负惯性指数

(C) 两个同阶的实对称矩阵 $\boldsymbol{A}$ 和 $\boldsymbol{B}$ 合同的充分条件是 $\boldsymbol{A}$ 和 $\boldsymbol{B}$ 相似

(D) 两个同阶的实对称矩阵 $\boldsymbol{A}$ 和 $\boldsymbol{B}$ 合同的充要条件是 $\boldsymbol{A}$ 和 $\boldsymbol{B}$ 的秩相等

(3) 设矩阵 $\boldsymbol{A}=\begin{pmatrix}2&-1&-1\\-1&2&-1\\-1&-1&2\end{pmatrix}$，$\boldsymbol{B}=\begin{pmatrix}1&0&0\\0&1&0\\0&0&0\end{pmatrix}$，则 $\boldsymbol{A}$ 与 $\boldsymbol{B}$(　　).

(A) 合同且相似　　(B) 合同但不相似

(C) 不合同但相似　　(D) 既不合同又不相似

3. 判断二次型 $f=-2x_1^2-6x_2^2-4x_3^2+2x_1x_2+2x_1x_3$ 的正定性.

4. 已知三元二次型 $\boldsymbol{x}^{\mathrm{T}}\boldsymbol{A}\boldsymbol{x}$ 的秩为 2，且 $\boldsymbol{A}\begin{pmatrix}1&1\\2&-1\\1&1\end{pmatrix}=\begin{pmatrix}3&-1\\6&1\\3&-1\end{pmatrix}$. 求此二次型的表达式.

5. 设 $\boldsymbol{A}=\begin{pmatrix}2&a&a\\a&2&a\\a&a&2\end{pmatrix}$，(1) 若矩阵 $\boldsymbol{A}$ 正定，求 a 的取值范围；(2) 若 a 是使 $\boldsymbol{A}$ 正定的正整数，求正交变换化二次型 $\boldsymbol{x}^{\mathrm{T}}\boldsymbol{A}\boldsymbol{x}$ 为标准型，并写出所用正交变换.

6. 试证：二次型 $f(x_1,x_2,\cdots,x_n)=2\sum_{i=1}^{n}x_i^2+2\sum_{1\leqslant i<j\leqslant n}x_ix_j$ 为正定二次型.

习　题　五

1. 用矩阵记号表示下列二次型：

(1) $f=x^2+y^2-7z^2-2xy-4xz-4yz$；

(2) $f=x_1^2+x_2^2+x_3^2+x_4^2-2x_1x_2+4x_1x_3-2x_1x_4+6x_2x_3-4x_2x_4$.

2. 用正交变换法化下列二次型为标准型：

(1) $f=2x_1^2+3x_2^2+3x_3^2+4x_2x_3$；

(2) $f=x_1^2+x_2^2+x_3^2+x_4^2+2x_1x_2-2x_1x_4-2x_2x_3+2x_3x_4$；

(3) $f=2x_1x_2+2x_1x_3-2x_1x_4-2x_2x_3+2x_2x_4+2x_3x_4$.

3. 用配方法化下列二次型为标准型,并求所做的可逆线性变换:

(1) $f = x_1^2 + 5x_2^2 + 6x_3^2 - 10x_2x_3 - 6x_1x_3 - 4x_1x_2$;

(2) $f = 2x_1x_2 + 2x_1x_3 - 2x_1x_4 - 2x_2x_3 + 2x_2x_4 + 2x_3x_4$.

4. 用初等变换法化下列二次型为标准型,并求所做的可逆线性变换:

(1) $f = 4x_1^2 + 5x_2^2 - x_3^2 + 6x_2x_3 - 4x_1x_3 - 4x_1x_2$;

(2) $f = 2x_1x_2 - 6x_2x_3 + 2x_1x_3$.

5. 判别下列二次型的有定性(正定或负定):

(1) $f = x_1^2 + 3x_2^2 + 9x_3^2 + 19x_4^2 - 2x_1x_2 + 4x_1x_3 + 2x_1x_4 - 6x_2x_4 - 12x_3x_4$;

(2) $f = -x_1^2 - 2x_2^2 - 3x_3^2 + 2x_1x_2 + 2x_2x_3$.

6. 确定参数 t 的取值范围,使下列二次型正定:

(1) $f = x_1^2 + 4x_2^2 + 2x_3^2 + 2tx_1x_2 + 2x_1x_3$;

(2) $f = x_1^2 + x_2^2 + x_3^2 + t(x_1x_2 + x_1x_3 + x_2x_3)$.

7. 若 $\boldsymbol{A}$ 是正定矩阵,证明:$\boldsymbol{A}^*$ 也是正定矩阵.

8. 若 $\boldsymbol{A},\boldsymbol{B}$ 都是 n 阶正定矩阵,证明:$\boldsymbol{A}+\boldsymbol{B}$ 也是正定矩阵.

9. 若 $\boldsymbol{A},\boldsymbol{B}$ 都是 n 阶正定矩阵,证明:$\boldsymbol{AB}$ 正定的充分必要条件是 $\boldsymbol{AB} = \boldsymbol{BA}$.

10. 设 $\boldsymbol{A}$ 可逆,证明:$\boldsymbol{A}^{\mathrm{T}}\boldsymbol{A}$ 正定.

11. 已知二次型 $f(x_1,x_2,x_3) = 5x_1^2 + 5x_2^2 + cx_3^2 - 2x_1x_2 + 6x_1x_3 - 6x_2x_3$ 的秩为 2.

(1) 求参数 c 及此二次型对应的矩阵的特征值;

(2) 指出方程 $f(x_1,x_2,x_3) = 1$ 表示何种二次曲面.

* 第六章 线性空间与线性变换

线性代数是在线性空间中研究线性变换的一门学科,线性空间是线性代数中的一个基本概念,而线性变换则是线性空间中元素间的一种最基本的联系.

在第三章中,我们介绍过 n 维向量和向量空间的概念与性质.本章,我们把这些概念推广,得出一般线性空间的概念,从而使向量及向量空间的概念更具一般性、更加抽象化.

第一节 线性空间的基本概念

一、线性空间的定义与性质

定义 6.1.1 设 $\mathbf{V}$ 是一个非空集合,$\mathbf{R}$ 为实数域,如果对于任意两个元素 $\boldsymbol{\alpha}$,$\boldsymbol{\beta}\in\mathbf{V}$,总有唯一一个元素 $\boldsymbol{\gamma}\in\mathbf{V}$ 与之对应,称为 $\boldsymbol{\alpha}$ 与 $\boldsymbol{\beta}$ 的和,记作 $\boldsymbol{\gamma}=\boldsymbol{\alpha}+\boldsymbol{\beta}$;对于任一数 $k\in\mathbf{R}$ 与任一元素 $\boldsymbol{\alpha}\in\mathbf{V}$,总有唯一的一个元素 $\boldsymbol{\delta}\in\mathbf{V}$ 与之对应,称为 k 与 $\boldsymbol{\alpha}$ 的积,记为 $\boldsymbol{\delta}=k\boldsymbol{\alpha}$;并且这两种运算满足以下 8 条运算规律(对任意 $\boldsymbol{\alpha},\boldsymbol{\beta},\boldsymbol{\gamma}\in\mathbf{V}$;$k,\lambda\in\mathbf{R}$):

(1) $\boldsymbol{\alpha}+\boldsymbol{\beta}=\boldsymbol{\beta}+\boldsymbol{\alpha}$;

(2) $(\boldsymbol{\alpha}+\boldsymbol{\beta})+\boldsymbol{\gamma}=\boldsymbol{\alpha}+(\boldsymbol{\beta}+\boldsymbol{\gamma})$;

(3) 在 $\mathbf{V}$ 中有一个元素 $\mathbf{0}$(叫作零元素),使对任何 $\boldsymbol{\alpha}\in\mathbf{V}$,都有 $\boldsymbol{\alpha}+\mathbf{0}=\boldsymbol{\alpha}$;

(4) 对任何 $\boldsymbol{\alpha}\in\mathbf{V}$,都有 $\mathbf{V}$ 中的元素 $\boldsymbol{\beta}$,使 $\boldsymbol{\alpha}+\boldsymbol{\beta}=\mathbf{0}$($\boldsymbol{\beta}$ 称为 $\boldsymbol{\alpha}$ 的负元素);

(5) $1\cdot\boldsymbol{\alpha}=\boldsymbol{\alpha}$;

(6) $k(\lambda\boldsymbol{\alpha})=(k\lambda)\boldsymbol{\alpha}$;

(7) $(k+\lambda)\boldsymbol{\alpha}=k\boldsymbol{\alpha}+\lambda\boldsymbol{\alpha}$;

(8) $k(\boldsymbol{\alpha}+\boldsymbol{\beta})=k\boldsymbol{\alpha}+k\boldsymbol{\beta}$.

那么,$\mathbf{V}$ 就称为 $\mathbf{R}$ 上的向量空间(或线性空间),$\mathbf{V}$ 中的元素称为(实)向量(上面

的实数域 **R** 也可为一般数域).

简言之,凡满足上面 8 条运算规律的加法及数量乘法统称为线性运算,定义了线性运算的集合称为向量空间(或线性空间).

注意:(1) 向量不一定是有序数组;

(2) 向量空间 **V** 对加法与数量乘法(数乘)封闭;

(3) 向量空间中的运算只要求满足 8 条运算规律,不一定是有序数组的加法及数乘运算.

例 1　实数域 **R** 上次数不超过 n 的多项式的全体,记作 $P_n[x]$,即

$$P_n[x]=\{a_nx^n+a_{n-1}x^{n-1}+\cdots+a_1x+a_0\mid a_i\in\mathbf{R},i=0,1,2,\cdots,n\},$$

对于通常的多项式加法、多项式数乘构成 **R** 上的向量空间.

例 2　实数域 **R** 上 n 次多项式的全体,记作 W,即

$$W=\{a_nx^n+a_{n-1}x^{n-1}+\cdots+a_1x+a_0\mid a_i\in\mathbf{R},i=0,1,2,\cdots,n,\text{且 }a_n\neq 0\},$$

对于通常的多项式加法、多项式数乘不构成 **R** 上的向量空间,因为

$$0(a_nx^n+a_{n-1}x^{n-1}+\cdots+a_1x+a_0)=0\notin W,$$

即 W 对数乘不封闭.

例 3　全体实函数,按函数的加法、数与函数的乘法,构成 **R** 上的线性空间.

例 4　n 个有序实数组成的数组的全体

$$\boldsymbol{S}^n=\{\boldsymbol{x}=(x_1,x_2,\cdots,x_n)\mid x_1,x_2,\cdots,x_n\in\mathbf{R}\},$$

对于通常的有序数组的加法及如下定义的数乘

$$k\cdot(x_1,x_2,\cdots,x_n)=(0,0,\cdots,0)$$

不构成 **R** 上的向量空间,因为 $1\boldsymbol{x}=\mathbf{0}$,不满足运算规律(5).

例 5　正实数的全体,记作 $\mathbf{R}^+$,定义加法、数乘运算为

$$a\oplus b=ab\quad(a,b\in\mathbf{R}^+),\quad k\cdot a=a^k\quad(k\in\mathbf{R},a\in\mathbf{R}^+).$$

验证:$\mathbf{R}^+$ 对上述加法与数乘运算构成 **R** 上的线性空间.

证明　实际上要验证 10 条.

对加法封闭:对任意 $a,b\in\mathbf{R}^+$,有 $a\oplus b=ab\in\mathbf{R}^+$;

对数乘封闭:对任意 $k\in\mathbf{R},a\in\mathbf{R}^+$,有 $k\cdot a=a^k\in\mathbf{R}^+$;

(1) $a\oplus b=ab=ba=b\oplus a$;

(2) $(a\oplus b)\oplus c=(ab)\oplus c=(ab)c=a(bc)=a\oplus(b\oplus c)$;

(3) $\mathbf{R}^+$ 中的元素 1 满足:$a\oplus 1=a\cdot 1=a$　(1 叫作 $\mathbf{R}^+$ 的零元素);

(4) 对任何 $a\in\mathbf{R}^+$,有 $a\oplus a^{-1}=aa^{-1}=1$　(a^{-1} 叫作 a 的负元素);

(5) $1\cdot a=a^1=a$;

(6) $k\cdot(\lambda\cdot a)=k\cdot(a^\lambda)=a^{k\lambda}=(k\lambda)\cdot a$;

(7) $(k+\lambda)\cdot a=a^{(k+\lambda)}=a^ka^\lambda=a^k\oplus a^\lambda=k\cdot a\oplus\lambda\cdot a$;

(8) $k\cdot(a\oplus b)=k\cdot(ab)=(ab)^k=a^kb^k=a^k\oplus b^k=k\cdot a\oplus k\cdot b$.

因此,$\mathbf{R}^+$对于上面定义的运算构成$\mathbf{R}$上的线性空间.

下面我们直接从定义来证明线性空间的一些简单性质.

性质 1 零元素是唯一的.

假设$\mathbf{0}_1,\mathbf{0}_2$是线性空间$\mathbf{V}$中的两个零元素,即对任何$\boldsymbol{\alpha}\in\mathbf{V}$,有$\boldsymbol{\alpha}+\mathbf{0}_1=\boldsymbol{\alpha}$,$\boldsymbol{\alpha}+\mathbf{0}_2=\boldsymbol{\alpha}$,于是特别有

$$\mathbf{0}_2+\mathbf{0}_1=\mathbf{0}_2,\quad \mathbf{0}_1+\mathbf{0}_2=\mathbf{0}_1,$$

故$\mathbf{0}_1=\mathbf{0}_1+\mathbf{0}_2=\mathbf{0}_2+\mathbf{0}_1=\mathbf{0}_2$.

性质 2 任一元素的负元素都是唯一的($\boldsymbol{\alpha}$的负元素记作$-\boldsymbol{\alpha}$).

假设$\boldsymbol{\alpha}$有两个负元素$\boldsymbol{\beta}$与$\boldsymbol{\gamma}$,即$\boldsymbol{\alpha}+\boldsymbol{\beta}=\mathbf{0},\boldsymbol{\alpha}+\boldsymbol{\gamma}=\mathbf{0}$,于是

$$\boldsymbol{\beta}=\boldsymbol{\beta}+\mathbf{0}=\boldsymbol{\beta}+(\boldsymbol{\alpha}+\boldsymbol{\gamma})=(\boldsymbol{\beta}+\boldsymbol{\alpha})+\boldsymbol{\gamma}=\mathbf{0}+\boldsymbol{\gamma}=\boldsymbol{\gamma}.$$

性质 3 $0\cdot\boldsymbol{\alpha}=\mathbf{0}$;$(-1)\cdot\boldsymbol{\alpha}=-\boldsymbol{\alpha}$;$k\mathbf{0}=\mathbf{0}$.

因为

$$\boldsymbol{\alpha}+0\cdot\boldsymbol{\alpha}=1\cdot\boldsymbol{\alpha}+0\cdot\boldsymbol{\alpha}=(1+0)\cdot\boldsymbol{\alpha}=1\cdot\boldsymbol{\alpha}=\boldsymbol{\alpha},$$

所以

$$\begin{aligned}0\cdot\boldsymbol{\alpha}&=\mathbf{0}+0\cdot\boldsymbol{\alpha}=(-\boldsymbol{\alpha}+\boldsymbol{\alpha})+0\cdot\boldsymbol{\alpha}\\&=-\boldsymbol{\alpha}+(\boldsymbol{\alpha}+0\cdot\boldsymbol{\alpha})=-\boldsymbol{\alpha}+\boldsymbol{\alpha}=\mathbf{0}.\end{aligned}$$

又因为

$$\boldsymbol{\alpha}+(-1)\cdot\boldsymbol{\alpha}=1\boldsymbol{\alpha}+(-1)\cdot\boldsymbol{\alpha}=[1+(-1)]\cdot\boldsymbol{\alpha}=0\cdot\boldsymbol{\alpha}=\mathbf{0},$$

所以

$$\begin{aligned}(-1)\cdot\boldsymbol{\alpha}&=\mathbf{0}+(-1)\cdot\boldsymbol{\alpha}=(-\boldsymbol{\alpha}+\boldsymbol{\alpha})+(-1)\cdot\boldsymbol{\alpha}\\&=-\boldsymbol{\alpha}+[\boldsymbol{\alpha}+(-1)\cdot\boldsymbol{\alpha}]=-\boldsymbol{\alpha}+\mathbf{0}=-\boldsymbol{\alpha}.\end{aligned}$$

而$k\mathbf{0}=k[\boldsymbol{\alpha}+(-1)\cdot\boldsymbol{\alpha}]=k\boldsymbol{\alpha}+(-k)\boldsymbol{\alpha}=[k+(-k)]\cdot\boldsymbol{\alpha}=0\cdot\boldsymbol{\alpha}=\mathbf{0}$.

性质 4 如果$k\boldsymbol{\alpha}=\mathbf{0}$,那么$k=0$或者$\boldsymbol{\alpha}=\mathbf{0}$.

假设$k\neq0$,那么

$$\boldsymbol{\alpha}=1\boldsymbol{\alpha}=\left(\frac{1}{k}\cdot k\right)\boldsymbol{\alpha}=\frac{1}{k}(k\boldsymbol{\alpha})=\frac{1}{k}\mathbf{0}=\mathbf{0}.$$

第三章中讲到的子空间的概念可推广到一般线性空间中.

定义 6.1.2 如果$\mathbf{R}$上线性空间$\mathbf{V}$的一个非空子集合$\boldsymbol{W}$对于$\mathbf{V}$的两种运算也构成数域$\mathbf{R}$上的线性空间,则称$\boldsymbol{W}$为$\mathbf{V}$的线性子空间(简称子空间).

一个非空子集要满足什么条件才构成子空间?因为$\boldsymbol{W}$是$\mathbf{V}$的一部分,$\mathbf{V}$中运算对$\boldsymbol{W}$而言,规律(1),(2),(5),(6),(7),(8)显然被满足,因此只要$\boldsymbol{W}$对运算封闭且满足规律(3),(4)即可,但由线性空间的性质3知,若$\boldsymbol{W}$对运算封闭,则能满足规律(3),(4).因此有:

定理 6.1.1　线性空间 $\boldsymbol{V}$ 的非空子集 $\boldsymbol{W}$ 构成 $\boldsymbol{V}$ 的子空间的充分必要条件是 $\boldsymbol{W}$ 对于 $\boldsymbol{V}$ 中的两种运算封闭.

例 6　在全体实函数组成的线性空间中,实系数多项式的全体组成 $\boldsymbol{V}$ 的一个子空间.

二、基、维数与坐标

在第三章中,我们讨论了 n 维数组向量之间的关系,介绍了一些重要概念,如线性组合、线性相关与线性无关等,这些概念及有关性质只涉及线性运算,因此对于一般的线性空间中的元素(向量)仍然适用,以后我们将直接引用这些概念和性质.基与维数的概念同样适用于一般的线性空间.

定义 6.1.3　在线性空间 $\boldsymbol{V}$ 中,如果存在 n 个元素 $\boldsymbol{\alpha}_1,\boldsymbol{\alpha}_2,\cdots,\boldsymbol{\alpha}_n$,满足:

(1) $\boldsymbol{\alpha}_1,\boldsymbol{\alpha}_2,\cdots,\boldsymbol{\alpha}_n$ 线性无关,

(2) $\boldsymbol{V}$ 中任一元素 $\boldsymbol{\alpha}$ 都可由 $\boldsymbol{\alpha}_1,\boldsymbol{\alpha}_2,\cdots,\boldsymbol{\alpha}_n$ 线性表示,

那么,$\boldsymbol{\alpha}_1,\boldsymbol{\alpha}_2,\cdots,\boldsymbol{\alpha}_n$ 就称为线性空间 $\boldsymbol{V}$ 的一个基,n 称为线性空间 $\boldsymbol{V}$ 的维数.

维数为 n 的线性空间称为 n 维线性空间,记作 $\boldsymbol{V}_n$.如果在 $\boldsymbol{V}$ 中可以找到任意多个线性无关的向量,那么 $\boldsymbol{V}$ 就称为无限维的.

若知 $\boldsymbol{\alpha}_1,\boldsymbol{\alpha}_2,\cdots,\boldsymbol{\alpha}_n$ 为 $\boldsymbol{V}_n$ 的一个基,则对任何 $\boldsymbol{\alpha}\in\boldsymbol{V}_n$,都有一组有序数 $x_1,x_2,\cdots,x_n$,使

$$\boldsymbol{\alpha}=x_1\boldsymbol{\alpha}_1+x_2\boldsymbol{\alpha}_2+\cdots+x_n\boldsymbol{\alpha}_n,$$

并且这组数是唯一的(否则 $\boldsymbol{\alpha}_1,\boldsymbol{\alpha}_2,\cdots,\boldsymbol{\alpha}_n$ 线性相关).

反之,任给一组有序数 $x_1,x_2,\cdots,x_n$,可唯一确定 $\boldsymbol{V}_n$ 中元素

$$\boldsymbol{\alpha}=x_1\boldsymbol{\alpha}_1+x_2\boldsymbol{\alpha}_2+\cdots+x_n\boldsymbol{\alpha}_n.$$

这样,$\boldsymbol{V}_n$ 中的元素与有序数组 $(x_1,x_2,\cdots,x_n)$ 之间存在着一种一一对应,因此可用这组有序数来表示 $\boldsymbol{\alpha}$,于是我们有:

定义 6.1.4　设 $\boldsymbol{\alpha}_1,\boldsymbol{\alpha}_2,\cdots,\boldsymbol{\alpha}_n$ 是线性空间 $\boldsymbol{V}_n$ 的一个基,对于任一元素 $\boldsymbol{\alpha}\in\boldsymbol{V}_n$,有且仅有一组有序数 $x_1,x_2,\cdots,x_n$,使

$$\boldsymbol{\alpha}=x_1\boldsymbol{\alpha}_1+x_2\boldsymbol{\alpha}_2+\cdots+x_n\boldsymbol{\alpha}_n,$$

$x_1,x_2,\cdots,x_n$ 这组有序数就称为 $\boldsymbol{\alpha}$ 在基 $\boldsymbol{\alpha}_1,\boldsymbol{\alpha}_2,\cdots,\boldsymbol{\alpha}_n$ 下的坐标,记作

$$\boldsymbol{\alpha}=(x_1,x_2,\cdots,x_n).$$

例 7　在线性空间 $P_3[x]$ 中,$\boldsymbol{\alpha}_1=1,\boldsymbol{\alpha}_2=x,\boldsymbol{\alpha}_3=x^2,\boldsymbol{\alpha}_4=x^3$ 就是 $P_3[x]$ 的一个基,$P_3[x]$ 的维数是 4,$P_3[x]$ 中的任一多项式

$$f(x)=a_3x^3+a_2x^2+a_1x+a_0$$

都可写成

$$f(x)=a_3\boldsymbol{\alpha}_4+a_2\boldsymbol{\alpha}_3+a_1\boldsymbol{\alpha}_2+a_0\boldsymbol{\alpha}_1,$$

因此 $f(x)$ 在基 $\boldsymbol{\alpha}_1,\boldsymbol{\alpha}_2,\boldsymbol{\alpha}_3,\boldsymbol{\alpha}_4$ 下的坐标为 (a_0,a_1,a_2,a_3).

易见 $\boldsymbol{\beta}_1=1,\boldsymbol{\beta}_2=1+x,\boldsymbol{\beta}_3=2x^2,\boldsymbol{\beta}_4=x^3$ 也是 $P_3[x]$ 的一个基，而

$$f(x)=(a_0-a_1)\boldsymbol{\beta}_1+a_1\boldsymbol{\beta}_2+\frac{a_2}{2}\boldsymbol{\beta}_2+a_3\boldsymbol{\beta}_4,$$

因此 $f(x)$ 在基 $\boldsymbol{\beta}_1,\boldsymbol{\beta}_2,\boldsymbol{\beta}_3,\boldsymbol{\beta}_4$ 下的坐标为 $\left(a_0-a_1,a_1,\dfrac{a_2}{2},a_3\right)$.

取定 $\mathbf{V}_n$ 的一个基 $\boldsymbol{\alpha}_1,\boldsymbol{\alpha}_2,\cdots,\boldsymbol{\alpha}_n$，设 $\boldsymbol{\alpha},\boldsymbol{\beta}\in\mathbf{V}_n$，

$$\boldsymbol{\alpha}=x_1\boldsymbol{\alpha}_1+x_2\boldsymbol{\alpha}_2+\cdots+x_n\boldsymbol{\alpha}_n,$$
$$\boldsymbol{\beta}=y_1\boldsymbol{\alpha}_1+y_2\boldsymbol{\alpha}_2+\cdots+y_n\boldsymbol{\alpha}_n,$$

于是

$$\boldsymbol{\alpha}+\boldsymbol{\beta}=(x_1+y_1)\boldsymbol{\alpha}_1+(x_2+y_2)\boldsymbol{\alpha}_2+\cdots+(x_n+y_n)\boldsymbol{\alpha}_n,$$
$$k\boldsymbol{\alpha}=(kx_1)\boldsymbol{\alpha}_1+(kx_2)\boldsymbol{\alpha}_2+\cdots+(kx_n)\boldsymbol{\alpha}_n,$$

即 $\boldsymbol{\alpha}+\boldsymbol{\beta}$ 的坐标是

$$(x_1+y_1,x_2+y_2,\cdots,x_n+y_n)=(x_1,x_2,\cdots,x_n)+(y_1,y_2,\cdots,y_n),$$

$k\boldsymbol{\alpha}$ 的坐标是

$$(kx_1,kx_2,\cdots,kx_n)=k(x_1,x_2,\cdots,x_n).$$

总之，在线性空间 $\mathbf{V}_n$ 中取定一个基 $\boldsymbol{\alpha}_1,\boldsymbol{\alpha}_2,\cdots,\boldsymbol{\alpha}_n$，则 $\mathbf{V}_n$ 中的向量 $\boldsymbol{\alpha}$ 与 n 维数组向量空间 $\mathbf{R}^n$ 中的向量 $(x_1,x_2,\cdots,x_n)$ 之间有一一对应的关系，且这个对应关系保持线性组合的对应，即若 $\boldsymbol{\alpha}\leftrightarrow(x_1,x_2,\cdots,x_n)$，$\boldsymbol{\beta}\leftrightarrow(y_1,y_2,\cdots,y_n)$，则有

(1) $\boldsymbol{\alpha}+\boldsymbol{\beta}\leftrightarrow(x_1,x_2,\cdots,x_n)+(y_1,y_2,\cdots,y_n)$；

(2) $k\boldsymbol{\alpha}\leftrightarrow k(x_1,x_2,\cdots,x_n)$.

由上面所述，我们可以说 $\mathbf{V}_n$ 与 $\mathbf{R}^n$ 有相同的结构，称 $\mathbf{V}_n$ 与 $\mathbf{R}^n$ 同构.

一般地，设 $\boldsymbol{V}$ 与 $\boldsymbol{U}$ 是 $\mathbf{R}$ 上的两个线性空间，如果在它们的元素之间有一一对应关系，且这个对应关系保持线性组合的对应，那么就说线性空间 $\boldsymbol{V}$ 与 $\boldsymbol{U}$ 同构.

易见，同构关系具有传递性，我们有：

定理 6.1.2 $\mathbf{R}$ 上的两个有限维线性空间同构当且仅当它们的维数相等.

线性空间的同构是保持线性运算的对应关系，因此，$\mathbf{V}_n$ 中的线性运算就可转化为 $\mathbf{R}^n$ 中的线性运算，并且 $\mathbf{R}^n$ 中凡只涉及线性运算的性质都适用于 $\mathbf{V}_n$，但 $\mathbf{R}^n$ 中超出线性运算的性质，在 $\mathbf{V}_n$ 中就不一定具备，如内积.

三、基变换与坐标变换

事实上，n 维线性空间中任意 n 个线性无关的向量都可以取作空间的基. 由例 7 可见，同一元素在不同的基下有不同的坐标. 那么，不同基与不同的坐标之

间有怎样的关系呢？

设 $\boldsymbol{\alpha}_1,\boldsymbol{\alpha}_2,\cdots,\boldsymbol{\alpha}_n$ 及 $\boldsymbol{\beta}_1,\boldsymbol{\beta}_2,\cdots,\boldsymbol{\beta}_n$ 是线性空间 $\boldsymbol{V}_n$ 的两个基，且

$$\begin{cases}\boldsymbol{\beta}_1=c_{11}\boldsymbol{\alpha}_1+c_{21}\boldsymbol{\alpha}_2+\cdots+c_{n1}\boldsymbol{\alpha}_n,\\ \boldsymbol{\beta}_2=c_{12}\boldsymbol{\alpha}_1+c_{22}\boldsymbol{\alpha}_2+\cdots+c_{n2}\boldsymbol{\alpha}_n,\\ \quad\cdots\cdots\\ \boldsymbol{\beta}_n=c_{1n}\boldsymbol{\alpha}_1+c_{2n}\boldsymbol{\alpha}_2+\cdots+c_{nn}\boldsymbol{\alpha}_n.\end{cases}\tag{6.1.1}$$

式(6.1.1)可表为

$$(\boldsymbol{\beta}_1,\boldsymbol{\beta}_2,\cdots,\boldsymbol{\beta}_n)=(\boldsymbol{\alpha}_1,\boldsymbol{\alpha}_2,\cdots,\boldsymbol{\alpha}_n)\begin{pmatrix}c_{11}&c_{12}&\cdots&c_{1n}\\c_{21}&c_{22}&\cdots&c_{2n}\\\vdots&\vdots&&\vdots\\c_{n1}&c_{n2}&\cdots&c_{nn}\end{pmatrix},\tag{6.1.2}$$

记

$$\boldsymbol{C}=\begin{pmatrix}c_{11}&c_{12}&\cdots&c_{1n}\\c_{21}&c_{22}&\cdots&c_{2n}\\\vdots&\vdots&&\vdots\\c_{n1}&c_{n2}&\cdots&c_{nn}\end{pmatrix}.$$

式(6.1.1)和式(6.1.2)称为基变换公式，矩阵 $\boldsymbol{C}$ 称为由基 $\boldsymbol{\alpha}_1,\boldsymbol{\alpha}_2,\cdots,\boldsymbol{\alpha}_n$ 到基 $\boldsymbol{\beta}_1,\boldsymbol{\beta}_2,\cdots,\boldsymbol{\beta}_n$ 的过渡矩阵，$\boldsymbol{C}$ 一定是可逆矩阵.

定理 6.1.3　设 $\boldsymbol{V}_n$ 中的元素 $\boldsymbol{\alpha}$ 在基 $\boldsymbol{\alpha}_1,\boldsymbol{\alpha}_2,\cdots,\boldsymbol{\alpha}_n$ 下的坐标为 $(x_1,x_2,\cdots,x_n)$，在基 $\boldsymbol{\beta}_1,\boldsymbol{\beta}_2,\cdots,\boldsymbol{\beta}_n$ 下的坐标为 $(x_1',x_2',\cdots,x_n')$，若两个基满足式(6.1.2)，则有坐标变换公式：

$$\begin{pmatrix}x_1\\x_2\\\vdots\\x_n\end{pmatrix}=\boldsymbol{C}\begin{pmatrix}x_1'\\x_2'\\\vdots\\x_n'\end{pmatrix},\quad 或\quad \begin{pmatrix}x_1'\\x_2'\\\vdots\\x_n'\end{pmatrix}=\boldsymbol{C}^{-1}\begin{pmatrix}x_1\\x_2\\\vdots\\x_n\end{pmatrix}.\tag{6.1.3}$$

证明　因

$$(\boldsymbol{\alpha}_1,\boldsymbol{\alpha}_2,\cdots,\boldsymbol{\alpha}_n)\begin{pmatrix}x_1\\x_2\\\vdots\\x_n\end{pmatrix}=\boldsymbol{\alpha}=(\boldsymbol{\beta}_1,\boldsymbol{\beta}_2,\cdots,\boldsymbol{\beta}_n)\begin{pmatrix}x_1'\\x_2'\\\vdots\\x_n'\end{pmatrix}$$

$$=(\boldsymbol{\alpha}_1,\boldsymbol{\alpha}_2,\cdots,\boldsymbol{\alpha}_n)\boldsymbol{C}\begin{pmatrix}x_1'\\x_2'\\\vdots\\x_n'\end{pmatrix},$$

而$\boldsymbol{\alpha}_1,\boldsymbol{\alpha}_2,\cdots,\boldsymbol{\alpha}_n$线性无关,故有关系式(6.1.3).

例 8 在例 7 中,我们有

$$(\boldsymbol{\beta}_1,\boldsymbol{\beta}_2,\boldsymbol{\beta}_3,\boldsymbol{\beta}_4)=(\boldsymbol{\alpha}_1,\boldsymbol{\alpha}_2,\boldsymbol{\alpha}_3,\boldsymbol{\alpha}_4)\begin{pmatrix}1&1&0&0\\0&1&0&0\\0&0&2&0\\0&0&0&1\end{pmatrix},$$

而

$$\begin{pmatrix}1&1&0&0\\0&1&0&0\\0&0&2&0\\0&0&0&1\end{pmatrix}^{-1}=\begin{pmatrix}1&-1&0&0\\0&1&0&0\\0&0&\frac{1}{2}&0\\0&0&0&1\end{pmatrix},$$

故

$$\begin{pmatrix}x_1'\\x_2'\\x_3'\\x_4'\end{pmatrix}=\begin{pmatrix}1&-1&0&0\\0&1&0&0\\0&0&\frac{1}{2}&0\\0&0&0&1\end{pmatrix}\begin{pmatrix}x_1\\x_2\\x_3\\x_4\end{pmatrix}=\begin{pmatrix}x_1-x_2\\x_2\\\frac{1}{2}x_3\\x_4\end{pmatrix}.$$

这与例 7 所得的结果是一致的.

第二节 线性变换

一、线性变换的定义与性质

设 $\boldsymbol{A},\boldsymbol{B}$ 是两非空集合,如果对于 $\boldsymbol{A}$ 中的任一元素 $\boldsymbol{\alpha}$,按照一定的法则,总有 $\boldsymbol{B}$ 中的一个确定的元素 $\boldsymbol{\beta}$ 与之对应,那么这个法则称为从集合 $\boldsymbol{A}$ 到集合 $\boldsymbol{B}$ 的映射. 如果 $\boldsymbol{A}=\boldsymbol{B}$,$\boldsymbol{A}$ 到 $\boldsymbol{A}$ 的映射称为 $\boldsymbol{A}$ 的变换,即变换是集合 $\boldsymbol{A}$ 到自身的映射. 映射常用 φ 表示,$\boldsymbol{A}$ 的变换常用 T 表示.

$\boldsymbol{A}$ 到 $\boldsymbol{B}$ 的映射 φ 使 $\boldsymbol{B}$ 中的 $\boldsymbol{\beta}$ 与 $\boldsymbol{A}$ 中的 $\boldsymbol{\alpha}$ 对应,记作

$$\boldsymbol{\beta}=\varphi(\boldsymbol{\alpha}) \quad 或 \quad \boldsymbol{\beta}=\varphi\boldsymbol{\alpha}.$$

此时,$\boldsymbol{\beta}$ 称为 $\boldsymbol{\alpha}$ 在映射 φ 下的像,$\boldsymbol{\alpha}$ 称为 $\boldsymbol{\beta}$ 在 φ 下的原像,φ 的像的全体构成的集合称为 φ 的像集,记作 $\varphi(\boldsymbol{A})$,即

$$\varphi(\boldsymbol{A})=\{\varphi(\boldsymbol{\alpha})\mid\boldsymbol{\alpha}\in\boldsymbol{A}\}.$$

定义 6.2.1 $\mathbf{R}$ 上的线性空间 $\boldsymbol{V}$ 的一个变换称为线性变换 T,如果:

(1) $\forall \boldsymbol{\alpha},\boldsymbol{\beta}\in \mathbf{V}$, $T(\boldsymbol{\alpha}+\boldsymbol{\beta})=T(\boldsymbol{\alpha})+T(\boldsymbol{\beta})$;

(2) $\forall k\in \mathbf{R}$, $\forall \boldsymbol{\alpha}\in \mathbf{V}$, $T(k\boldsymbol{\alpha})=kT(\boldsymbol{\alpha})$.

定义 6.2.1 中的两个条件可合写为一个条件：

$\forall k_1,k_2\in \mathbf{R}$, $\forall \boldsymbol{\alpha},\boldsymbol{\beta}\in \mathbf{V}$，变换 T 满足 $T(k_1\boldsymbol{\alpha}+k_2\boldsymbol{\beta})=k_1T(\boldsymbol{\alpha})+k_2T(\boldsymbol{\beta})$.

例 1　由关系式

$$T\begin{pmatrix}x\\y\end{pmatrix}=\begin{pmatrix}\cos\alpha & -\sin\alpha\\ \sin\alpha & \cos\alpha\end{pmatrix}\begin{pmatrix}x\\y\end{pmatrix}$$

确定 xOy 平面上的一个线性变换，T 把任一向量按逆时针方向旋转 α 角，并称 T 为旋转变换.

例 2　线性空间 $\mathbf{V}$ 的恒等变换(或称单位变换)E：$\forall \boldsymbol{\alpha}\in \mathbf{V}$, $E(\boldsymbol{\alpha})=\boldsymbol{\alpha}$.

零变换 O：$\forall \boldsymbol{\alpha}\in \mathbf{V}$, $O(\boldsymbol{\alpha})=\mathbf{0}$. 恒等变换与零变换都是线性变换.

例 3　在线性空间 $\mathbf{R}^3$ 中，定义变换 $T(\boldsymbol{\alpha})=\boldsymbol{\alpha}+(1,0,0)$ $(\boldsymbol{\alpha}\in \mathbf{R}^3)$. 易验证 T 不是 $\mathbf{R}^3$ 的线性变换，因为

$$T(0\cdot\boldsymbol{\alpha})=T(\mathbf{0})=(0,0,0)+(1,0,0)\neq\mathbf{0}=0\cdot T(\boldsymbol{\alpha}).$$

例 4　在线性空间 $P_n[x]$ 中，微分变换 $\dfrac{\mathrm{d}}{\mathrm{d}x}$ 是一个线性变换.

证明　$\forall f(x),g(x)\in P_n[x]$, $\forall k_1,k_2\in \mathbf{R}$，由微分性质，有

$$\frac{\mathrm{d}}{\mathrm{d}x}[k_1f(x)+k_2g(x)]=k_1\frac{\mathrm{d}f(x)}{\mathrm{d}x}+k_2\frac{\mathrm{d}g(x)}{\mathrm{d}x},$$

所以，$\dfrac{\mathrm{d}}{\mathrm{d}x}$ 是 $P_n[x]$ 上的线性变换.

线性变换具有下述性质：

(1) $T(\mathbf{0})=\mathbf{0}$;

(2) $T(-\boldsymbol{\alpha})=-T(\boldsymbol{\alpha})$;

(3) $T(k_1\boldsymbol{\alpha}_1+k_2\boldsymbol{\alpha}_2+\cdots+k_s\boldsymbol{\alpha}_s)=k_1T(\boldsymbol{\alpha}_1)+k_2T(\boldsymbol{\alpha}_2)+\cdots+k_sT(\boldsymbol{\alpha}_s)$;

(4) 若 $\boldsymbol{\alpha}_1,\boldsymbol{\alpha}_2,\cdots,\boldsymbol{\alpha}_m$ 线性相关，则 $T(\boldsymbol{\alpha}_1),T(\boldsymbol{\alpha}_2),\cdots,T(\boldsymbol{\alpha}_m)$ 也线性相关.

以上性质请读者自己证明.

定理 6.2.1　(1) 线性空间 $\mathbf{V}$ 的线性变换 T 的像集是 $\mathbf{V}$ 的子空间，称为 T 的像空间，记为 $T(\mathbf{V})$.

(2) 使 $T(\boldsymbol{\alpha})=\mathbf{0}$ 成立的 $\boldsymbol{\alpha}$ 的全体

$$\{\boldsymbol{\alpha}\mid\boldsymbol{\alpha}\in\mathbf{V},T(\boldsymbol{\alpha})=\mathbf{0}\}$$

也是 $\mathbf{V}$ 的子空间，称为线性变换 T 的核，记为 $T^{-1}(\mathbf{0})$.

证明　(1) 设 $\boldsymbol{\beta}_1,\boldsymbol{\beta}_2\in T(\mathbf{V})$，那么，存在 $\boldsymbol{\alpha}_1,\boldsymbol{\alpha}_2\in\mathbf{V}$，使

$$\boldsymbol{\beta}_1=T(\boldsymbol{\alpha}_1),\quad \boldsymbol{\beta}_2=T(\boldsymbol{\alpha}_2),$$

从而

$$\boldsymbol{\beta}_1+\boldsymbol{\beta}_2=T(\boldsymbol{\alpha}_1)+T(\boldsymbol{\alpha}_2)=T(\boldsymbol{\alpha}_1+\boldsymbol{\alpha}_2)\in T(\mathbf{V})\quad(\text{因 }\boldsymbol{\alpha}_1+\boldsymbol{\alpha}_2\in\mathbf{V});$$

$$k\boldsymbol{\beta}_1=kT(\boldsymbol{\alpha}_1)=T(k\boldsymbol{\alpha}_1)\in T(\mathbf{V})\quad(\text{因 } k\boldsymbol{\alpha}_1\in\mathbf{V}).$$

因此,$T(\mathbf{V})$是 $\mathbf{V}$ 的子空间.

(2) 设 $\boldsymbol{\alpha}_1,\boldsymbol{\alpha}_2\in T^{-1}(\mathbf{0})$,那么 $T(\boldsymbol{\alpha}_1)=T(\boldsymbol{\alpha}_2)=\mathbf{0}$,从而

$$T(\boldsymbol{\alpha}_1+\boldsymbol{\alpha}_2)=T(\boldsymbol{\alpha}_1)+T(\boldsymbol{\alpha}_2)=\mathbf{0}+\mathbf{0}=\mathbf{0},\text{即 } \boldsymbol{\alpha}_1+\boldsymbol{\alpha}_2\in T^{-1}(\mathbf{0}),$$

$$T(k\boldsymbol{\alpha}_1)=kT(\boldsymbol{\alpha}_1)=k\cdot\mathbf{0}=\mathbf{0},\text{即 } k\boldsymbol{\alpha}_1\in T^{-1}(\mathbf{0}).$$

因此,$T^{-1}(\mathbf{0})$是 $\mathbf{V}$ 的子空间.

例 5　设有 n 阶方阵

$$\mathbf{A}=(\boldsymbol{\alpha}_1,\boldsymbol{\alpha}_2,\cdots,\boldsymbol{\alpha}_n)=\begin{pmatrix}a_{11}&a_{12}&\cdots&a_{1n}\\a_{21}&a_{22}&\cdots&a_{2n}\\\vdots&\vdots&&\vdots\\a_{n1}&a_{n2}&\cdots&a_{nn}\end{pmatrix},$$

其中

$$\boldsymbol{\alpha}_i=\begin{pmatrix}a_{1i}\\a_{2i}\\\vdots\\a_{ni}\end{pmatrix}\quad(i=1,2,\cdots,n).$$

定义 $\mathbf{R}^n$中的变换 T 为

$$T(\boldsymbol{x})=\mathbf{A}\boldsymbol{x}\quad(\boldsymbol{x}\in\mathbf{R}^n),$$

则 T 为 $\mathbf{R}^n$中的线性变换.

证明　设 $\boldsymbol{\alpha},\boldsymbol{\beta}\in\mathbf{R}^n,k\in\mathbf{R}$,有

$$T(\boldsymbol{\alpha}+\boldsymbol{\beta})=\mathbf{A}(\boldsymbol{\alpha}+\boldsymbol{\beta})=\mathbf{A}\boldsymbol{\alpha}+\mathbf{A}\boldsymbol{\beta}=T(\boldsymbol{\alpha})+T(\boldsymbol{\beta}),$$

$$T(k\boldsymbol{\alpha})=\mathbf{A}(k\boldsymbol{\alpha})=k\mathbf{A}\boldsymbol{\alpha}=kT(\boldsymbol{\alpha}),$$

故 T 为 $\mathbf{R}^n$中的线性变换.

设 $\boldsymbol{x}=\begin{pmatrix}x_1\\x_2\\\vdots\\x_n\end{pmatrix}\in\mathbf{R}^n$,因

$$T(\boldsymbol{x})=\mathbf{A}\boldsymbol{x}=(\boldsymbol{\alpha}_1,\boldsymbol{\alpha}_2,\cdots,\boldsymbol{\alpha}_n)\begin{pmatrix}x_1\\x_2\\\vdots\\x_n\end{pmatrix}=x_1\boldsymbol{\alpha}_1+x_2\boldsymbol{\alpha}_2+\cdots+x_n\boldsymbol{\alpha}_n,$$

可见,T 的像空间是由 $\boldsymbol{\alpha}_1,\boldsymbol{\alpha}_2,\cdots,\boldsymbol{\alpha}_n$ 生成的向量空间;T 的核 $T^{-1}(\mathbf{0})$是齐次线性方程组 $\mathbf{A}\boldsymbol{x}=\mathbf{0}$ 的解空间.

二、线性变换的矩阵

从例 5 看到，关系式

$$T(\boldsymbol{x})=\boldsymbol{A}\boldsymbol{x}\quad(\boldsymbol{x}\in\mathbf{R}^n)$$

简单明了地表示出 $\mathbf{R}^n$ 中的一个线性变换，我们当然希望线性空间 $\mathbf{R}^n$（或 $\boldsymbol{V}_n$）中的任何一个线性变换都能用这样的关系式来表示.

定义 6.2.2　设 $\boldsymbol{\varepsilon}_1,\boldsymbol{\varepsilon}_2,\cdots,\boldsymbol{\varepsilon}_n$ 是线性空间 $\boldsymbol{V}_n$ 的一个基，T 是 $\boldsymbol{V}_n$ 的一个线性变换，基向量的像可以被基线性表出：

$$\begin{cases}T(\boldsymbol{\varepsilon}_1)=a_{11}\boldsymbol{\varepsilon}_1+a_{21}\boldsymbol{\varepsilon}_2+\cdots+a_{n1}\boldsymbol{\varepsilon}_n,\\ T(\boldsymbol{\varepsilon}_2)=a_{12}\boldsymbol{\varepsilon}_1+a_{22}\boldsymbol{\varepsilon}_2+\cdots+a_{n2}\boldsymbol{\varepsilon}_n,\\ \qquad\cdots\cdots\\ T(\boldsymbol{\varepsilon}_n)=a_{1n}\boldsymbol{\varepsilon}_1+a_{2n}\boldsymbol{\varepsilon}_2+\cdots+a_{nn}\boldsymbol{\varepsilon}_n.\end{cases}\tag{6.2.1}$$

用矩阵来表示就是

$$T(\boldsymbol{\varepsilon}_1,\boldsymbol{\varepsilon}_2,\cdots,\boldsymbol{\varepsilon}_n)=(T(\boldsymbol{\varepsilon}_1),T(\boldsymbol{\varepsilon}_2),\cdots,T(\boldsymbol{\varepsilon}_n))=(\boldsymbol{\varepsilon}_1,\boldsymbol{\varepsilon}_2,\cdots,\boldsymbol{\varepsilon}_n)\boldsymbol{A},\tag{6.2.2}$$

其中

$$\boldsymbol{A}=\begin{pmatrix}a_{11}&a_{12}&\cdots&a_{1n}\\ a_{21}&a_{22}&\cdots&a_{2n}\\ \vdots&\vdots&&\vdots\\ a_{n1}&a_{n2}&\cdots&a_{nn}\end{pmatrix}.$$

矩阵 $\boldsymbol{A}$ 称为 T 在基 $\boldsymbol{\varepsilon}_1,\boldsymbol{\varepsilon}_2,\cdots,\boldsymbol{\varepsilon}_n$ 下的矩阵.

因 $\boldsymbol{\varepsilon}_1,\boldsymbol{\varepsilon}_2,\cdots,\boldsymbol{\varepsilon}_n$ 线性无关，故式(6.2.1)中的 a_{ij} 是由 T 唯一确定的. 可见 $\boldsymbol{A}$ 由 T 唯一确定.

给定一个方阵 $\boldsymbol{A}$，定义变换 T：

$$T(\boldsymbol{\alpha})=T\left((\boldsymbol{\varepsilon}_1,\boldsymbol{\varepsilon}_2,\cdots,\boldsymbol{\varepsilon}_n)\begin{pmatrix}x_1\\x_2\\\vdots\\x_n\end{pmatrix}\right)=(\boldsymbol{\varepsilon}_1,\boldsymbol{\varepsilon}_2,\cdots,\boldsymbol{\varepsilon}_n)\boldsymbol{A}\begin{pmatrix}x_1\\x_2\\\vdots\\x_n\end{pmatrix},\tag{6.2.3}$$

其中 $\boldsymbol{\alpha}=x_1\boldsymbol{\varepsilon}_1+x_2\boldsymbol{\varepsilon}_2+\cdots+x_n\boldsymbol{\varepsilon}_n$. 易见 T 是由 n 阶矩阵 $\boldsymbol{A}$ 确定的线性变换，且 T 在基 $\boldsymbol{\varepsilon}_1,\boldsymbol{\varepsilon}_2,\cdots,\boldsymbol{\varepsilon}_n$ 下的矩阵是 $\boldsymbol{A}$.

由关系式(6.2.3)知，$\boldsymbol{\alpha}$ 与 $T(\boldsymbol{\alpha})$ 在基下的坐标分别为 $\begin{pmatrix}x_1\\x_2\\\vdots\\x_n\end{pmatrix},\boldsymbol{A}\begin{pmatrix}x_1\\x_2\\\vdots\\x_n\end{pmatrix}$.

例 6　在 $P_3[x]$ 中,取基 $\boldsymbol{\varepsilon}_1 = 1, \boldsymbol{\varepsilon}_2 = x, \boldsymbol{\varepsilon}_3 = x^2, \boldsymbol{\varepsilon}_4 = x^3$,求微分变换 $\dfrac{\mathrm{d}}{\mathrm{d}x}$(线性变换)在这个基下的矩阵.

解

$$\frac{\mathrm{d}}{\mathrm{d}x}\boldsymbol{\varepsilon}_1 = 0 = 0\cdot\boldsymbol{\varepsilon}_1 + 0\cdot\boldsymbol{\varepsilon}_2 + 0\cdot\boldsymbol{\varepsilon}_3 + 0\cdot\boldsymbol{\varepsilon}_4,$$
$$\frac{\mathrm{d}}{\mathrm{d}x}\boldsymbol{\varepsilon}_2 = 1 = 1\cdot\boldsymbol{\varepsilon}_1 + 0\cdot\boldsymbol{\varepsilon}_2 + 0\cdot\boldsymbol{\varepsilon}_3 + 0\cdot\boldsymbol{\varepsilon}_4,$$
$$\frac{\mathrm{d}}{\mathrm{d}x}\boldsymbol{\varepsilon}_3 = 2x = 0\cdot\boldsymbol{\varepsilon}_1 + 2\cdot\boldsymbol{\varepsilon}_2 + 0\cdot\boldsymbol{\varepsilon}_3 + 0\cdot\boldsymbol{\varepsilon}_4,$$
$$\frac{\mathrm{d}}{\mathrm{d}x}\boldsymbol{\varepsilon}_4 = 3x^2 = 0\cdot\boldsymbol{\varepsilon}_1 + 0\cdot\boldsymbol{\varepsilon}_2 + 3\cdot\boldsymbol{\varepsilon}_3 + 0\cdot\boldsymbol{\varepsilon}_4,$$

所以 $\dfrac{\mathrm{d}}{\mathrm{d}x}$ 在这个基下的矩阵为

$$\boldsymbol{D} = \begin{pmatrix} 0 & 1 & 0 & 0 \\ 0 & 0 & 2 & 0 \\ 0 & 0 & 0 & 3 \\ 0 & 0 & 0 & 0 \end{pmatrix}.$$

例 7　设向量组 $\boldsymbol{\alpha}_1, \boldsymbol{\alpha}_2, \boldsymbol{\alpha}_3$ 是 $\mathbf{R}^3$ 的一个基,T 是 $\mathbf{R}^3$ 的一个线性变换,且 $T(\boldsymbol{\alpha}_1) = \boldsymbol{\alpha}_3, T(\boldsymbol{\alpha}_2) = \boldsymbol{\alpha}_2, T(\boldsymbol{\alpha}_3) = \boldsymbol{\alpha}_1$. 若向量 $\boldsymbol{\alpha}$ 在基 $\boldsymbol{\alpha}_1, \boldsymbol{\alpha}_2, \boldsymbol{\alpha}_3$ 下的坐标是 $(2, -1, 1)^{\mathrm{T}}$,求像 $T(\boldsymbol{\alpha})$ 在基 $\boldsymbol{\alpha}_1, \boldsymbol{\alpha}_2, \boldsymbol{\alpha}_3$ 下的坐标.

解　按线性变换 T 的定义,得到 T 在基 $\boldsymbol{\alpha}_1, \boldsymbol{\alpha}_2, \boldsymbol{\alpha}_3$ 下的矩阵为

$$\boldsymbol{A} = \begin{pmatrix} 0 & 0 & 1 \\ 0 & 1 & 0 \\ 1 & 0 & 0 \end{pmatrix}.$$

所以,像 $T(\boldsymbol{\alpha})$ 在基 $\boldsymbol{\alpha}_1, \boldsymbol{\alpha}_2, \boldsymbol{\alpha}_3$ 下的坐标为

$$\boldsymbol{A}\begin{pmatrix} 2 \\ -1 \\ 1 \end{pmatrix} = \begin{pmatrix} 0 & 0 & 1 \\ 0 & 1 & 0 \\ 1 & 0 & 0 \end{pmatrix}\begin{pmatrix} 2 \\ -1 \\ 1 \end{pmatrix} = \begin{pmatrix} 1 \\ -1 \\ 2 \end{pmatrix}.$$

由定义可知,在 n 维线性空间 $\mathbf{V}$ 中取定一个基,那么任何一个线性变换都对应着唯一的 n 阶矩阵. 现在假设给定了一个 n 阶矩阵 $\mathbf{A}$,我们反过来提出这样的问题:是否存在 n 维线性空间 $\mathbf{V}$ 的一个线性变换,它在这组基下的矩阵恰好是 $\mathbf{A}$? 为此我们先证明下述两个结论.

(1) 设 $\boldsymbol{\varepsilon}_1, \boldsymbol{\varepsilon}_2, \cdots, \boldsymbol{\varepsilon}_n$ 是线性空间 $\mathbf{V}_n$ 的一个基,如果 $\mathbf{V}_n$ 的线性变换 T 与 T' 在这个基上的作用相同,即

$$T(\boldsymbol{\varepsilon}_i) = T'(\boldsymbol{\varepsilon}_i) \quad (i = 1, 2, \cdots, n),$$

那么，$T=T'$.

证明　T 与 T' 相等的意义是它们对 $\boldsymbol{V}_n$ 的每个向量的作用都相同，即

$$T(\boldsymbol{\alpha}) = T'(\boldsymbol{\alpha}) \quad (\forall \boldsymbol{\alpha} \in \boldsymbol{V}_n).$$

设 $\boldsymbol{\alpha} = x_1\boldsymbol{\varepsilon}_1 + x_2\boldsymbol{\varepsilon}_2 + \cdots + x_n\boldsymbol{\varepsilon}_n$，由 $T(\boldsymbol{\varepsilon}_i) = T'(\boldsymbol{\varepsilon}_i)(i=1,2,\cdots,n)$，有

$$\begin{aligned} T(\boldsymbol{\alpha}) &= x_1T(\boldsymbol{\varepsilon}_1) + x_2T(\boldsymbol{\varepsilon}_2) + \cdots + x_nT(\boldsymbol{\varepsilon}_n) \\ &= x_1T'(\boldsymbol{\varepsilon}_1) + x_2T'(\boldsymbol{\varepsilon}_2) + \cdots + x_nT'(\boldsymbol{\varepsilon}_n) \\ &= T'(\boldsymbol{\alpha}). \end{aligned}$$

(2) 设 $\boldsymbol{\varepsilon}_1,\boldsymbol{\varepsilon}_2,\cdots,\boldsymbol{\varepsilon}_n$ 是线性空间 $\boldsymbol{V}_n$ 的一个基，对于 $\boldsymbol{V}_n$ 中任意一组向量 $\boldsymbol{\alpha}_1,\boldsymbol{\alpha}_2,\cdots,\boldsymbol{\alpha}_n$，一定有一个线性变换 T，使

$$T(\boldsymbol{\varepsilon}_i) = \boldsymbol{\alpha}_i \quad (i=1,2,\cdots,n).$$

证明　设 $\boldsymbol{\alpha} = x_1\boldsymbol{\varepsilon}_1 + x_2\boldsymbol{\varepsilon}_2 + \cdots + x_n\boldsymbol{\varepsilon}_n \in \boldsymbol{V}_n$，定义变换 T：

$$T(\boldsymbol{\alpha}) = x_1\boldsymbol{\alpha}_1 + x_2\boldsymbol{\alpha}_2 + \cdots + x_n\boldsymbol{\alpha}_n,$$

容易验证 T 是 $\boldsymbol{V}_n$ 的线性变换，且

$$T(\boldsymbol{\varepsilon}_i) = 0\cdot\boldsymbol{\alpha}_1 + \cdots + 1\cdot\boldsymbol{\alpha}_i + \cdots + 0\cdot\boldsymbol{\alpha}_n = \boldsymbol{\alpha}_i \quad (i=1,2,\cdots,n).$$

综合以上两点便得出以下结论.

定理 6.2.2　设 $\boldsymbol{\varepsilon}_1,\boldsymbol{\varepsilon}_2,\cdots,\boldsymbol{\varepsilon}_n$ 是线性空间 $\boldsymbol{V}_n$ 的一个基，$\boldsymbol{\alpha}_1,\boldsymbol{\alpha}_2,\cdots,\boldsymbol{\alpha}_n$ 是 $\boldsymbol{V}_n$ 中任意 n 个向量，则存在唯一的线性变换 T，使

$$T(\boldsymbol{\varepsilon}_i) = \boldsymbol{\alpha}_i \quad (i=1,2,\cdots,n).$$

以后，记 $T(\boldsymbol{\varepsilon}_1,\boldsymbol{\varepsilon}_2,\cdots,\boldsymbol{\varepsilon}_n) = (T(\boldsymbol{\varepsilon}_1),T(\boldsymbol{\varepsilon}_2),\cdots,T(\boldsymbol{\varepsilon}_n))$.

定理 6.2.3　设 $\boldsymbol{\varepsilon}_1,\boldsymbol{\varepsilon}_2,\cdots,\boldsymbol{\varepsilon}_n$ 是线性空间 $\boldsymbol{V}_n$ 的一个基，矩阵 $\boldsymbol{A}$ 是任一 n 阶矩阵，则存在唯一的线性变换 T，满足

$$(T(\boldsymbol{\varepsilon}_1),T(\boldsymbol{\varepsilon}_2),\cdots,T(\boldsymbol{\varepsilon}_n)) = (\boldsymbol{\varepsilon}_1,\boldsymbol{\varepsilon}_2,\cdots,\boldsymbol{\varepsilon}_n)\boldsymbol{A}.$$

证明　首先证明存在性.设

$$\boldsymbol{A} = \begin{pmatrix} a_{11} & a_{12} & \cdots & a_{1n} \\ a_{21} & a_{22} & \cdots & a_{2n} \\ \vdots & \vdots & & \vdots \\ a_{n1} & a_{n2} & \cdots & a_{nn} \end{pmatrix}.$$

以矩阵 $\boldsymbol{A}$ 的第 j 列元素作为坐标构造向量 $\boldsymbol{\beta}_j$：

$$\boldsymbol{\beta}_j = a_{1j}\boldsymbol{\varepsilon}_1 + a_{2j}\boldsymbol{\varepsilon}_2 + \cdots + a_{nj}\boldsymbol{\varepsilon}_n \quad (j=1,2,\cdots,n).$$

由定理 6.2.2 知，存在线性空间 $\boldsymbol{V}_n$ 的一个线性变换 T，使

$$T(\boldsymbol{\varepsilon}_j) = \boldsymbol{\beta}_j \quad (j=1,2,\cdots,n).$$

于是

$$(T(\boldsymbol{\varepsilon}_1),T(\boldsymbol{\varepsilon}_2),\cdots,T(\boldsymbol{\varepsilon}_n)) = (\boldsymbol{\beta}_1,\boldsymbol{\beta}_2,\cdots,\boldsymbol{\beta}_n) = (\boldsymbol{\varepsilon}_1,\boldsymbol{\varepsilon}_2,\cdots,\boldsymbol{\varepsilon}_n)\boldsymbol{A},$$

即线性变换 T 在基 $\boldsymbol{\varepsilon}_1,\boldsymbol{\varepsilon}_2,\cdots,\boldsymbol{\varepsilon}_n$ 下的矩阵是 $\boldsymbol{A}$.

其次证明唯一性. 如果 T_1, T_2 为线性空间 $\mathbf{V}_n$ 的两个线性变换,它们都以矩阵 $\boldsymbol{A}$ 为在基 $\boldsymbol{\varepsilon}_1, \boldsymbol{\varepsilon}_2, \cdots, \boldsymbol{\varepsilon}_n$ 下的矩阵,那么

$$\begin{aligned}(T_1(\boldsymbol{\varepsilon}_1), T_1(\boldsymbol{\varepsilon}_2), \cdots, T_1(\boldsymbol{\varepsilon}_n)) &= (\boldsymbol{\varepsilon}_1, \boldsymbol{\varepsilon}_2, \cdots, \boldsymbol{\varepsilon}_n)\boldsymbol{A} \\ &= (T_2(\boldsymbol{\varepsilon}_1), T_2(\boldsymbol{\varepsilon}_2), \cdots, T_2(\boldsymbol{\varepsilon}_n)),\end{aligned}$$

从而有

$$T_1(\boldsymbol{\varepsilon}_j) = T_2(\boldsymbol{\varepsilon}_j) \quad (j = 1, 2, \cdots, n).$$

故对线性空间 $\mathbf{V}_n$ 中任一向量 $\boldsymbol{\alpha}$, 有 $T_1(\boldsymbol{\alpha}) = T_2(\boldsymbol{\alpha})$, 即 $T_1 = T_2$. 证毕.

由以上讨论可知,在 n 维线性空间 $\mathbf{V}$ 内取定一组基后,每个线性变换都对应着一个 n 阶矩阵;反之,任给一个 n 阶矩阵都可以构造唯一的线性变换以此矩阵为这组基下的矩阵. 这样,线性变换的集合与 n 阶矩阵的集合之间有着一一对应关系. 特别地,可逆线性变换与可逆矩阵一一对应.

然而与一个线性变换对应的矩阵是依赖于基的选择的. 同一个线性变换关于不同基的对应矩阵自然不一定相同. 下面我们研究:一个线性变换在两组不同的基下的矩阵有什么关系?

例 8 在 $\mathbf{R}^3$ 中,取基 $\boldsymbol{e}_1=(1,0,0), \boldsymbol{e}_2=(0,1,0), \boldsymbol{e}_3=(0,0,1)$, T 表示将向量投影到 yOz 平面的线性变换,即

$$T(x\boldsymbol{e}_1 + y\boldsymbol{e}_2 + z\boldsymbol{e}_3) = y\boldsymbol{e}_2 + z\boldsymbol{e}_3.$$

(1) 求 T 在基 $\boldsymbol{e}_1, \boldsymbol{e}_2, \boldsymbol{e}_3$ 下的矩阵;

(2) 取基为 $\boldsymbol{\varepsilon}_1 = 2\boldsymbol{e}_1, \boldsymbol{\varepsilon}_2 = \boldsymbol{e}_1 - 2\boldsymbol{e}_2, \boldsymbol{\varepsilon}_3 = \boldsymbol{e}_3$, 求 T 在该基下的矩阵.

解 (1)

$$\begin{aligned}T(\boldsymbol{e}_1) &= T(\boldsymbol{e}_1 + 0\cdot\boldsymbol{e}_2 + 0\cdot\boldsymbol{e}_3) = \mathbf{0}, \\ T(\boldsymbol{e}_2) &= T(0\cdot\boldsymbol{e}_1 + \boldsymbol{e}_2 + 0\cdot\boldsymbol{e}_3) = \boldsymbol{e}_2, \\ T(\boldsymbol{e}_3) &= T(0\cdot\boldsymbol{e}_1 + 0\cdot\boldsymbol{e}_2 + \boldsymbol{e}_3) = \boldsymbol{e}_3,\end{aligned}$$

即

$$T(\boldsymbol{e}_1, \boldsymbol{e}_2, \boldsymbol{e}_3) = (\boldsymbol{e}_1, \boldsymbol{e}_2, \boldsymbol{e}_3)\begin{pmatrix}0 & 0 & 0 \\ 0 & 1 & 0 \\ 0 & 0 & 1\end{pmatrix}.$$

所以 T 在基 $\boldsymbol{e}_1, \boldsymbol{e}_2, \boldsymbol{e}_3$ 下的矩阵为 $\begin{pmatrix}0 & 0 & 0 \\ 0 & 1 & 0 \\ 0 & 0 & 1\end{pmatrix}$.

(2) 由

$$\begin{aligned}T(\boldsymbol{\varepsilon}_1) &= T(2\boldsymbol{e}_1) = 2T(\boldsymbol{e}_1) = \mathbf{0}, \\ T(\boldsymbol{\varepsilon}_2) &= T(\boldsymbol{e}_1 - 2\boldsymbol{e}_2) = T(\boldsymbol{e}_1) - 2T(\boldsymbol{e}_2) \\ &= -2\boldsymbol{e}_2 = -\boldsymbol{e}_1 + \boldsymbol{e}_1 - 2\boldsymbol{e}_2\end{aligned}$$

$$= -\frac{1}{2}\boldsymbol{\varepsilon}_1 + \boldsymbol{\varepsilon}_2,$$

$$T(\boldsymbol{\varepsilon}_3) = T(\boldsymbol{e}_3) = \boldsymbol{e}_3 = \boldsymbol{\varepsilon}_3,$$

得

$$T(\boldsymbol{\varepsilon}_1,\boldsymbol{\varepsilon}_2,\boldsymbol{\varepsilon}_3) = (\boldsymbol{\varepsilon}_1,\boldsymbol{\varepsilon}_2,\boldsymbol{\varepsilon}_3)\begin{pmatrix} 0 & -\frac{1}{2} & 0 \\ 0 & 1 & 0 \\ 0 & 0 & 1 \end{pmatrix}.$$

由上例可见,同一个线性变换在不同基下的矩阵一般是不同的.一般地,我们有:

定理 6.2.4　设线性空间 $\mathbf{V}_n$ 的线性变换 T 在两组基

$$\text{Ⅰ}: \boldsymbol{\varepsilon}_1,\boldsymbol{\varepsilon}_2,\cdots,\boldsymbol{\varepsilon}_n,$$

$$\text{Ⅱ}: \boldsymbol{\eta}_1,\boldsymbol{\eta}_2,\cdots,\boldsymbol{\eta}_n$$

下的矩阵分别为 $\boldsymbol{A}$ 和 $\boldsymbol{B}$,从基Ⅰ到基Ⅱ的过渡矩阵为 $\boldsymbol{P}$,则 $\boldsymbol{B}=\boldsymbol{P}^{-1}\boldsymbol{AP}$(此时,$\boldsymbol{A}$ 与 $\boldsymbol{B}$ 相似).

证明　由假设,有 $(\boldsymbol{\eta}_1,\boldsymbol{\eta}_2,\cdots,\boldsymbol{\eta}_n) = (\boldsymbol{\varepsilon}_1,\boldsymbol{\varepsilon}_2,\cdots,\boldsymbol{\varepsilon}_n)\boldsymbol{P}$,$\boldsymbol{P}$ 可逆,且

$$T(\boldsymbol{\varepsilon}_1,\boldsymbol{\varepsilon}_2,\cdots,\boldsymbol{\varepsilon}_n) = (\boldsymbol{\varepsilon}_1,\boldsymbol{\varepsilon}_2,\cdots,\boldsymbol{\varepsilon}_n)\boldsymbol{A},$$

$$T(\boldsymbol{\eta}_1,\boldsymbol{\eta}_2,\cdots,\boldsymbol{\eta}_n) = (\boldsymbol{\eta}_1,\boldsymbol{\eta}_2,\cdots,\boldsymbol{\eta}_n)\boldsymbol{B}.$$

于是

$$\begin{aligned}(\boldsymbol{\eta}_1,\boldsymbol{\eta}_2,\cdots,\boldsymbol{\eta}_n)\boldsymbol{B} &= T(\boldsymbol{\eta}_1,\boldsymbol{\eta}_2,\cdots,\boldsymbol{\eta}_n) \\ &= T((\boldsymbol{\varepsilon}_1,\boldsymbol{\varepsilon}_2,\cdots,\boldsymbol{\varepsilon}_n)\boldsymbol{P}) \\ &= T(\boldsymbol{\varepsilon}_1,\boldsymbol{\varepsilon}_2,\cdots,\boldsymbol{\varepsilon}_n)\boldsymbol{P} \\ &= (\boldsymbol{\varepsilon}_1,\boldsymbol{\varepsilon}_2,\cdots,\boldsymbol{\varepsilon}_n)\boldsymbol{AP} \\ &= (\boldsymbol{\eta}_1,\boldsymbol{\eta}_2,\cdots,\boldsymbol{\eta}_n)\boldsymbol{P}^{-1}\boldsymbol{AP}.\end{aligned}$$

因 $\boldsymbol{\eta}_1,\boldsymbol{\eta}_2,\cdots,\boldsymbol{\eta}_n$ 线性无关,故 $\boldsymbol{B}=\boldsymbol{P}^{-1}\boldsymbol{AP}$.

例 9　在例 8 中

$$(\boldsymbol{\varepsilon}_1,\boldsymbol{\varepsilon}_2,\boldsymbol{\varepsilon}_3) = (\boldsymbol{e}_1,\boldsymbol{e}_2,\boldsymbol{e}_3)\begin{pmatrix} 2 & 1 & 0 \\ 0 & -2 & 0 \\ 0 & 0 & 1 \end{pmatrix},$$

即基 $\boldsymbol{e}_1,\boldsymbol{e}_2,\boldsymbol{e}_3$ 到基 $\boldsymbol{\varepsilon}_1,\boldsymbol{\varepsilon}_2,\boldsymbol{\varepsilon}_3$ 的过渡矩阵

$$\boldsymbol{P} = \begin{pmatrix} 2 & 1 & 0 \\ 0 & -2 & 0 \\ 0 & 0 & 1 \end{pmatrix}.$$

而 T 在基 $\boldsymbol{e}_1,\boldsymbol{e}_2,\boldsymbol{e}_3$ 下的矩阵为

$$A=\begin{pmatrix}0&0&0\\0&1&0\\0&0&1\end{pmatrix},$$

故由定理 6.2.4 知，T 在基 $\boldsymbol{\varepsilon}_1,\boldsymbol{\varepsilon}_2,\boldsymbol{\varepsilon}_3$ 下的矩阵为

$$\begin{aligned}
\boldsymbol{P}^{-1}\boldsymbol{A}\boldsymbol{P} &= \begin{pmatrix}2&1&0\\0&-2&0\\0&0&1\end{pmatrix}^{-1}\begin{pmatrix}0&0&0\\0&1&0\\0&0&1\end{pmatrix}\begin{pmatrix}2&1&0\\0&-2&0\\0&0&1\end{pmatrix}\\
&= \begin{pmatrix}\frac{1}{2}&\frac{1}{4}&0\\0&-\frac{1}{2}&0\\0&0&1\end{pmatrix}\begin{pmatrix}0&0&0\\0&1&0\\0&0&1\end{pmatrix}\begin{pmatrix}2&1&0\\0&-2&0\\0&0&1\end{pmatrix}\\
&= \begin{pmatrix}0&\frac{1}{4}&0\\0&-\frac{1}{2}&0\\0&0&1\end{pmatrix}\begin{pmatrix}2&1&0\\0&-2&0\\0&0&1\end{pmatrix}\\
&= \begin{pmatrix}0&-\frac{1}{2}&0\\0&1&0\\0&0&1\end{pmatrix}.
\end{aligned}$$

这与例 8 的结论是一致的.

定义 6.2.3 线性变换 T 的像空间 $T(\mathbf{V}_n)$ 的维数，称为 T 的秩；T 的核 $T^{-1}(\mathbf{0})$ 的维数，称为 T 的零度.

显然，若 $\mathbf{A}$ 是 T 在一个基下的矩阵，则 T 的秩就是 $r(\mathbf{A})$；若 T 的秩为 r，则 T 的零度为 $n-r$.

定义 6.2.4 线性变换 T 在一个基下的矩阵 $\mathbf{A}$ 的特征值，称为 T 的特征值.

因相似矩阵的特征值相同，故线性变换 T 的特征值与基的选择无关. 类似于矩阵，可讨论线性变换的特征值与特征向量.

习 题 六

1. 检验以下集合对于所指的线性运算是否构成实数域上的线性空间：

(1) 二阶反对称(或上三角)矩阵，对于矩阵的加法和数量乘法；

(2) 平面上全体向量，对于通常的加法和如下定义的数量乘法：

$$k\cdot\boldsymbol{\alpha}=\boldsymbol{\alpha};$$

(3) 二阶可逆矩阵的全体，对于通常矩阵的加法与数量乘法；

(4) 与向量(1,1,0)不平行的全体三维数组向量，对于数组向量的加法与数量乘法.

2. 设$\boldsymbol{U}$是线性空间$\boldsymbol{V}$的一个子空间，试证：若$\boldsymbol{U}$与$\boldsymbol{V}$的维数相等，则$\boldsymbol{U}=\boldsymbol{V}$.

3. 设$\boldsymbol{\alpha}_1,\boldsymbol{\alpha}_2,\cdots,\boldsymbol{\alpha}_r$是$n$维线性空间$\boldsymbol{V}_n$的线性无关向量组，证明：$\boldsymbol{V}_n$中存在向量$\boldsymbol{\alpha}_{r+1},\cdots,\boldsymbol{\alpha}_n$使$\boldsymbol{\alpha}_1,\boldsymbol{\alpha}_2,\cdots,\boldsymbol{\alpha}_r,\boldsymbol{\alpha}_{r+1},\cdots,\boldsymbol{\alpha}_n$成为$\boldsymbol{V}_n$的一个基(对$n-r$用数学归纳法).

4. 在$\mathbf{R}^4$中求向量$\boldsymbol{\alpha}=(0,0,0,1)$在基$\boldsymbol{\varepsilon}_1=(1,1,0,1)$，$\boldsymbol{\varepsilon}_2=(2,1,3,1)$，$\boldsymbol{\varepsilon}_3=(1,1,0,0)$，$\boldsymbol{\varepsilon}_4=(0,1,-1,-1)$下的坐标.

5. 在$\mathbf{R}^3$中，取两个基

$$\boldsymbol{\alpha}_1=(1,2,1),\quad \boldsymbol{\alpha}_2=(2,3,3),\quad \boldsymbol{\alpha}_3=(3,7,1);$$
$$\boldsymbol{\beta}_1=(3,1,4),\quad \boldsymbol{\beta}_2=(5,2,1),\quad \boldsymbol{\beta}_3=(1,1,-6).$$

试求$\boldsymbol{\alpha}_1,\boldsymbol{\alpha}_2,\boldsymbol{\alpha}_3$到$\boldsymbol{\beta}_1,\boldsymbol{\beta}_2,\boldsymbol{\beta}_3$的过渡矩阵与坐标变换公式.

6. 在$\mathbf{R}^4$中取两个基

$$\begin{cases}\boldsymbol{\varepsilon}_1=(1,0,0,0),\\ \boldsymbol{\varepsilon}_2=(0,1,0,0),\\ \boldsymbol{\varepsilon}_3=(0,0,1,0),\\ \boldsymbol{\varepsilon}_4=(0,0,0,1),\end{cases}\qquad \begin{cases}\boldsymbol{\alpha}_1=(2,1,-1,1),\\ \boldsymbol{\alpha}_2=(0,3,1,0),\\ \boldsymbol{\alpha}_3=(5,3,2,1),\\ \boldsymbol{\alpha}_4=(6,6,1,3).\end{cases}$$

(1) 求由前一个基到后一个基的过渡矩阵；

(2) 求向量(x_1,x_2,x_3,x_4)在后一个基下的坐标；

(3) 求在两个基下有相同坐标的向量.

7. 证明：三阶对称矩阵的全体构成线性空间$\boldsymbol{S}$，且$\boldsymbol{S}$的维数为6.

8. 说明xOy平面上变换$T\begin{pmatrix}x\\y\end{pmatrix}=\mathbf{A}\begin{pmatrix}x\\y\end{pmatrix}$的几何意义，其中：

(1) $\mathbf{A}=\begin{pmatrix}-1&0\\0&1\end{pmatrix}$；　　(2) $\mathbf{A}=\begin{pmatrix}0&0\\0&1\end{pmatrix}$；

(3) $\mathbf{A}=\begin{pmatrix}0&1\\1&0\end{pmatrix}$；　　(4) $\mathbf{A}=\begin{pmatrix}0&1\\-1&0\end{pmatrix}$.

9. 设$\mathbf{V}$是n阶对称矩阵的全体构成的线性空间$\left(\text{维数为}\dfrac{n(n+1)}{2}\right)$，给定$n$阶方阵$\boldsymbol{P}$，变换

$$T(\mathbf{A})=\boldsymbol{P}^{\mathrm{T}}\boldsymbol{A}\boldsymbol{P}\quad(\forall\,\boldsymbol{A}\in\boldsymbol{V})$$

称为合同变换. 试证：合同变换T是$\mathbf{V}$中的线性变换.

10. 函数集合

$$\mathbf{V}_3=\{\boldsymbol{\alpha}=(a_2x^2+a_1x+a_0)\mathrm{e}^x\,|\,a_2,a_1,a_0\in\mathbf{R}\},$$

对于函数的加法与数乘构成三维线性空间，在其中取一个基

$$\boldsymbol{\alpha}_1 = x^2 e^x, \quad \boldsymbol{\alpha}_2 = 2xe^x, \quad \boldsymbol{\alpha}_3 = 3e^x,$$

求微分运算 D 在这个基下的矩阵.

11. 二阶对称矩阵的全体

$$\boldsymbol{V}_3 = \left\{ \boldsymbol{A} = \begin{pmatrix} a_1 & a_2 \\ a_2 & a_3 \end{pmatrix} \middle| a_1, a_2, a_3 \in \mathbf{R} \right\},$$

对于矩阵的加法与数乘构成三维线性空间,在 $\boldsymbol{V}_3$ 中取一个基

$$\boldsymbol{A}_1 = \begin{pmatrix} 1 & 0 \\ 0 & 0 \end{pmatrix}, \quad \boldsymbol{A}_2 = \begin{pmatrix} 0 & 1 \\ 1 & 0 \end{pmatrix}, \quad \boldsymbol{A}_3 = \begin{pmatrix} 0 & 0 \\ 0 & 1 \end{pmatrix}.$$

(1) 在 $\boldsymbol{V}_3$ 中定义合同变换

$$T(\boldsymbol{A}) = \begin{pmatrix} 1 & 1 \\ 0 & 1 \end{pmatrix} \boldsymbol{A} \begin{pmatrix} 1 & 0 \\ 1 & 1 \end{pmatrix} \quad (\forall \boldsymbol{A} \in \boldsymbol{V}_3),$$

求 T 在基 $\boldsymbol{A}_1, \boldsymbol{A}_2, \boldsymbol{A}_3$ 下的矩阵及 T 的秩与零度;

(2) 在 $\boldsymbol{V}_3$ 中定义线性变换

$$T_1(\boldsymbol{A}) = \begin{pmatrix} 1 & 1 \\ 1 & 1 \end{pmatrix} \boldsymbol{A} \begin{pmatrix} 1 & 1 \\ 1 & 1 \end{pmatrix} \quad (\forall \boldsymbol{A} \in \boldsymbol{V}_3),$$

求 T_1 在基 $\boldsymbol{A}_1, \boldsymbol{A}_2, \boldsymbol{A}_3$ 下的矩阵及 T_1 的像空间与 T_1 的核.

部分习题参考答案

练习 1.1

1. 填空题：

(1) 3； (2) $\frac{n(n-1)}{2}$； (3) $n(n-1)$； (4) 3,6；

(5) $\frac{n(n-1)}{2}-k$； (6) $-a_{12}a_{21}a_{33}a_{44}$； (7) 0； (8) -1.

2. (1) 5； (2) x^3-x^2-1； (3) ab^2-a^2b； (4) 5； (5) 0； (6) 18.

3. (1) $D_3=-10$；

(2) $D_n=(-1)^{\frac{n(n-1)}{2}}n!$；

(3) $D_4=10$； (4) $D_5=120$.

练习 1.2

1. 填空题：

(1) $\frac{1}{6}$； (2) $(-1)^n2$.

2. (1) $D_4=160$； (2) $D_3=abc+ab+bc+ac$.

3. $D_n=\left(x+\sum_{i=1}^{n}a_i\right)x^{n-1}$.

4. $x_1=2, x_2=-6$.

5. (1) 略； (2) 提示：$f(0)=f(1)=0$，由罗尔定理易证.

练习 1.3

1. 填空题：

(1) $0, yz$； (2) 5； (3) 0,0.

2. (1) 16； (2) $x^n+(-1)^{n+1}y^n$； (3) 24.

3. $A_{41}+A_{42}+A_{43}+A_{44}=6$.

4. 略.

练习 1.4

1. 填空题：

(1) $k\neq-\dfrac{1}{2}$ 且 $k\neq-\dfrac{2}{3}$；　(2) $b=0$ 或 $a=1$.

2. $\begin{cases}x_1=\dfrac{2}{3},\\ x_2=\dfrac{1}{3},\\ x_3=\dfrac{5}{3}.\end{cases}$

3. $\lambda=1$ 或 $\mu=0$.

习 题 一

1. (1) 5；　(2) 5；　(3) $\dfrac{n(n-1)}{2}$；　(4) $n(n-1)$.

2. $-a_{11}a_{23}a_{32}a_{44}$；　$a_{11}a_{23}a_{34}a_{43}$.

3. (1) 0；　(2) -3；　(3) $4abcdef$；　(4) $abcd+ab+cd+ad+1$；

(5) $(a+b+c)^3$；　(6) -270；　(7) $-2(n-2)!$；　(8) $a^{n-2}(a^2-1)$.

4. 略.

5. (1) 0；　(2) -1；　(3) 0；　(4) $(x-a)^{n-1}$.

6. (1) $x=2$；　(2) $x=-2$ 或 $x=3$；　(3) $x=b+c-d$ 或 $x=b-c+d$.

7. 略.

8. (1) $(-m)^{n-1}\left(\sum\limits_{i=1}^{n}x_i-m\right)$；　(2) $(-1)^{n-1}\dfrac{(n+1)!}{2}$；

(3) $(ad-bc)^n$；　(4) $\left(1+\sum\limits_{i=1}^{n}\dfrac{1}{a_i}\right)\prod\limits_{i=1}^{n}a_i$；　(5) $\prod\limits_{i=1}^{n}i!$.

9. $(a+b+c+d)(b-a)(c-a)(d-a)(c-b)(d-b)(d-c)$.

10. (1) $x=-\dfrac{1}{2}$, $y=-\dfrac{1}{2}$, $z=\dfrac{3}{2}$；　(2) $x_1=-8$, $x_2=3$, $x_3=6$, $x_4=0$.

11. 略.

12. 提示:可参考齐次线性方程组 $\begin{cases}ax+by+cz=0,\\ bx+cy+az=0,\\ cx+ay+bz=0.\end{cases}$

练习 2.1—2.2

1. 判断题：

(1) ×；　(2) ×；　(3) ×；　(4) ×；　(5) ×；　(6) ×；　(7) √.

2. 填空题：

(1) 7；　(2) $\begin{pmatrix} 1 & 2 & 3 \\ 0 & 0 & 0 \\ 2 & 4 & 6 \end{pmatrix}$；　(3) $\begin{pmatrix} -7 & 4 & 1 \\ 5 & -2 & -1 \\ 1 & 2 & -1 \end{pmatrix}$；　(4) $\begin{pmatrix} 9 & -2 & -1 \\ 9 & 9 & 11 \end{pmatrix}$；

(5) $\begin{pmatrix} a^n & 0 & 0 \\ 0 & b^n & 0 \\ 0 & 0 & c^n \end{pmatrix}$；　(6) $\begin{pmatrix} 0 & b_1 & 2c_1 \\ 0 & b_2 & 2c_2 \\ \vdots & \vdots & \vdots \\ 0 & b_n & 2c_n \end{pmatrix}$.

3. 计算题：

(1) $\boldsymbol{AB}-\boldsymbol{BA}=\begin{pmatrix} 1 & -4 & 6 \\ -17 & -17 & 3 \\ 9 & -18 & 16 \end{pmatrix}$, $\boldsymbol{A}^2-\boldsymbol{B}^2=\begin{pmatrix} 9 & 4 & 6 \\ -15 & -15 & 9 \\ -3 & 26 & -13 \end{pmatrix}$,

$$\boldsymbol{B}^{\mathrm{T}}\boldsymbol{A}^{\mathrm{T}}=\begin{pmatrix} 5 & 6 & 17 \\ -5 & 1 & -3 \\ 5 & 11 & 22 \end{pmatrix}.$$

(2) $\boldsymbol{A}^{\mathrm{T}}\boldsymbol{B}=\begin{pmatrix} 1 & 1 & 1 \\ 2 & 2 & 2 \\ 3 & 3 & 3 \end{pmatrix}$, $\boldsymbol{BA}^{\mathrm{T}}=6$, $(\boldsymbol{A}^{\mathrm{T}}\boldsymbol{B})^k=6^{k-1}\begin{pmatrix} 1 & 1 & 1 \\ 2 & 2 & 2 \\ 3 & 3 & 3 \end{pmatrix}$.

4. $\begin{pmatrix} 1 & 0 & 0 & 0 \\ 0 & 1 & 0 & 0 \\ 0 & 0 & 1 & 0 \\ 0 & 0 & 0 & 1 \end{pmatrix}$.

5. 因为 $\boldsymbol{AB}=\boldsymbol{BC}=\boldsymbol{CA}=\boldsymbol{E}$，所以 $(\boldsymbol{AB})(\boldsymbol{BC})(\boldsymbol{CA})=(\boldsymbol{AB})(\boldsymbol{CA})=\boldsymbol{A}(\boldsymbol{BC})\boldsymbol{A}=\boldsymbol{A}^2=\boldsymbol{E}$.
同理，$\boldsymbol{B}^2=\boldsymbol{E}$，$\boldsymbol{C}^2=\boldsymbol{E}$. 于是 $\boldsymbol{A}^2+\boldsymbol{B}^2+\boldsymbol{C}^2=3\boldsymbol{E}$.

6. 证明：因为 $\boldsymbol{A}^{\mathrm{T}}=\boldsymbol{A}$，所以 $(\boldsymbol{B}^{\mathrm{T}}\boldsymbol{AB})^{\mathrm{T}}=\boldsymbol{B}^{\mathrm{T}}\boldsymbol{A}^{\mathrm{T}}\boldsymbol{B}=\boldsymbol{B}^{\mathrm{T}}\boldsymbol{AB}$，即证.

练习 2.3

1. 填空题：

(1) $(-1)^n$；　(2) 2；　(3) $|\boldsymbol{A}|^{n-1}$；　(4) $\dfrac{1}{ad-bc}\begin{pmatrix} d & -b \\ -c & a \end{pmatrix}$，$\begin{pmatrix} 1 & 0 & 0 \\ 0 & 0 & 1 \\ 0 & 1 & 0 \end{pmatrix}$；

(5) $\begin{pmatrix} -2 & 0 & 1 \\ 0 & -1 & 0 \\ 0 & 0 & -2 \end{pmatrix}$； (6) $108, \frac{1}{16}, 6, -\frac{125}{2}$.

2. 选择题：

(1) B； (2) B； (3) B.

3. $\boldsymbol{A}^{-1}=\begin{pmatrix} -3 & 2 & 0 & 0 \\ -5 & 3 & 0 & 0 \\ 0 & 0 & -1 & 4 \\ 0 & 0 & 1 & -3 \end{pmatrix}$.

4. $\boldsymbol{X}=\begin{pmatrix} 2 & 0 & 1 \\ 0 & 3 & 0 \\ 1 & 0 & 2 \end{pmatrix}$.

5. (1) $\boldsymbol{A}=\begin{pmatrix} 1 & 0 & 0 \\ 0 & 0 & 0 \\ 0 & -1 & -1 \end{pmatrix}$；

(2) $\boldsymbol{A}^3=(\boldsymbol{PBP}^{-1})(\boldsymbol{PBP}^{-1})(\boldsymbol{PBP}^{-1})=\boldsymbol{PB}^3\boldsymbol{P}^{-1}=\boldsymbol{PBP}^{-1}=\boldsymbol{A}=\begin{pmatrix} 1 & 0 & 0 \\ 0 & 0 & 0 \\ 0 & -1 & -1 \end{pmatrix}$；

(3) $|\boldsymbol{A}^{100}|=|\boldsymbol{A}|^{100}=0$.

6. 略.

练习 2.4

1. 判断题：

(1) ×； (2) √； (3) √.

2. 选择题：

(1) D； (2) B； (3) C.

3. $r(\boldsymbol{A})=3$.

4. $\boldsymbol{B}=\boldsymbol{E}(i,j)\boldsymbol{A}$，(1) 由于 $\boldsymbol{A}$ 可逆，因此 $|\boldsymbol{A}|\neq 0$，从而 $|\boldsymbol{B}|=-|\boldsymbol{A}|\neq 0$，即 $\boldsymbol{B}$ 可逆；

(2) $\boldsymbol{AB}^{-1}=\boldsymbol{A}(\boldsymbol{E}(i,j)\boldsymbol{A})^{-1}=\boldsymbol{AA}^{-1}\boldsymbol{E}(i,j)^{-1}=\boldsymbol{E}(i,j)$.

5. $\boldsymbol{A}^{-1}=\begin{pmatrix} 1 & 1 & -4 & -2 \\ 1 & 0 & -1 & 0 \\ -1 & -1 & 6 & 3 \\ 1 & 2 & -10 & -6 \end{pmatrix}$.

6. $\boldsymbol{AB}=\begin{pmatrix} 1 & 1 & 3 & 2 \\ -1 & 3 & 0 & -2 \\ 0 & 5 & 3 & 2 \\ 1 & -2 & -3 & -2 \end{pmatrix}$，$\boldsymbol{BA}=\begin{pmatrix} 1 & 2 & 3 & 1 \\ 1 & -2 & -3 & -2 \\ 0 & 2 & 3 & 5 \\ -1 & -2 & 0 & 3 \end{pmatrix}$，

$$\boldsymbol{AC}=\begin{pmatrix}1&2&3&5\\-1&-2&0&-1\\0&2&3&9\\1&-2&-3&-6\end{pmatrix},\boldsymbol{CA}=\begin{pmatrix}1&2&3&1\\1&-6&-6&-1\\0&2&3&5\\1&-2&-3&-2\end{pmatrix}.$$

7. $\boldsymbol{X}=\begin{pmatrix}2&-1&0\\1&3&-4\\1&0&-2\end{pmatrix}$.

8. 当 $k=1$ 时，$r(\boldsymbol{A})=1$；当 $k=-2$ 时，$r(\boldsymbol{A})=2$；当 $k\neq1$，且 $k\neq2$ 时，$r(\boldsymbol{A})=3$.

练习 2.5

1. 选择题：

(1) A；　(2) D.

2. (1) 有唯一解：$\begin{cases}x_1=9,\\x_2=-1,\\x_3=-6;\end{cases}$　(2) 有无穷多解；(3) 无解.

习 题 二

1. $3\boldsymbol{AB}-2\boldsymbol{A}=\begin{pmatrix}-2&13&22\\-2&-17&20\\4&29&-2\end{pmatrix}$，$\boldsymbol{A}^{\mathrm{T}}\boldsymbol{B}=\begin{pmatrix}0&5&8\\0&-5&6\\2&9&0\end{pmatrix}$.

2. (1) $a_1b_1+a_2b_2+\cdots+a_nb_n$；

(2) $\begin{pmatrix}a_1b_1&a_1b_2&\cdots&a_1b_n\\a_2b_1&a_2b_2&\cdots&a_2b_n\\\vdots&\vdots&&\vdots\\a_nb_1&a_nb_2&\cdots&a_nb_n\end{pmatrix}$；

(3) $a_{11}x_1^2+a_{22}x_2^2+a_{33}x_3^2+2a_{12}x_1x_2+2a_{13}x_1x_3+2a_{23}x_2x_3$.

3.～5. 略.

6. $\begin{pmatrix}x_1&y_1&z_1\\0&x_1&y_1\\0&0&x_1\end{pmatrix}$，其中 $x_1,y_1,z_1\in\mathbf{R}$.

7. 略.

8. (1) $\begin{pmatrix}13&-14\\21&-22\end{pmatrix}$；(2) $\begin{pmatrix}\cos\dfrac{n\pi}{2}&-\sin\dfrac{n\pi}{2}\\\sin\dfrac{n\pi}{2}&\cos\dfrac{n\pi}{2}\end{pmatrix}$；

(3) $\begin{pmatrix}1&0\\0&1\end{pmatrix}$，当 n 是偶数时；$\begin{pmatrix}2&-1\\3&-2\end{pmatrix}$，当 n 是奇数时；

(4) $\begin{pmatrix} \lambda_1^k & & & \\ & \lambda_2^k & & \\ & & \ddots & \\ & & & \lambda_n^k \end{pmatrix}$； (5) $\begin{pmatrix} 1 & 0 & n \\ 0 & 1 & 0 \\ 0 & 0 & 1 \end{pmatrix}$； (6) $\begin{pmatrix} \lambda^n & n\lambda^{n-1} & \frac{n(n-1)}{2}\lambda^{n-2} \\ & \lambda^n & n\lambda^{n-1} \\ & & \lambda^n \end{pmatrix}$.

9. $4^{n-1}\begin{pmatrix} 1 & \frac{1}{2} & \frac{1}{3} & \frac{1}{4} \\ 2 & 1 & \frac{2}{3} & \frac{1}{2} \\ 3 & \frac{3}{2} & 1 & \frac{3}{4} \\ 4 & 2 & \frac{4}{3} & 1 \end{pmatrix}$.

10. (1) $\boldsymbol{A}^{\mathrm{T}}=\begin{pmatrix} x_1 \\ x_2 \\ \vdots \\ x_n \end{pmatrix}$； (2) $\boldsymbol{A}^{\mathrm{T}}=\begin{pmatrix} 5 & -2 & 1 \\ 3 & 4 & -1 \end{pmatrix}$.

11.～13. 略.

14. (1) $\begin{pmatrix} \cos\theta & \sin\theta \\ -\sin\theta & \cos\theta \end{pmatrix}$； (2) $\begin{pmatrix} -2 & 1 & 0 \\ -\frac{13}{2} & 3 & -\frac{1}{2} \\ -16 & 7 & -1 \end{pmatrix}$； (3) $\begin{pmatrix} \frac{1}{a_1} & & & \\ & \frac{1}{a_2} & & \\ & & \ddots & \\ & & & \frac{1}{a_n} \end{pmatrix}$.

15. (1) $\begin{pmatrix} -1 & -1 \\ 2 & 3 \end{pmatrix}$； (2) $\begin{pmatrix} 1 & 2 \\ 3 & 4 \end{pmatrix}$； (3) $\begin{pmatrix} 1 & 2 & 3 \\ 4 & 5 & 6 \\ 7 & 8 & 9 \end{pmatrix}$； (4) $\begin{pmatrix} 3 & -1 \\ 2 & 0 \\ 1 & -1 \end{pmatrix}$.

16. $\boldsymbol{B}=\begin{pmatrix} 3 & 0 & 0 \\ 0 & 2 & 0 \\ 0 & 0 & 1 \end{pmatrix}$.

17. $\boldsymbol{B}=\begin{pmatrix} 3 & -8 & -6 \\ 2 & -9 & -6 \\ -2 & 12 & 9 \end{pmatrix}$.

18. $-m^3a$.

19. 16.

20. 略.

21. (1) $\frac{1}{2}(\boldsymbol{A}-\boldsymbol{E})$，$\frac{1}{2}\boldsymbol{A}$； (2) 略.

22. $-\frac{1}{5}(\boldsymbol{A}-2\boldsymbol{E})$.

23. $(\boldsymbol{E}-\boldsymbol{A})^{-1}=\boldsymbol{E}+\boldsymbol{A}+\boldsymbol{A}^2+\cdots+\boldsymbol{A}^{m-1}$.

24. 略.

25. $\begin{pmatrix} 1 & 0 & 0 \\ 2 & 0 & 0 \\ 6 & -1 & -1 \end{pmatrix}$.

26.～27. 略.

28. (1) $\begin{pmatrix} 23 & 20 & 0 & 0 \\ 10 & 9 & 0 & 0 \\ 0 & 0 & 50 & 14 \\ 0 & 0 & 32 & 9 \end{pmatrix}$； (2) $\begin{pmatrix} 1 & 0 & 3 & 0 & 0 \\ 0 & 4 & -3 & 0 & 0 \\ 3 & 2 & 0 & 0 & 0 \\ 0 & 0 & 0 & 2 & -6 \\ 0 & 0 & 0 & -8 & -4 \end{pmatrix}$.

29. (1) $(\boldsymbol{E} \mid \boldsymbol{A}^{-1})$； (2) $\begin{pmatrix} \boldsymbol{A}^{\mathrm{T}}\boldsymbol{A} & \boldsymbol{A}^{\mathrm{T}} \\ \boldsymbol{A} & \boldsymbol{E} \end{pmatrix}$； (3) $\begin{pmatrix} \boldsymbol{E} \\ \boldsymbol{A}^{-1} \end{pmatrix}$；

(4) $\begin{pmatrix} \boldsymbol{E} & \boldsymbol{A}^{-1} \\ \boldsymbol{A} & \boldsymbol{E} \end{pmatrix}$； (5) $\begin{pmatrix} \boldsymbol{B} \\ \boldsymbol{A} \end{pmatrix}$； (6) $\begin{pmatrix} \boldsymbol{A} \\ \boldsymbol{0} \end{pmatrix}$.

30. 略.

31. (1) $\begin{pmatrix} 1 & 0 & 0 & 0 & 0 \\ 0 & 1 & 0 & 0 & 0 \\ 0 & 0 & 1 & 0 & 0 \\ 0 & 0 & 0 & 3 & -1 \\ 0 & 0 & 0 & -5 & 2 \end{pmatrix}$； (2) $\begin{pmatrix} 0 & 0 & 1 & -1 & 0 \\ 0 & 0 & 0 & 1 & -1 \\ 0 & 0 & 0 & 0 & 1 \\ 2 & -1 & 0 & 0 & 0 \\ \frac{7}{4} & 1 & 0 & 0 & 0 \end{pmatrix}$；

(3) $\begin{pmatrix} 0 & 0 & 0 & \cdots & 0 & \frac{1}{a_n} \\ \frac{1}{a_1} & 0 & 0 & \cdots & 0 & 0 \\ 0 & \frac{1}{a_2} & 0 & \cdots & 0 & 0 \\ \vdots & \vdots & \vdots & & \vdots & \vdots \\ 0 & 0 & 0 & \cdots & \frac{1}{a_{n-1}} & 0 \end{pmatrix}$.

32. $r(\boldsymbol{A}) \geqslant r(\boldsymbol{B})$.

33. (1) 2； (2) 4； (3) 3； (4) 2.

34. (1) $\begin{pmatrix} \frac{7}{6} & \frac{2}{3} & -\frac{2}{3} \\ -1 & -1 & 2 \\ -\frac{1}{2} & 0 & \frac{1}{2} \end{pmatrix}$； (2) $\begin{pmatrix} -2 & 4 & -1 \\ 1 & -\frac{3}{2} & \frac{1}{2} \\ 2 & -\frac{7}{2} & \frac{1}{2} \end{pmatrix}$；

(3) $\begin{pmatrix} 1 & 1 & -2 & -4 \\ 0 & 1 & 0 & -1 \\ -1 & -1 & 3 & 6 \\ 2 & 1 & -6 & -10 \end{pmatrix}$； (4) $\begin{pmatrix} 2 & -1 & 0 & 0 \\ -3 & 2 & 0 & 0 \\ -5 & 7 & -3 & -4 \\ 2 & -2 & \frac{1}{2} & \frac{1}{2} \end{pmatrix}$.

35. 当 $\lambda=-2$ 时，$r(\boldsymbol{A})=2\neq r(\boldsymbol{A},\boldsymbol{b})=3$，原线性方程组无解；

当 $\lambda\neq-2$，且 $\lambda\neq1$ 时，$r(\boldsymbol{A})=r(\boldsymbol{A},\boldsymbol{b})=3$，原线性方程组有唯一解，唯一解为

$$x_1=\frac{-(\lambda+1)}{\lambda+2},\ x_2=\frac{1}{\lambda+2},\ x_3=\frac{(\lambda+1)^2}{\lambda+2};$$

当 $\lambda=1$ 时，$r(\boldsymbol{A})=r(\boldsymbol{A},\boldsymbol{b})=1$，原线性方程组有无穷多解.

练习 3.1

1. 填空题：

(1) $(1,2,3,4)^{\mathrm{T}}$； (2) 无关； (3) 相关； (4) 无关； (5) 相关； (6) -1 或 2.

2. 判断题：

(1) ×； (2) √； (3) ×.

3. 选择题：

(1) A； (2) A； (3) B.

4.～5. 略.

练习 3.2

1. 判断题：

(1) √； (2) √； (3) √； (4) √.

2. 选择题：

(1) D.

3. 向量组的秩是 3，极大线性无关组是 $\boldsymbol{\alpha}_1,\boldsymbol{\alpha}_2,\boldsymbol{\alpha}_3$，且 $\boldsymbol{\alpha}_4=\boldsymbol{\alpha}_1+3\boldsymbol{\alpha}_2-\boldsymbol{\alpha}_3$，$\boldsymbol{\alpha}_5=-\boldsymbol{\alpha}_2+\boldsymbol{\alpha}_3$.

4. $a=2,b=5$.

5. (1) $\boldsymbol{B}=\begin{pmatrix} 0 & 0 & 0 \\ 1 & 0 & 3 \\ 0 & 1 & -1 \end{pmatrix}$； (2) $|\boldsymbol{A}|=0$.

6. 略.

练习 3.3

1. 填空题：

(1) 3，$\boldsymbol{\beta}_1,\boldsymbol{\beta}_2,\boldsymbol{\beta}_3$； (2) $(2,3,-1)^{\mathrm{T}}$.

2.～3. 略.

4. $\boldsymbol{P}=\begin{pmatrix} 2 & 3 & 4 \\ 0 & -1 & 0 \\ -1 & 0 & -1 \end{pmatrix}$.

5. (1) 略； (2) $\boldsymbol{\varepsilon}_1-\boldsymbol{\varepsilon}_2,\boldsymbol{\varepsilon}_3,\cdots,\boldsymbol{\varepsilon}_{n-1}$.

练习 3.4

1. 选择题：

(1) D； (2) B； (3) D； (4) D.

2. 填空题：

(1) $\boldsymbol{x}=k(\boldsymbol{\alpha}-\boldsymbol{\beta}),k\in\mathbf{R}$；

(2) 1；

(3) $k_1(\boldsymbol{\eta}_1-\boldsymbol{\eta}_2)+k_2(\boldsymbol{\eta}_2-\boldsymbol{\eta}_3)+\boldsymbol{\eta}_1,k_1,k_2\in\mathbf{R}$；

(4) $a_1+a_2+a_3+a_4=0$；

(5) $k_1+k_2+\cdots+k_s=1$.

3. 解空间的维数是 2,解空间的基为 $\boldsymbol{\xi}_1=\begin{pmatrix} -\frac{1}{9} \\ \frac{8}{3} \\ 1 \\ 0 \end{pmatrix},\boldsymbol{\xi}_2=\begin{pmatrix} \frac{2}{9} \\ -\frac{7}{3} \\ 0 \\ 1 \end{pmatrix}$.

4. 通解是 $\boldsymbol{x}=k_1\begin{pmatrix} -1 \\ 0 \\ 1 \\ 1 \end{pmatrix}+k_2\begin{pmatrix} -2 \\ 1 \\ 0 \\ 0 \end{pmatrix}+\begin{pmatrix} 2 \\ 0 \\ 1 \\ 0 \end{pmatrix},k_1,k_2\in\mathbf{R}$.

5. $\boldsymbol{B}=\begin{pmatrix} -1 & 2 & 0 \\ 1 & 0 & 0 \\ 0 & 1 & 0 \end{pmatrix}$.

6. $a=1$ 或 2.

当 $a=1$ 时,公共解是 $\boldsymbol{x}=\begin{pmatrix} -k \\ 0 \\ k \end{pmatrix},k\in\mathbf{R}$；

当 $a=2$ 时,公共解是 $\boldsymbol{x}=\begin{pmatrix} 0 \\ 1 \\ -1 \end{pmatrix}$.

习 题 三

1.～2. 略.

3. $\boldsymbol{W}_2,\boldsymbol{W}_3,\boldsymbol{W}_6$ 是 $\mathbf{R}^3$ 的子空间.

4. $\boldsymbol{\alpha}_1-\boldsymbol{\alpha}_2=(1,0,-1)$， $3\boldsymbol{\alpha}_1+2\boldsymbol{\alpha}_2-\boldsymbol{\alpha}_3=(0,1,2)$.

5. (1,2,3,4).

6. (1) 线性相关； (2) 线性无关.

7. (1) $t=5$； (2) $t\neq5$； (3) $\boldsymbol{\alpha}_3=-\boldsymbol{\alpha}_1+2\boldsymbol{\alpha}_2$.

8. (1) 线性相关； (2) 线性无关； (3) 线性相关.

9. $k=2$.

10.～11. 略.

12. $\begin{pmatrix}1 & 0 & 1 & 0 & 0\\ 1 & -1 & 0 & 0 & 0\\ 0 & 0 & 1 & 0 & 0\\ 0 & 0 & 0 & 1 & 0\\ 0 & 0 & 0 & 0 & 0\end{pmatrix}$.

13. 略.

14. (1) 能； (2) 不能.

15.～19. 略.

20. (1) 秩为 4，$\boldsymbol{\alpha}_1,\boldsymbol{\alpha}_2,\boldsymbol{\alpha}_3,\boldsymbol{\alpha}_4$ 就是极大无关组；

(2) 秩为 3，$\boldsymbol{\alpha}_1,\boldsymbol{\alpha}_2,\boldsymbol{\alpha}_3$ 是一个极大无关组，$\boldsymbol{\alpha}_4=-\frac{3}{4}\boldsymbol{\alpha}_1+\frac{1}{3}\boldsymbol{\alpha}_2+1\boldsymbol{\alpha}_3$，

$$\boldsymbol{\alpha}_5=-\frac{1}{3}\boldsymbol{\alpha}_1+\frac{1}{3}\boldsymbol{\alpha}_2+0\boldsymbol{\alpha}_3;$$

(3) 秩为 3，$\boldsymbol{\alpha}_1,\boldsymbol{\alpha}_2,\boldsymbol{\alpha}_3$ 是一个极大无关组，$\boldsymbol{\alpha}_4=\boldsymbol{\alpha}_1-\boldsymbol{\alpha}_2+\boldsymbol{\alpha}_3$，$\boldsymbol{\alpha}_5=\boldsymbol{\alpha}_1+\boldsymbol{\alpha}_2+0\boldsymbol{\alpha}_3$.

21. 略.

22. $\boldsymbol{\alpha}_1,\boldsymbol{\alpha}_2$； $\boldsymbol{\alpha}_1,\boldsymbol{\alpha}_3$； $\boldsymbol{\alpha}_1,\boldsymbol{\alpha}_4$； $\boldsymbol{\alpha}_2,\boldsymbol{\alpha}_3$； $\boldsymbol{\alpha}_2,\boldsymbol{\alpha}_4$； $\boldsymbol{\alpha}_3,\boldsymbol{\alpha}_4$.

23. $\boldsymbol{v}_1=(2,3,-1)$， $\boldsymbol{v}_2=(3,-3,-2)$.

24. $\lambda\neq12$.

25. $(\boldsymbol{\alpha})_B=(a_1,a_2-a_1,\cdots,a_n-a_{n-1})$.

26. $\begin{pmatrix}0 & 0 & 0 & \cdots & 0 & 1\\ 1 & 0 & 0 & \cdots & 0 & 0\\ 0 & 1 & 0 & \cdots & 0 & 0\\ \vdots & \vdots & \vdots & & \vdots & \vdots\\ 0 & 0 & 0 & \cdots & 1 & 0\end{pmatrix}$.

27. $\begin{pmatrix}\frac{7}{4} & \frac{1}{2} & \frac{7}{4}\\ \frac{9}{4} & \frac{1}{2} & \frac{5}{4}\\ \frac{1}{4} & -\frac{5}{2} & -\frac{3}{4}\end{pmatrix}$.

28. 略.

29. (1) -12; (2) 40.

30. (1) $\boldsymbol{\xi}=\begin{pmatrix}4\\-9\\4\\3\end{pmatrix}$; (2) $\boldsymbol{\xi}_1=\begin{pmatrix}-2\\1\\0\\0\end{pmatrix}$, $\boldsymbol{\xi}_2=\begin{pmatrix}1\\0\\0\\1\end{pmatrix}$;

(3) 只有零解; (4) $\boldsymbol{\xi}_1=\begin{pmatrix}3\\19\\17\\0\end{pmatrix}$, $\boldsymbol{\xi}_2=\begin{pmatrix}-13\\-20\\0\\17\end{pmatrix}$.

31. (1) $c_1\begin{pmatrix}1\\-1\\0\\0\\0\end{pmatrix}+c_2\begin{pmatrix}1\\0\\-1\\0\\1\end{pmatrix}+\begin{pmatrix}\frac{1}{2}\\0\\-\frac{1}{2}\\0\\0\end{pmatrix}$,其中 c_1,c_2 为任意常数; (2) 无解;

(3) $c_1\begin{pmatrix}3\\3\\2\\0\end{pmatrix}+c_2\begin{pmatrix}-3\\7\\0\\4\end{pmatrix}+\begin{pmatrix}\frac{5}{4}\\-\frac{1}{4}\\0\\0\end{pmatrix}$,其中 c_1,c_2 为任意常数.

32. $c\begin{pmatrix}1\\1\\1\\1\\1\end{pmatrix}+\begin{pmatrix}-a_5\\a_2+a_3+a_4\\a_3+a_4\\a_4\\0\end{pmatrix}$,其中 c 为任意常数.

33. 当 $\lambda\neq1,-2$ 时,表示式唯一;当 $\lambda=1$ 时,表示式不唯一.

34. $\lambda=1$ 时,有解,其全部解为

$$\begin{pmatrix}x_1\\x_2\\x_3\end{pmatrix}=c\begin{pmatrix}1\\1\\1\end{pmatrix}+\begin{pmatrix}1\\0\\0\end{pmatrix},\text{其中 } c \text{ 为任意常数;}$$

$\lambda=-2$ 时,有解,其全部解为

$$\begin{pmatrix}x_1\\x_2\\x_3\end{pmatrix}=c\begin{pmatrix}1\\1\\1\end{pmatrix}+\begin{pmatrix}2\\2\\0\end{pmatrix},\text{其中 } c \text{ 为任意常数.}$$

35. $c=1$,通解 $\begin{pmatrix}x_1\\x_2\\x_3\\x_4\end{pmatrix}=c_1\begin{pmatrix}1\\-1\\1\\0\end{pmatrix}+c_2\begin{pmatrix}0\\-1\\0\\1\end{pmatrix}$,其中 c_1,c_2 为任意常数.

36. $m=2$, $n=4$, $t=6$.

37. $c\begin{pmatrix}-1\\2\\1\\3\end{pmatrix}$,其中 c 为任意常数.

38. $\begin{cases}-5x_1+10x_2-x_3+x_4=0,\\-3x_1+6x_2+x_5=0\end{cases}$ (答案不唯一).

39. ～40. 略.

41. $\sum\limits_{i=1}^{n}c_i(a_{i1},a_{i2},\cdots,a_{i,2n})^{\mathrm{T}}$,其中 $c_i(i=1,2,\cdots,n)$ 为任意常数.

练习 4.1

1. 填空题:

(1) $-2,1,2$;

(2) 6, $1,\dfrac{1}{2},\dfrac{1}{3}$, 6,3,2;

(3)1, 2; (4) 0.

2. 选择题:

(1) B; (2) D.

3. (1) $\lambda_1=-5,\lambda_2=\lambda_3=1$.

$\lambda_1=-5$ 对应的特征向量是 $k_1\begin{pmatrix}-1\\1\\1\end{pmatrix},k_1\neq0$;

$\lambda_2=\lambda_3=1$ 对应的特征向量是 $k_2\begin{pmatrix}1\\1\\0\end{pmatrix}+k_3\begin{pmatrix}1\\0\\1\end{pmatrix}$,$k_2,k_3$ 不同时为 0.

(2) $\lambda_1=\dfrac{4}{5},\lambda_2=\lambda_3=2$.

练习 4.2

1. 填空题:

(1) -9; (2) $\arccos\dfrac{\sqrt{35}}{7}$.

2. $\boldsymbol{\beta}_1=\left(\frac{\sqrt{3}}{3},0,-\frac{\sqrt{3}}{3},\frac{\sqrt{3}}{3}\right),\boldsymbol{\beta}_2=\left(\frac{\sqrt{15}}{15},-\frac{\sqrt{15}}{5},\frac{2\sqrt{15}}{15},\frac{\sqrt{15}}{15}\right)$,

$\boldsymbol{\beta}_3=\left(-\frac{\sqrt{35}}{35},\frac{3\sqrt{35}}{35},\frac{3\sqrt{35}}{35},\frac{4\sqrt{35}}{35}\right)$.

3. 略.

4. $\begin{pmatrix}\frac{\sqrt{3}}{3} & -\frac{\sqrt{2}}{2} & \frac{\sqrt{6}}{6}\\ \frac{\sqrt{3}}{3} & 0 & -\frac{\sqrt{6}}{3}\\ \frac{\sqrt{3}}{3} & \frac{\sqrt{2}}{2} & \frac{\sqrt{6}}{6}\end{pmatrix}$.

练习 4.3

1. 填空题：

(1) $k\boldsymbol{E}$；　(2) $\boldsymbol{B}$；　(3) 6；　(4) -3；　(5) 4.

2. (1) 特征值为 $\lambda_1=-1,\lambda_2=2,\lambda_3=6$.

$\lambda_1=-1$ 对应的特征向量是 $k_1\begin{pmatrix}-3\\9\\1\end{pmatrix},k_1\neq0$；

$\lambda_2=2$ 对应的特征向量是 $k_2\begin{pmatrix}0\\-3\\1\end{pmatrix},k_2\neq0$；

$\lambda_3=6$ 对应的特征向量是 $k_3\begin{pmatrix}4\\9\\1\end{pmatrix},k_3\neq0$.

(2) $\boldsymbol{P}=\begin{pmatrix}-3 & 0 & 4\\ 9 & -3 & 9\\ 1 & 1 & 1\end{pmatrix},\boldsymbol{P}^{-1}\boldsymbol{AP}=\begin{pmatrix}-1 & 0 & 0\\ 0 & 2 & 0\\ 0 & 0 & 6\end{pmatrix}$.

3. $\boldsymbol{A}=\begin{pmatrix}-\frac{1}{3} & 0 & \frac{2}{3}\\ 0 & \frac{1}{3} & \frac{2}{3}\\ \frac{2}{3} & \frac{2}{3} & 0\end{pmatrix}$.

4. (1) $\boldsymbol{P}=\begin{pmatrix}1 & 1 & 1\\ 4 & 0 & 0\\ 0 & 4 & 1\end{pmatrix},\boldsymbol{P}^{-1}\boldsymbol{AP}=\begin{pmatrix}2 & 0 & 0\\ 0 & 2 & 0\\ 0 & 0 & -1\end{pmatrix}$；

(2) $|\boldsymbol{A}^{10}|=2^{20}$.

5. $\boldsymbol{P}=\frac{1}{3}\begin{pmatrix}1 & 2 & 2\\ 2 & 1 & -2\\ 2 & -2 & 1\end{pmatrix}$, $\boldsymbol{P}^{-1}\boldsymbol{A}\boldsymbol{P}=\begin{pmatrix}-2 & 0 & 0\\ 0 & 1 & 0\\ 0 & 0 & 4\end{pmatrix}$.

习 题 四

1. (1) $\lambda_1=2$, $\lambda_2=3$, $\boldsymbol{p}_1=k\begin{pmatrix}1\\ -1\end{pmatrix}$, $\boldsymbol{p}_2=k\begin{pmatrix}1\\ -2\end{pmatrix}$, $k\neq 0$;

(2) $\lambda_1=-1$, $\lambda_2=9$, $\lambda_3=0$,

$$\boldsymbol{p}_1=c_1\begin{pmatrix}1\\ -1\\ 0\end{pmatrix},\quad \boldsymbol{p}_2=c_2\begin{pmatrix}1\\ 1\\ 2\end{pmatrix},\quad \boldsymbol{p}_3=c_3\begin{pmatrix}1\\ 1\\ -1\end{pmatrix}\quad (c_1,c_2,c_3\neq 0).$$

2. (1) $\lambda_1=-1$, $\lambda_2=1$; (2) $x+y=0$.

3. ~5. 略.

6. $x=4$, $y=5$.

7. $\begin{pmatrix}0 & 1 & 0\\ 0 & 0 & 1\\ 6 & -11 & 6\end{pmatrix}$.

8. $\frac{1}{3}\begin{pmatrix}5^{100}+2 & 5^{100}-1\\ 2\cdot 5^{100}-2 & 2\cdot 5^{100}+1\end{pmatrix}$.

9. $\boldsymbol{A}^n=\begin{pmatrix}\lambda_1^n & \lambda_2^n-\lambda_1^n & \lambda_3^n-\lambda_2^n\\ 0 & \lambda_2^n & \lambda_3^n-\lambda_2^n\\ 0 & 0 & \lambda_3^n\end{pmatrix}$.

10. $\begin{pmatrix}4 & 1 & 1\\ 1 & 4 & 1\\ 1 & 1 & 4\end{pmatrix}$.

11. (1) $\boldsymbol{A}$ 的特征值为 $\lambda_1=6,\lambda_2=\lambda_3=1$.

$\lambda_1=6$ 对应的特征向量是 $k_1\boldsymbol{\xi}_1=k_1\begin{pmatrix}\frac{1}{4}\\ \frac{3}{4}\\ 1\end{pmatrix}$, $k_1\neq 0$;

$\lambda_2=\lambda_3=1$ 对应的特征向量是 $k_2\boldsymbol{\xi}_2+k_3\boldsymbol{\xi}_3=k_2\begin{pmatrix}0\\ 1\\ 0\end{pmatrix}+k_3\begin{pmatrix}-1\\ 0\\ 1\end{pmatrix}$, k_2,k_3 不同时为 0.

(2) 令 $\boldsymbol{P}=(\boldsymbol{\xi}_1,\boldsymbol{\xi}_2,\boldsymbol{\xi}_3)=\begin{pmatrix}\frac{1}{4} & 0 & -1\\ \frac{3}{4} & 1 & 0\\ 1 & 0 & 1\end{pmatrix}$，$|\boldsymbol{P}|\neq 0$，即 $\boldsymbol{\xi}_1,\boldsymbol{\xi}_2,\boldsymbol{\xi}_3$ 线性无关，所以 $\boldsymbol{A}$ 相似于对角矩阵，且 $\boldsymbol{P}^{-1}\boldsymbol{A}\boldsymbol{P}=\begin{pmatrix}6 & 0 & 0\\ 0 & 1 & 0\\ 0 & 0 & 1\end{pmatrix}=\boldsymbol{\Lambda}$.

12. $\boldsymbol{P}=\begin{pmatrix}\frac{2\sqrt{5}}{5} & -\frac{2\sqrt{5}}{15} & \frac{1}{3}\\ 0 & \frac{\sqrt{5}}{3} & \frac{2}{3}\\ \frac{\sqrt{5}}{5} & \frac{4\sqrt{5}}{15} & -\frac{2}{3}\end{pmatrix}$，$\boldsymbol{P}^{-1}\boldsymbol{A}\boldsymbol{P}=\begin{pmatrix}1 & & \\ & 1 & \\ & & 10\end{pmatrix}$.

13. 略.

练习 5.1

1. 填空题：

(1) $\boldsymbol{A}=\begin{pmatrix}1 & 0 & 1\\ 0 & 2 & 0\\ 1 & 0 & 3\end{pmatrix}$；　(2) 3；　(3) 1,2；

(4) $f(x_1,x_2,x_3)=x_1^2+2x_2^2+3x_3^2+2x_1x_2+4x_1x_3+6x_2x_3$，

$f(x_1,x_2,x_3,x_4)=x_1^2+2x_2^2+3x_3^2+2x_1x_2+4x_1x_3+6x_2x_3$.

2. $\begin{pmatrix}2 & 2\\ 2 & 1\end{pmatrix}$.

3. $a=2,b=-6$.

4. (1) $f=y_1^2+y_2^2$；　(2) $f=-z_1^2+4z_2^2+z_3^2$.

5. 正交矩阵 $\boldsymbol{P}=\begin{pmatrix}\frac{\sqrt{3}}{3} & -\frac{\sqrt{2}}{2} & \frac{\sqrt{6}}{6}\\ \frac{\sqrt{3}}{3} & \frac{\sqrt{2}}{2} & \frac{\sqrt{6}}{6}\\ \frac{\sqrt{3}}{3} & 0 & -\frac{\sqrt{6}}{3}\end{pmatrix}$，正交变换 $\boldsymbol{x}=\boldsymbol{P}\boldsymbol{y}$ 化成标准型为 $f=-3y_1^2+3y_2^2+3y_3^3$.

6. (1) $\boldsymbol{A}$ 的特征值为 $\lambda_1=-1,\lambda_2=\lambda_3=1,\lambda_4=3$；

$\boldsymbol{A}^{-1}$ 的特征值为 $\lambda_1^*=-1,\lambda_2^*=\lambda_3^*=1,\lambda_4^*=\frac{1}{3}$；

$\boldsymbol{A}^2+\boldsymbol{A}$ 的特征值为 $\lambda_1^{**}=0,\lambda_2^{**}=\lambda_3^{**}=12,\lambda_4^{**}=12$.

(2) $\boldsymbol{A}$ 的二次型为 $f(x_1,x_2,x_3,x_4)=2x_3^2+2x_4^2+2x_1x_2+2x_3x_4$；

$\boldsymbol{A}$ 的标准型为 $f=-y_1^2+y_2^2+y_3^2+3y_4^2$；

$\boldsymbol{A}^{-1}$ 的二次型为 $f(x_1,x_2,x_3,x_4)=\dfrac{2}{3}x_3^2+\dfrac{2}{3}x_4^2+2x_1x_2-\dfrac{2}{3}x_3x_4$；

$\boldsymbol{A}^{-1}$ 的标准型为 $f=-z_1^2+z_2^2+z_3^2+\dfrac{1}{3}z_4^2$.

练习 5.2

1. 填空题：

(1) $(-\sqrt{2},\sqrt{2})$；　(2) $k>0$；　(3) 1；　(4) $\begin{pmatrix}1&1&0\\1&0&1\\0&1&-1\end{pmatrix}$, $p=1, q=1$.

2. 选择题：

(1) C；　(2) D；　(3) B.

3. 负定.

4. $\boldsymbol{A}$ 的特征值为 $\lambda_1=3,\lambda_2=-1,\lambda_3=0$；$\boldsymbol{A}=\begin{pmatrix}\frac{1}{6}&\frac{4}{3}&\frac{1}{6}\\\frac{4}{3}&\frac{5}{3}&\frac{4}{3}\\\frac{1}{6}&\frac{4}{3}&\frac{1}{6}\end{pmatrix}$.

此二次型为 $f(x_1,x_2,x_3)=\dfrac{1}{6}x_1^2+\dfrac{5}{3}x_2^2+\dfrac{1}{6}x_3^2+\dfrac{8}{3}x_1x_2+\dfrac{1}{3}x_1x_3+\dfrac{8}{3}x_2x_3$.

5. (1) $-1<a<2$；(2) $a=1$. $\boldsymbol{A}$ 的特征值为 $\lambda_1=4,\lambda_2=\lambda_3=1$.

$\lambda_1=4$ 对应的特征向量是 $k_1\boldsymbol{\xi}_1=k_1\begin{pmatrix}1\\1\\1\end{pmatrix}$, $k_1\neq 0$；

$\lambda_2=\lambda_3=1$ 对应的特征向量是 $k_2\boldsymbol{\xi}_2+k_3\boldsymbol{\xi}_3=k_2\begin{pmatrix}-1\\1\\0\end{pmatrix}+k_3\begin{pmatrix}-1\\0\\1\end{pmatrix}$, k_2,k_3 不同时为 0.

正交矩阵 $\boldsymbol{P}=\begin{pmatrix}\frac{1}{\sqrt{3}}&-\frac{1}{\sqrt{2}}&-\frac{1}{\sqrt{6}}\\\frac{1}{\sqrt{3}}&\frac{1}{\sqrt{2}}&-\frac{1}{\sqrt{6}}\\\frac{1}{\sqrt{3}}&0&\frac{2}{\sqrt{6}}\end{pmatrix}$，正交变换 $\boldsymbol{x}=\boldsymbol{P}\boldsymbol{y}$，此二次型的标准型为

$f=4y_1^2+y_2^2+y_3^2$，所用的正交变换为

$$\begin{cases} x_1=\dfrac{1}{\sqrt{3}}y_1-\dfrac{1}{\sqrt{2}}y_2-\dfrac{1}{\sqrt{6}}y_3, \\ x_2=\dfrac{1}{\sqrt{3}}y_1+\dfrac{1}{\sqrt{2}}y_2-\dfrac{1}{\sqrt{6}}y_3, \\ x_3=\dfrac{1}{\sqrt{3}}y_1+\dfrac{2}{\sqrt{6}}y_3. \end{cases}$$

6. 略.

习 题 五

1. (1) $f=(x,y,z)\begin{pmatrix} 1 & -1 & -2 \\ -1 & 1 & -2 \\ -2 & -2 & -7 \end{pmatrix}\begin{pmatrix} x \\ y \\ z \end{pmatrix}$;

(2) $f=(x_1,x_2,x_3,x_4)\begin{pmatrix} 1 & -1 & 2 & -1 \\ -1 & 1 & 3 & -2 \\ 2 & 3 & 1 & 0 \\ -1 & -2 & 0 & 1 \end{pmatrix}\begin{pmatrix} x_1 \\ x_2 \\ x_3 \\ x_4 \end{pmatrix}$.

2. (1) $\boldsymbol{x}=\begin{pmatrix} 1 & 0 & 0 \\ 0 & \dfrac{1}{\sqrt{2}} & \dfrac{1}{\sqrt{2}} \\ 0 & \dfrac{1}{\sqrt{2}} & -\dfrac{1}{\sqrt{2}} \end{pmatrix}\boldsymbol{y}$, $\quad f=2y_1^2+5y_2^2+y_3^2$;

(2) $\boldsymbol{x}=\begin{pmatrix} \dfrac{1}{2} & \dfrac{1}{2} & \dfrac{1}{\sqrt{2}} & 0 \\ -\dfrac{1}{2} & \dfrac{1}{2} & 0 & \dfrac{1}{\sqrt{2}} \\ -\dfrac{1}{2} & -\dfrac{1}{2} & \dfrac{1}{\sqrt{2}} & 0 \\ \dfrac{1}{2} & -\dfrac{1}{2} & 0 & \dfrac{1}{\sqrt{2}} \end{pmatrix}\boldsymbol{y}$, $\quad f=-y_1^2+3y_2^2+y_3^2+y_4^2$;

(3) $\boldsymbol{x}=\begin{pmatrix} \dfrac{1}{2} & \dfrac{1}{\sqrt{2}} & 0 & \dfrac{1}{2} \\ -\dfrac{1}{2} & \dfrac{1}{\sqrt{2}} & 0 & -\dfrac{1}{2} \\ -\dfrac{1}{2} & 0 & \dfrac{1}{\sqrt{2}} & \dfrac{1}{2} \\ \dfrac{1}{2} & 0 & \dfrac{1}{\sqrt{2}} & -\dfrac{1}{2} \end{pmatrix}\boldsymbol{y}$, $\quad f=-3y_1^2+y_2^2+y_3^2+y_4^2$.

3. (1) $\begin{cases}x_1=y_1+2y_2+25y_3,\\x_2=y_2+11y_3,\\x_3=y_3,\end{cases}$ $f=y_1^2+y_2^2-124y_3^2$;

(2) $\begin{cases}x_1=\frac{1}{2}y_1+\frac{1}{2}y_2+\frac{1}{2}y_3-\frac{1}{2}y_4,\\x_2=\frac{1}{2}y_1-\frac{1}{2}y_2-\frac{1}{2}y_3+\frac{1}{2}y_4,\\x_3=\frac{1}{2}y_3+\frac{1}{2}y_4,\\x_4=y_4,\end{cases}$ $f=\frac{1}{2}y_1^2-\frac{1}{2}y_2^2+\frac{1}{2}y_3^2+\frac{3}{2}y_4^2$.

4. (1) $\begin{cases}x_1=\frac{1}{2}y_1+\frac{1}{4}y_2+\frac{1}{4}y_3,\\x_2=\frac{1}{2}y_2-\frac{1}{2}y_3,\\x_3=y_3,\end{cases}$ $f=y_1^2+y_2^2-3y_3^2$;

(2) $\begin{cases}x_1=\frac{1}{2}y_1+\frac{1}{2}y_2+3y_3,\\x_2=\frac{1}{2}y_1-\frac{1}{2}y_2-y_3,\\x_3=y_3,\end{cases}$ $f=\frac{1}{2}y_1^2-\frac{1}{2}y_2^2+6y_3^2$.

5. (1) 正定； (2) 负定.

6. (1) $-\sqrt{2}<t<\sqrt{2}$； (2) $-1<t<2$.

7. ~8. 略.

9. 提示:必要性易知.

充分性. ① $(\boldsymbol{AB})^{\mathrm{T}}=\boldsymbol{AB}$. ② 由 $\boldsymbol{A}$ 正定可知 $\boldsymbol{A}=\boldsymbol{P}_1\boldsymbol{P}_1^{\mathrm{T}}$. 由 $\boldsymbol{B}$ 正定可知 $\boldsymbol{B}=\boldsymbol{P}_2\boldsymbol{P}_2^{\mathrm{T}}$. 所以 $\boldsymbol{AB}=\boldsymbol{P}_1\boldsymbol{P}_1^{\mathrm{T}}\boldsymbol{P}_2\boldsymbol{P}_2^{\mathrm{T}}$,于是 $\boldsymbol{P}_1^{-1}\boldsymbol{ABP}_1=\boldsymbol{P}_1^{\mathrm{T}}\boldsymbol{P}_2\boldsymbol{P}_2^{\mathrm{T}}\boldsymbol{P}_1=(\boldsymbol{P}_1^{\mathrm{T}}\boldsymbol{P}_2)(\boldsymbol{P}_1^{\mathrm{T}}\boldsymbol{P}_2)^{\mathrm{T}}$,故 $\boldsymbol{P}_1^{-1}\boldsymbol{ABP}_1$ 正定,特征值全为正. 而 $\boldsymbol{P}_1^{-1}\boldsymbol{ABP}_1$ 与 $\boldsymbol{AB}$ 相似,则 $\boldsymbol{AB}$ 特征值全为正.

10. 略.

11. (1) $c=3$, $\lambda_1=0$, $\lambda_2=4$, $\lambda_3=9$； (2) $4y_1^2+9y_2^2=1$ 表示椭圆柱面.

习 题 六

1. (1) 是； (2) 不是； (3) 不是； (4) 不是.

2. 证明:设维$(\boldsymbol{U})=r$,且 $\boldsymbol{\alpha}_1,\boldsymbol{\alpha}_2,\cdots,\boldsymbol{\alpha}_r$ 是 $\boldsymbol{U}$ 的一组基,因 $\boldsymbol{U}\subset\boldsymbol{V}$,且它们维数相同,自然 $\boldsymbol{\alpha}_1,\boldsymbol{\alpha}_2,\cdots,\boldsymbol{\alpha}_r$ 也是 $\boldsymbol{V}$ 的一组基. 所以 $\boldsymbol{U}=\boldsymbol{V}$.

3. 略.

4. $(1,0,-1,0)$.

5. 设 $\boldsymbol{\alpha}$ 在 $\boldsymbol{\alpha}_1,\boldsymbol{\alpha}_2,\boldsymbol{\alpha}_3$ 下的坐标是(x_1,x_2,x_3),在 $\boldsymbol{\beta}_1,\boldsymbol{\beta}_2,\boldsymbol{\beta}_3$ 下的坐标是(x_1',x_2',x_3'), 有

$$\begin{pmatrix} x_1' \\ x_2' \\ x_3' \end{pmatrix} = \begin{pmatrix} 13 & 19 & \frac{181}{4} \\ -9 & -13 & -\frac{63}{2} \\ 7 & 10 & \frac{99}{4} \end{pmatrix} \begin{pmatrix} x_1 \\ x_2 \\ x_3 \end{pmatrix}.$$

过渡矩阵 $\boldsymbol{P}=\begin{pmatrix} -27 & -71 & -41 \\ 9 & 20 & 9 \\ 4 & 12 & 8 \end{pmatrix}$.

6. (1) $\boldsymbol{P}=\begin{pmatrix} 2 & 0 & 5 & 6 \\ 1 & 3 & 3 & 6 \\ -1 & 1 & 2 & 1 \\ 1 & 0 & 1 & 3 \end{pmatrix}$; (2) $\begin{pmatrix} x_1' \\ x_2' \\ x_3' \\ x_4' \end{pmatrix}=\frac{1}{27}\begin{pmatrix} 12 & 9 & -27 & -33 \\ 1 & 12 & -9 & -23 \\ 9 & 0 & 0 & -18 \\ -7 & -3 & 9 & 26 \end{pmatrix}\begin{pmatrix} x_1 \\ x_2 \\ x_3 \\ x_4 \end{pmatrix}$;

(3) $k(1,1,1,-1)$.

7. 按定义进行证明:若 $\boldsymbol{S}$ 是三阶对称矩阵全体所组成的向量空间,则维$(\boldsymbol{S})=\left.\frac{n^2+n}{2}\right|_{n=3}=6$.

8. (1) 关于 y 轴对称; (2) 投影到 y 轴;

(3) 关于直线 $y=x$ 对称; (4) 顺时针方向旋转 $90°$.

9. 略.

10. $\begin{pmatrix} 1 & 0 & 0 \\ 1 & 1 & 0 \\ 0 & \frac{2}{3} & 1 \end{pmatrix}$.

11. (1) $\begin{pmatrix} 1 & 2 & 1 \\ 0 & 1 & 1 \\ 0 & 0 & 1 \end{pmatrix}$, T 的秩为 3,零度为 0;

(2) $\begin{pmatrix} 1 & 2 & 1 \\ 1 & 2 & 1 \\ 1 & 2 & 1 \end{pmatrix}$, $T_1(\mathbf{V}_3)=L(\boldsymbol{A}_1+\boldsymbol{A}_2+\boldsymbol{A}_3)$, $T_1^{-1}(\mathbf{0})=L(\boldsymbol{A}_2-2\boldsymbol{A}_1,\boldsymbol{A}_2-2\boldsymbol{A}_3)$.

附　录

2002—2018 年硕士研究生入学考试《高等数学》试题线性代数部分

为了更系统地进行总复习及自我检查，我们选编了 2002—2018 年硕士研究生入学考试数学试卷中线性代数部分的试题. 分别按填空、选择、计算及证明等题型分类列出，并注明出处.

一、填空题

1. 已知实二次型 $f(x_1,x_2,x_3)=a(x_1^2+x_2^2+x_3^2)+4x_1x_2+4x_1x_3+4x_2x_3$ 经正交变换 $\boldsymbol{x}=\boldsymbol{Q}\boldsymbol{y}$ 可化成标准型 $f=6y_1^2$，则 $a=$________. （2002 年数学一）

2. 矩阵 $\begin{pmatrix}0&-2&-2\\2&2&-2\\-2&-2&2\end{pmatrix}$ 的非零特征值是________. （2002 年数学二）

3. 设三阶矩阵 $\boldsymbol{A}=\begin{pmatrix}1&2&-2\\2&1&2\\3&0&4\end{pmatrix}$，三维列向量 $\boldsymbol{\alpha}=(a,1,1)^{\mathrm{T}}$. 已知 $\boldsymbol{A\alpha}$ 与 $\boldsymbol{\alpha}$ 线性相关，则 $a=$________. （2002 年数学三）

4. 设矩阵 $\boldsymbol{A}=\begin{pmatrix}1&-1\\2&3\end{pmatrix}$，$\boldsymbol{B}=\boldsymbol{A}^2-3\boldsymbol{A}+2\boldsymbol{E}$，则 $\boldsymbol{B}^{-1}=$________.

（2002 年数学四）

5. 设向量组 $\boldsymbol{\alpha}_1=(a,0,c)$，$\boldsymbol{\alpha}_2=(b,c,0)$，$\boldsymbol{\alpha}_3=(0,a,b)$ 线性无关，则 a,b,c 必满足关系式________. （2002 年数学四）

6. 从 $\mathbf{R}^2$ 的基 $\boldsymbol{\alpha}_1=\begin{pmatrix}1\\0\end{pmatrix}$，$\boldsymbol{\alpha}_2=\begin{pmatrix}1\\-1\end{pmatrix}$ 到基 $\boldsymbol{\beta}_1=\begin{pmatrix}1\\1\end{pmatrix}$，$\boldsymbol{\beta}_2=\begin{pmatrix}1\\2\end{pmatrix}$ 的过渡矩阵为________. （2003 年数学一）

7. 设 $\boldsymbol{\alpha}$ 为三维列向量，$\boldsymbol{\alpha}^{\mathrm{T}}$ 是 $\boldsymbol{\alpha}$ 的转置，若

$$\boldsymbol{\alpha\alpha}^{\mathrm{T}}=\begin{pmatrix}1&-1&1\\-1&1&-1\\1&-1&1\end{pmatrix},$$

则 $\boldsymbol{\alpha}^{\mathrm{T}}\boldsymbol{\alpha}=$________. (2003 年数学二)

8. 设三阶方阵 $\boldsymbol{A},\boldsymbol{B}$ 满足 $\boldsymbol{A}^2\boldsymbol{B}-\boldsymbol{A}-\boldsymbol{B}=\boldsymbol{E}$,其中 $\boldsymbol{E}$ 为三阶单位矩阵,若

$$\boldsymbol{A}=\begin{pmatrix}1&0&1\\0&2&0\\-2&0&1\end{pmatrix},$$

则 $|\boldsymbol{B}|=$________. (2003 年数学二)

9. 设 n 维向量 $\boldsymbol{\alpha}=(a,0,\cdots,0,a)^{\mathrm{T}}$,$a<0$. $\boldsymbol{E}$ 为 n 阶单位矩阵,矩阵

$$\boldsymbol{A}=\boldsymbol{E}-\boldsymbol{\alpha}\boldsymbol{\alpha}^{\mathrm{T}},\quad \boldsymbol{B}=\boldsymbol{E}+\frac{1}{a}\boldsymbol{\alpha}\boldsymbol{\alpha}^{\mathrm{T}},$$

其中 $\boldsymbol{A}$ 的逆矩阵为 $\boldsymbol{B}$,则 $a=$________. (2003 年数学三、四)

10. 设 $\boldsymbol{A},\boldsymbol{B}$ 均为三阶矩阵,$\boldsymbol{E}$ 是三阶单位矩阵. 已知

$$\boldsymbol{AB}=2\boldsymbol{A}+\boldsymbol{B},\quad \boldsymbol{B}=\begin{pmatrix}2&0&2\\0&4&0\\2&0&2\end{pmatrix},$$

则 $(\boldsymbol{A}-\boldsymbol{E})^{-1}=$________. (2003 年数学四)

11. 设矩阵 $\boldsymbol{A}=\begin{pmatrix}2&1&0\\1&2&0\\0&0&1\end{pmatrix}$,矩阵 $\boldsymbol{B}$ 满足 $\boldsymbol{ABA}^*=2\boldsymbol{BA}^*+\boldsymbol{E}$,其中 $\boldsymbol{A}^*$ 为 $\boldsymbol{A}$ 的伴随矩阵,$\boldsymbol{E}$ 是单位矩阵,则 $|\boldsymbol{B}|=$________. (2004 年数学一、二)

12. 二次型 $f(x_1,x_2,x_3)=(x_1+x_2)^2+(x_2-x_3)^2+(x_3+x_1)^2$ 的秩为________. (2004 年数学三)

13. 设 $\boldsymbol{A}=\begin{pmatrix}0&-1&0\\1&0&0\\0&0&-1\end{pmatrix}$,$\boldsymbol{B}=\boldsymbol{P}^{-1}\boldsymbol{AP}$,其中 $\boldsymbol{P}$ 为三阶可逆矩阵,则 $\boldsymbol{B}^{2004}-2\boldsymbol{A}^2=$________. (2004 年数学四)

14. 设 $\boldsymbol{A}=(a_{ij})_{3\times3}$ 是实正交矩阵,且 $a_{11}=1$,$\boldsymbol{b}=(1,0,0)^{\mathrm{T}}$,则线性方程组 $\boldsymbol{Ax}=\boldsymbol{b}$ 的解是________. (2004 年数学四)

15. 设 $\boldsymbol{\alpha}_1,\boldsymbol{\alpha}_2,\boldsymbol{\alpha}_3$ 均为三维列向量,记矩阵

$$\boldsymbol{A}=(\boldsymbol{\alpha}_1,\boldsymbol{\alpha}_2,\boldsymbol{\alpha}_3),\quad \boldsymbol{B}=(\boldsymbol{\alpha}_1+\boldsymbol{\alpha}_2+\boldsymbol{\alpha}_3,\boldsymbol{\alpha}_1+2\boldsymbol{\alpha}_2+4\boldsymbol{\alpha}_3,\boldsymbol{\alpha}_1+3\boldsymbol{\alpha}_2+9\boldsymbol{\alpha}_3).$$

如果 $|\boldsymbol{A}|=1$,那么 $|\boldsymbol{B}|=$________. (2005 年数学一、二、四)

16. 设行向量组 $(2,1,1,1)$,$(2,1,a,a)$,$(3,2,1,a)$,$(4,3,2,1)$ 线性相关,且 $a\neq1$,则 $a=$________. (2005 年数学三、四)

17. 设矩阵 $\boldsymbol{A}=\begin{pmatrix}2&1\\-1&2\end{pmatrix}$,$\boldsymbol{E}$ 为二阶单位矩阵,矩阵 $\boldsymbol{B}$ 满足 $\boldsymbol{BA}=\boldsymbol{B}+2\boldsymbol{E}$,则

$|\boldsymbol{B}|=$________.　　　　(2006 年数学一、二、三、四)

18. 已知 $\boldsymbol{\alpha}_1,\boldsymbol{\alpha}_2$ 为二维列向量，矩阵 $\boldsymbol{A}=(2\boldsymbol{\alpha}_1+\boldsymbol{\alpha}_2,\boldsymbol{\alpha}_1-\boldsymbol{\alpha}_2)$，$\boldsymbol{B}=(\boldsymbol{\alpha}_1,\boldsymbol{\alpha}_2)$. 若行列式 $|\boldsymbol{A}|=6$，则 $|\boldsymbol{B}|=$________.　　　　(2006 年数学四)

19. 设矩阵 $\boldsymbol{A}=\begin{pmatrix}0&1&0&0\\0&0&1&0\\0&0&0&1\\0&0&0&0\end{pmatrix}$，则 $\boldsymbol{A}^3$ 的秩为________.

(2007 年数学一、二、三、四)

20. 设 $\boldsymbol{A}$ 为二阶矩阵，$\boldsymbol{\alpha}_1,\boldsymbol{\alpha}_2$ 为线性无关的二维列向量，$\boldsymbol{A}\boldsymbol{\alpha}_1=\boldsymbol{0}$，$\boldsymbol{A}\boldsymbol{\alpha}_2=2\boldsymbol{\alpha}_1+\boldsymbol{\alpha}_2$，则 $\boldsymbol{A}$ 的非零特征值为________.　　　　(2008 年数学一、二)

21. 矩阵 $\boldsymbol{A}$ 的特征值是 $\lambda,2,3$，其中 λ 未知，且 $|2\boldsymbol{A}|=-48$，则 $\lambda=$________.　　　　(2008 年数学二)

22. 设三阶矩阵 $\boldsymbol{A}$ 的特征值为 1,2,2，则 $|4\boldsymbol{A}^{-1}-\boldsymbol{E}|=$________.

(2008 年数学三)

23. 设三阶矩阵 $\boldsymbol{A}$ 的特征值互不相同，若行列式 $|\boldsymbol{A}|=0$，则 $\boldsymbol{A}$ 的秩为________.　　　　(2008 年数学四)

24. 若三维列向量 $\boldsymbol{\alpha},\boldsymbol{\beta}$ 满足 $\boldsymbol{\alpha}^{\mathrm{T}}\boldsymbol{\beta}=2$，其中 $\boldsymbol{\alpha}^{\mathrm{T}}$ 为 $\boldsymbol{\alpha}$ 的转置，则矩阵 $\boldsymbol{\beta}\boldsymbol{\alpha}^{\mathrm{T}}$ 的非零特征值为________.　　　　(2009 年数学一)

25. 设 $\boldsymbol{\alpha},\boldsymbol{\beta}$ 为三维列向量，$\boldsymbol{\beta}^{\mathrm{T}}$ 为 $\boldsymbol{\beta}$ 的转置，若矩阵 $\boldsymbol{\alpha}\boldsymbol{\beta}^{\mathrm{T}}$ 相似于 $\begin{pmatrix}2&0&0\\0&0&0\\0&0&0\end{pmatrix}$，则 $\boldsymbol{\beta}^{\mathrm{T}}\boldsymbol{\alpha}=$________.　　　　(2009 年数学二)

26. 设 $\boldsymbol{\alpha}=(1,1,1)^{\mathrm{T}}$，$\boldsymbol{\beta}=(1,0,k)^{\mathrm{T}}$，若矩阵 $\boldsymbol{\alpha}\boldsymbol{\beta}^{\mathrm{T}}$ 相似于 $\begin{pmatrix}3&0&0\\0&0&0\\0&0&0\end{pmatrix}$，则 $k=$________.　　　　(2009 年数学三)

27. 设 $\boldsymbol{\alpha}_1=(1,2,-1,0)^{\mathrm{T}}$，$\boldsymbol{\alpha}_2=(1,1,0,2)^{\mathrm{T}}$，$\boldsymbol{\alpha}_3=(2,1,1,a)^{\mathrm{T}}$，若由 $\boldsymbol{\alpha}_1,\boldsymbol{\alpha}_2,\boldsymbol{\alpha}_3$ 形成的向量空间的维数为 2，则 $a=$________.　　　　(2010 年数学一)

28. 设 $\boldsymbol{A},\boldsymbol{B}$ 为三阶矩阵，且 $|\boldsymbol{A}|=3$，$|\boldsymbol{B}|=2$，$|\boldsymbol{A}^{-1}+\boldsymbol{B}|=2$，则 $|\boldsymbol{A}+\boldsymbol{B}^{-1}|=$________.　　　　(2010 年数学二、三)

29. 若二次曲面的方程 $x^2+3y^2+z^2+2axy+2xz+2yz=4$ 经正交变换化为 $y_1^2+y_2^2=4$，则 $a=$________.　　　　(2011 年数学一)

30. 二次型 $f(x_1,x_2,x_3)=x_1^2+3x_2^2+x_3^2++2x_1x_2+2x_1x_3+2x_2x_3$，则二次型的正惯性指数为________.　　　　(2011 年数学二)

31. 设二次型 $f(x_1,x_2,x_3)=\boldsymbol{x}^{\mathrm{T}}\boldsymbol{A}\boldsymbol{x}$ 的秩为 1，$\boldsymbol{A}$ 的各行元素之和为 3，则 f 在正交变换 $\boldsymbol{x}=\boldsymbol{Q}\boldsymbol{y}$ 下的标准型为________. (2011 年数学三)

32. 设 $\boldsymbol{X}$ 为三维单位列向量，$\boldsymbol{E}$ 为三阶单位矩阵，则矩阵 $\boldsymbol{E}-\boldsymbol{X}\boldsymbol{X}^{\mathrm{T}}$ 的秩为________. (2012 年数学一)

33. 设 $\boldsymbol{A}$ 为三阶矩阵，$|\boldsymbol{A}|=3$，$\boldsymbol{A}^*$ 为 $\boldsymbol{A}$ 的伴随矩阵，若交换 $\boldsymbol{A}$ 的第一行与第二行得到矩阵 $\boldsymbol{B}$，则 $|\boldsymbol{B}\boldsymbol{A}^*|=$________. (2012 年数学二、三)

34. 设 $\boldsymbol{A}=(a_{ij})$ 是三阶非零矩阵，$|\boldsymbol{A}|$ 为 $\boldsymbol{A}$ 的行列式，A_{ij} 为 a_{ij} 的代数余子式. 若 $a_{ij}+A_{ij}=0(i,j=1,2,3)$，则 $|\boldsymbol{A}|=$________. (2013 年数学一)

35. 设二次型

$$f(x_1,x_2,x_3)=x_1^2-x_2^2+2ax_1x_3+4x_2x_3$$

的负惯性指数是 1，则 a 的取值范围是________. (2014 年数学一)

36. n 阶行列式 $\begin{vmatrix} 2 & 0 & \cdots & 0 & 2 \\ -1 & 2 & \cdots & 0 & 2 \\ \vdots & \vdots & & \vdots & \vdots \\ 0 & 0 & \cdots & 2 & 2 \\ 0 & 0 & \cdots & -1 & 2 \end{vmatrix}=$________. (2015 年数学一)

37. 设三阶矩阵 $\boldsymbol{A}$ 的特征值为 $2,-2,1$，$\boldsymbol{B}=\boldsymbol{A}^2-\boldsymbol{A}+\boldsymbol{E}$，其中 $\boldsymbol{E}$ 为三阶单位矩阵，则行列式 $|\boldsymbol{B}|=$________. (2015 年数学二、三)

38. 设矩阵 $\begin{pmatrix} a & -1 & -1 \\ -1 & a & -1 \\ -1 & -1 & a \end{pmatrix}$ 和 $\begin{pmatrix} 1 & 1 & 0 \\ 0 & -1 & 1 \\ 1 & 0 & 1 \end{pmatrix}$ 等价，则 $a=$________.

(2016 年数学二)

39. 行列式 $\begin{vmatrix} \lambda & -1 & 0 & 0 \\ 0 & \lambda & -1 & 0 \\ 0 & 0 & \lambda & -1 \\ 4 & 3 & 2 & \lambda+1 \end{vmatrix}=$________. (2016 年数学一)

40. 设矩阵 $\boldsymbol{A}=\begin{pmatrix} 1 & 0 & 1 \\ 1 & 1 & 2 \\ 0 & 1 & 1 \end{pmatrix}$，$\boldsymbol{\alpha}_1,\boldsymbol{\alpha}_2,\boldsymbol{\alpha}_3$ 为线性无关的三维列向量组，则向量组 $\boldsymbol{A}\boldsymbol{\alpha}_1,\boldsymbol{A}\boldsymbol{\alpha}_2,\boldsymbol{A}\boldsymbol{\alpha}_3$ 的秩为________. (2017 年数学一)

41. 设二阶矩阵 $\boldsymbol{A}$ 有两个不同的特征值，$\boldsymbol{\alpha}_1,\boldsymbol{\alpha}_2$ 是 $\boldsymbol{A}$ 的线性无关的特征向量，$\boldsymbol{A}^2(\boldsymbol{\alpha}_1+\boldsymbol{\alpha}_2)=\boldsymbol{\alpha}_1+\boldsymbol{\alpha}_2$，则 $|\boldsymbol{A}|=$________. (2018 年数学一)

42. 设 $\boldsymbol{A}$ 为三阶矩阵，$\boldsymbol{\alpha}_1,\boldsymbol{\alpha}_2,\boldsymbol{\alpha}_3$ 为线性无关的向量组. 若 $\boldsymbol{A}\boldsymbol{\alpha}_1=2\boldsymbol{\alpha}_1+\boldsymbol{\alpha}_2+\boldsymbol{\alpha}_3$，$\boldsymbol{A}\boldsymbol{\alpha}_2=\boldsymbol{\alpha}_2+2\boldsymbol{\alpha}_3$，$\boldsymbol{A}\boldsymbol{\alpha}_3=-\boldsymbol{\alpha}_2+\boldsymbol{\alpha}_3$，则 $\boldsymbol{A}$ 的实特征值为________. (2018 年数学一)

二、选择题

1. 设有 3 张不同平面的方程 $a_{i1}x+a_{i2}y+a_{i3}z=b_i$，$i=1,2,3$，它们所组成的线性方程组的系数矩阵与增广矩阵的秩都为 2，则这 3 张平面可能的位置关系为(　).

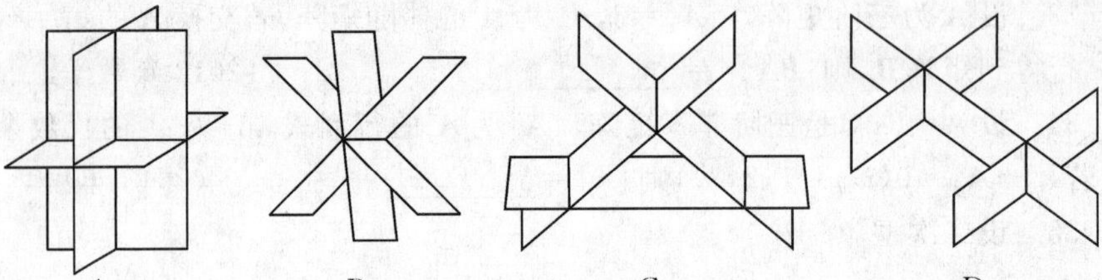

A.　　B.　　C.　　D.

(2002 年数学一)

2. 设向量组 $\boldsymbol{\alpha}_1,\boldsymbol{\alpha}_2,\boldsymbol{\alpha}_3$ 线性无关，向量 $\boldsymbol{\beta}_1$ 可由 $\boldsymbol{\alpha}_1,\boldsymbol{\alpha}_2,\boldsymbol{\alpha}_3$ 线性表示，而向量 $\boldsymbol{\beta}_2$ 不能由 $\boldsymbol{\alpha}_1,\boldsymbol{\alpha}_2,\boldsymbol{\alpha}_3$ 线性表示，则对于任意常数 k 必有(　).

A. $\boldsymbol{\alpha}_1,\boldsymbol{\alpha}_2,\boldsymbol{\alpha}_3,k\boldsymbol{\beta}_1+\boldsymbol{\beta}_2$ 线性无关

B. $\boldsymbol{\alpha}_1,\boldsymbol{\alpha}_2,\boldsymbol{\alpha}_3,k\boldsymbol{\beta}_1+\boldsymbol{\beta}_2$ 线性相关

C. $\boldsymbol{\alpha}_1,\boldsymbol{\alpha}_2,\boldsymbol{\alpha}_3,\boldsymbol{\beta}_1+k\boldsymbol{\beta}_2$ 线性无关

D. $\boldsymbol{\alpha}_1,\boldsymbol{\alpha}_2,\boldsymbol{\alpha}_3,\boldsymbol{\beta}_1+k\boldsymbol{\beta}_2$ 线性相关　　(2002 年数学二)

3. 设 $\boldsymbol{A}$ 是 $m\times n$ 矩阵，$\boldsymbol{B}$ 是 $n\times m$ 矩阵，则线性方程组 $(\boldsymbol{AB})\boldsymbol{x}=\boldsymbol{0}$(　).

A. 当 $n>m$ 时，仅有零解

B. 当 $n>m$ 时，必有非零解

C. 当 $m>n$ 时，仅有零解

D. 当 $m>n$ 时，必有非零解　　(2002 年数学三)

4. 设 $\boldsymbol{A}$ 是 n 阶实对称矩阵，$\boldsymbol{P}$ 是 n 阶可逆矩阵. 已知 n 维列向量 $\boldsymbol{\alpha}$ 是 $\boldsymbol{A}$ 的属于特征值 λ 的特征向量，则矩阵 $(\boldsymbol{P}^{-1}\boldsymbol{AP})^{\mathrm{T}}$ 属于特征值 λ 的特征向量是(　).

A. $\boldsymbol{P}^{-1}\boldsymbol{\alpha}$　　B. $\boldsymbol{P}^{\mathrm{T}}\boldsymbol{\alpha}$

C. $\boldsymbol{P}\boldsymbol{\alpha}$　　D. $(\boldsymbol{P}^{-1})^{\mathrm{T}}\boldsymbol{\alpha}$　　(2002 年数学三)

5. 设 $\boldsymbol{A},\boldsymbol{B}$ 为 n 阶矩阵，$\boldsymbol{A}^*,\boldsymbol{B}^*$ 分别为 $\boldsymbol{A},\boldsymbol{B}$ 对应的伴随矩阵，分块矩阵 $\boldsymbol{C}=\begin{pmatrix}\boldsymbol{A} & \boldsymbol{0}\\ \boldsymbol{0} & \boldsymbol{B}\end{pmatrix}$，则 $\boldsymbol{C}$ 的伴随矩阵 $\boldsymbol{C}^*=$(　).

A. $\begin{pmatrix}|\boldsymbol{A}|\boldsymbol{A}^* & \boldsymbol{0}\\ \boldsymbol{0} & |\boldsymbol{B}|\boldsymbol{B}^*\end{pmatrix}$　　B. $\begin{pmatrix}|\boldsymbol{B}|\boldsymbol{B}^* & \boldsymbol{0}\\ \boldsymbol{0} & |\boldsymbol{A}|\boldsymbol{A}^*\end{pmatrix}$

C. $\begin{pmatrix}|\boldsymbol{A}|\boldsymbol{B}^* & \boldsymbol{0}\\ \boldsymbol{0} & |\boldsymbol{B}|\boldsymbol{A}^*\end{pmatrix}$　　D. $\begin{pmatrix}|\boldsymbol{B}|\boldsymbol{A}^* & \boldsymbol{0}\\ \boldsymbol{0} & |\boldsymbol{A}|\boldsymbol{B}^*\end{pmatrix}$

(2002 年数学四)

6. 设向量组(Ⅰ):$\boldsymbol{\alpha}_1,\boldsymbol{\alpha}_2,\cdots,\boldsymbol{\alpha}_r$ 可由向量组(Ⅱ):$\boldsymbol{\beta}_1,\boldsymbol{\beta}_2,\cdots,\boldsymbol{\beta}_s$ 线性表示,则(　).

A. 当 $r<s$ 时,向量组(Ⅱ)必线性相关

B. 当 $r>s$ 时,向量组(Ⅱ)必线性相关

C. 当 $r<s$ 时,向量组(Ⅰ)必线性相关

D. 当 $r>s$ 时,向量组(Ⅰ)必线性相关　(2003 年数学一、二)

7. 设有齐次线性方程组 $\boldsymbol{Ax}=\boldsymbol{0}$ 和 $\boldsymbol{Bx}=\boldsymbol{0}$,其中 $\boldsymbol{A},\boldsymbol{B}$ 均为 $m\times n$ 矩阵,现有 4 个命题:

① 若 $\boldsymbol{Ax}=\boldsymbol{0}$ 的解均是 $\boldsymbol{Bx}=\boldsymbol{0}$ 的解,则 $r(\boldsymbol{A})\geqslant r(\boldsymbol{B})$;

② 若 $r(\boldsymbol{A})\geqslant r(\boldsymbol{B})$,则 $\boldsymbol{Ax}=\boldsymbol{0}$ 的解均是 $\boldsymbol{Bx}=\boldsymbol{0}$ 的解;

③ 若 $\boldsymbol{Ax}=\boldsymbol{0}$ 与 $\boldsymbol{Bx}=\boldsymbol{0}$ 同解,则 $r(\boldsymbol{A})=r(\boldsymbol{B})$;

④ 若 $r(\boldsymbol{A})=r(\boldsymbol{B})$,则 $\boldsymbol{Ax}=\boldsymbol{0}$ 与 $\boldsymbol{Bx}=\boldsymbol{0}$ 同解.

以上命题中正确的是(　).

A. ①②　　B. ①③

C. ②④　　D. ③④　(2003 年数学一)

8. 设三阶矩阵 $\boldsymbol{A}=\begin{pmatrix} a & b & b \\ b & a & b \\ b & b & a \end{pmatrix}$,若 $\boldsymbol{A}$ 的伴随矩阵的秩等于 1,则必有(　).

A. $a=b$ 或 $a+2b=0$　　B. $a=b$ 或 $a+2b\neq 0$

C. $a\neq b$,且 $a+2b=0$　　D. $a\neq b$,且 $a+2b\neq 0$

(2003 年数学三)

9. 设 $\boldsymbol{\alpha}_1,\boldsymbol{\alpha}_2,\cdots,\boldsymbol{\alpha}_s$ 均为 n 维向量,下列结论不正确的是(　).

A. 若对于任意一组不全为零的数 $k_1,k_2,\cdots,k_s$,都有 $k_1\boldsymbol{\alpha}_1+k_2\boldsymbol{\alpha}_2+\cdots+k_s\boldsymbol{\alpha}_s\neq\boldsymbol{0}$,则 $\boldsymbol{\alpha}_1,\boldsymbol{\alpha}_2,\cdots,\boldsymbol{\alpha}_s$ 线性无关

B. 若 $\boldsymbol{\alpha}_1,\boldsymbol{\alpha}_2,\cdots,\boldsymbol{\alpha}_s$ 线性相关,则对于任意一组不全为零的数 $k_1,k_2,\cdots,k_s$,都有 $k_1\boldsymbol{\alpha}_1+k_2\boldsymbol{\alpha}_2+\cdots+k_s\boldsymbol{\alpha}_s=\boldsymbol{0}$

C. $\boldsymbol{\alpha}_1,\boldsymbol{\alpha}_2,\cdots,\boldsymbol{\alpha}_s$ 线性无关的充分必要条件是此向量组的秩为 s

D. $\boldsymbol{\alpha}_1,\boldsymbol{\alpha}_2,\cdots,\boldsymbol{\alpha}_s$ 线性无关的必要条件是其中任意两个向量线性无关

(2003 年数学三)

10. 设矩阵

$$\boldsymbol{B}=\begin{pmatrix} 0 & 0 & 1 \\ 0 & 1 & 0 \\ 1 & 0 & 0 \end{pmatrix}.$$

已知矩阵 $\boldsymbol{A}$ 相似于 $\boldsymbol{B}$,则 $r(\boldsymbol{A}-2\boldsymbol{E})$ 与 $r(\boldsymbol{A}-\boldsymbol{E})$ 之和等于(　).

A. 2　　B. 3

C. 4　　D. 5　　（2003 年数学四）

11. 设 $\boldsymbol{A}$ 是三阶方阵，将 $\boldsymbol{A}$ 的第一列与第二列交换得 $\boldsymbol{B}$，再把 $\boldsymbol{B}$ 的第二列加到第三列得 $\boldsymbol{C}$，则满足 $\boldsymbol{AQ}=\boldsymbol{C}$ 的可逆矩阵 $\boldsymbol{Q}$ 为（　）．

A. $\begin{pmatrix}0&1&0\\1&0&0\\1&0&1\end{pmatrix}$　　B. $\begin{pmatrix}0&1&0\\1&0&1\\0&0&1\end{pmatrix}$

C. $\begin{pmatrix}0&1&0\\1&0&0\\0&1&1\end{pmatrix}$　　D. $\begin{pmatrix}0&1&1\\1&0&0\\0&0&1\end{pmatrix}$　　（2004 年数学一、二）

12. 设 $\boldsymbol{A},\boldsymbol{B}$ 为满足 $\boldsymbol{AB}=\boldsymbol{0}$ 的任意两个非零矩阵，则必有（　）．

A. $\boldsymbol{A}$ 的列向量组线性相关，$\boldsymbol{B}$ 的行向量组线性相关

B. $\boldsymbol{A}$ 的列向量组线性相关，$\boldsymbol{B}$ 的列向量组线性相关

C. $\boldsymbol{A}$ 的行向量组线性相关，$\boldsymbol{B}$ 的行向量组线性相关

D. $\boldsymbol{A}$ 的行向量组线性相关，$\boldsymbol{B}$ 的列向量组线性相关　　（2004 年数学一）

13. 设 n 阶矩阵 $\boldsymbol{A}$ 与 $\boldsymbol{B}$ 等价，则必有（　）．

A. 当 $|\boldsymbol{A}|=a(a\neq 0)$ 时，$|\boldsymbol{B}|=a$

B. 当 $|\boldsymbol{A}|=a(a\neq 0)$ 时，$|\boldsymbol{B}|=-a$

C. 当 $|\boldsymbol{A}|\neq 0$ 时，$|\boldsymbol{B}|=0$

D. 当 $|\boldsymbol{A}|=0$ 时，$|\boldsymbol{B}|=0$　　（2004 年数学三、四）

14. 设 n 阶矩阵 $\boldsymbol{A}$ 的伴随矩阵 $\boldsymbol{A}^*\neq\boldsymbol{0}$，若 $\boldsymbol{\xi}_1,\boldsymbol{\xi}_2,\boldsymbol{\xi}_3,\boldsymbol{\xi}_4$ 是非齐次线性方程组 $\boldsymbol{Ax}=\boldsymbol{b}$ 的互不相等的解，则对应的齐次线性方程组 $\boldsymbol{Ax}=\boldsymbol{0}$ 的基础解系（　）．

A. 不存在

B. 仅含一个非零解向量

C. 含有两个线性无关的解向量

D. 含有 3 个线性无关的解向量　　（2004 年数学三）

15. 设 λ_1,λ_2 是矩阵 $\boldsymbol{A}$ 的两个不同的特征值，对应的特征向量分别为 $\boldsymbol{\alpha}_1$，$\boldsymbol{\alpha}_2$，则 $\boldsymbol{\alpha}_1,\boldsymbol{A}(\boldsymbol{\alpha}_1+\boldsymbol{\alpha}_2)$ 线性无关的充分必要条件是（　）．

A. $\lambda_1\neq 0$　　B. $\lambda_2\neq 0$

C. $\lambda_1=0$　　D. $\lambda_2=0$　　（2005 年数学一、二、三）

16. 设 $\boldsymbol{A}$ 为 $n(n\geqslant 2)$ 阶可逆矩阵，交换 $\boldsymbol{A}$ 的第一行与第二行得矩阵 $\boldsymbol{B}$，$\boldsymbol{A}^*$，$\boldsymbol{B}^*$ 分别为 $\boldsymbol{A},\boldsymbol{B}$ 的伴随矩阵，则（　）．

A. 交换 $\boldsymbol{A}^*$ 的第一列与第二列得 $\boldsymbol{B}^*$

B. 交换 $\boldsymbol{A}^*$ 的第一行与第二行得 $\boldsymbol{B}^*$

C. 交换 $\boldsymbol{A}^*$ 的第一列与第二列得 $-\boldsymbol{B}^*$

D. 交换 $\boldsymbol{A}^*$ 的第一行与第二行得 $-\boldsymbol{B}^*$　(2005 年数学一、二)

17. 设矩阵 $\boldsymbol{A}=(a_{ij})_{3\times3}$ 满足 $\boldsymbol{A}^*=\boldsymbol{A}^{\mathrm{T}}$，其中 $\boldsymbol{A}^*$ 为 $\boldsymbol{A}$ 的伴随矩阵，$\boldsymbol{A}^{\mathrm{T}}$ 为 $\boldsymbol{A}$ 的转置矩阵，若 a_{11},a_{12},a_{13} 为 3 个相等的正数，则 a_{11} 为(　).

A. $\dfrac{\sqrt{3}}{3}$　　B. 3

C. $\dfrac{1}{3}$　　D. $\sqrt{3}$　(2005 年数学三)

18. 设 $\boldsymbol{A},\boldsymbol{B},\boldsymbol{C}$ 均为 n 阶矩阵，$\boldsymbol{E}$ 为 n 阶单位矩阵，若 $\boldsymbol{B}=\boldsymbol{E}+\boldsymbol{AB}$，$\boldsymbol{C}=\boldsymbol{A}+\boldsymbol{CA}$，则 $\boldsymbol{B}-\boldsymbol{C}$ 为(　).

A. $\boldsymbol{E}$　　B. $-\boldsymbol{E}$

C. $\boldsymbol{A}$　　D. $-\boldsymbol{A}$　(2005 年数学四)

19. 设 $\boldsymbol{\alpha}_1,\boldsymbol{\alpha}_2,\cdots,\boldsymbol{\alpha}_s$ 均为 n 维列向量，$\boldsymbol{A}$ 是 $m\times n$ 矩阵，下列选项正确的是(　).

A. 若 $\boldsymbol{\alpha}_1,\boldsymbol{\alpha}_2,\cdots,\boldsymbol{\alpha}_s$ 线性相关，则 $\boldsymbol{A\alpha}_1,\boldsymbol{A\alpha}_2,\cdots,\boldsymbol{A\alpha}_s$ 线性相关

B. 若 $\boldsymbol{\alpha}_1,\boldsymbol{\alpha}_2,\cdots,\boldsymbol{\alpha}_s$ 线性相关，则 $\boldsymbol{A\alpha}_1,\boldsymbol{A\alpha}_2,\cdots,\boldsymbol{A\alpha}_s$ 线性无关

C. 若 $\boldsymbol{\alpha}_1,\boldsymbol{\alpha}_2,\cdots,\boldsymbol{\alpha}_s$ 线性无关，则 $\boldsymbol{A\alpha}_1,\boldsymbol{A\alpha}_2,\cdots,\boldsymbol{A\alpha}_s$ 线性相关

D. 若 $\boldsymbol{\alpha}_1,\boldsymbol{\alpha}_2,\cdots,\boldsymbol{\alpha}_s$ 线性无关，则 $\boldsymbol{A\alpha}_1,\boldsymbol{A\alpha}_2,\cdots,\boldsymbol{A\alpha}_s$ 线性无关

(2006 年数学一、二、三)

20. 设 $\boldsymbol{A}$ 为三阶矩阵，将 $\boldsymbol{A}$ 的第二行加到第一行得 $\boldsymbol{B}$，再将 $\boldsymbol{B}$ 的第一列的 (-1) 倍加到第二列得 $\boldsymbol{C}$，记 $\boldsymbol{P}=\begin{pmatrix}1&1&0\\0&1&0\\0&0&1\end{pmatrix}$，则(　).

A. $\boldsymbol{C}=\boldsymbol{P}^{-1}\boldsymbol{AP}$　　B. $\boldsymbol{C}=\boldsymbol{PAP}^{-1}$

C. $\boldsymbol{C}=\boldsymbol{P}^{\mathrm{T}}\boldsymbol{AP}$　　D. $\boldsymbol{C}=\boldsymbol{PAP}^{\mathrm{T}}$

(2006 年数学一、二、三、四)

21. 设向量组 $\boldsymbol{\alpha}_1,\boldsymbol{\alpha}_2,\boldsymbol{\alpha}_3$ 线性无关，则下列向量组线性相关的是(　).

A. $\boldsymbol{\alpha}_1-\boldsymbol{\alpha}_2,\boldsymbol{\alpha}_2-\boldsymbol{\alpha}_3,\boldsymbol{\alpha}_3-\boldsymbol{\alpha}_1$

B. $\boldsymbol{\alpha}_1+\boldsymbol{\alpha}_2,\boldsymbol{\alpha}_2+\boldsymbol{\alpha}_3,\boldsymbol{\alpha}_3+\boldsymbol{\alpha}_1$

C. $\boldsymbol{\alpha}_1-2\boldsymbol{\alpha}_2,\boldsymbol{\alpha}_2-2\boldsymbol{\alpha}_3,\boldsymbol{\alpha}_3-2\boldsymbol{\alpha}_1$

D. $\boldsymbol{\alpha}_1+2\boldsymbol{\alpha}_2,\boldsymbol{\alpha}_2+2\boldsymbol{\alpha}_3,\boldsymbol{\alpha}_3+2\boldsymbol{\alpha}_1$　(2007 年数学一、二、三、四)

22. 设矩阵 $\boldsymbol{A}=\begin{pmatrix}2&-1&-1\\-1&2&-1\\-1&-1&2\end{pmatrix}$，$\boldsymbol{B}=\begin{pmatrix}1&0&0\\0&1&0\\0&0&0\end{pmatrix}$，则 $\boldsymbol{A}$ 与 $\boldsymbol{B}$(　).

A. 合同,且相似　　　　B. 合同,但不相似

C. 不合同,但相似　　　　D. 既不合同,又不相似

(2007 年数学一、二、三、四)

23. 设 $\boldsymbol{A}$ 为 n 阶非零矩阵,$\boldsymbol{E}$ 为 n 阶单位矩阵. 若 $\boldsymbol{A}^3=\boldsymbol{0}$,则(　).

A. $\boldsymbol{E}-\boldsymbol{A}$ 不可逆,$\boldsymbol{E}+\boldsymbol{A}$ 不可逆

B. $\boldsymbol{E}-\boldsymbol{A}$ 不可逆,$\boldsymbol{E}+\boldsymbol{A}$ 可逆

C. $\boldsymbol{E}-\boldsymbol{A}$ 可逆,$\boldsymbol{E}+\boldsymbol{A}$ 可逆

D. $\boldsymbol{E}-\boldsymbol{A}$ 可逆,$\boldsymbol{E}+\boldsymbol{A}$ 不可逆　　　　(2008 年数学一、二、三、四)

24. 设 $\boldsymbol{A}$ 为三阶实对称矩阵,如果二次曲面方程 $(x,y,z)\boldsymbol{A}\begin{pmatrix}x\\y\\z\end{pmatrix}=1$ 在正交变换下的标准方程的图形为沿 x 轴旋转对称的双叶双曲面,则 $\boldsymbol{A}$ 的正特征值的个数为(　).

A. 0　　　　B. 1

C. 2　　　　D. 3　　　　(2008 年数学一)

25. 设 $\boldsymbol{A}=\begin{pmatrix}1&2\\2&1\end{pmatrix}$,则在实数域上与 $\boldsymbol{A}$ 合同的矩阵为(　).

A. $\begin{pmatrix}-2&1\\1&-2\end{pmatrix}$　　　　B. $\begin{pmatrix}2&-1\\-1&2\end{pmatrix}$

C. $\begin{pmatrix}2&1\\1&2\end{pmatrix}$　　　　D. $\begin{pmatrix}1&-2\\-2&1\end{pmatrix}$

(2008 年数学二、三、四)

26. 设 $\boldsymbol{\alpha}_1,\boldsymbol{\alpha}_2,\boldsymbol{\alpha}_3$ 是三维列向量空间 $\mathbf{R}^3$ 的一个基,则由基 $\boldsymbol{\alpha}_1,\frac{1}{2}\boldsymbol{\alpha}_2,\frac{1}{3}\boldsymbol{\alpha}_3$ 到基 $\boldsymbol{\alpha}_1+\boldsymbol{\alpha}_2,\boldsymbol{\alpha}_2+\boldsymbol{\alpha}_3,\boldsymbol{\alpha}_3+\boldsymbol{\alpha}_1$ 的过渡矩阵为(　).

A. $\begin{pmatrix}1&0&1\\2&2&0\\0&3&3\end{pmatrix}$　　　　B. $\begin{pmatrix}1&2&0\\0&2&3\\1&0&3\end{pmatrix}$

C. $\begin{pmatrix}\frac{1}{2}&\frac{1}{4}&-\frac{1}{6}\\-\frac{1}{2}&\frac{1}{4}&\frac{1}{6}\\\frac{1}{2}&-\frac{1}{4}&\frac{1}{6}\end{pmatrix}$　　　　D. $\begin{pmatrix}\frac{1}{2}&-\frac{1}{2}&\frac{1}{2}\\\frac{1}{4}&\frac{1}{4}&-\frac{1}{4}\\-\frac{1}{6}&\frac{1}{6}&\frac{1}{6}\end{pmatrix}$

(2009 年数学一)

27. 设 $\boldsymbol{A},\boldsymbol{B}$ 均为二阶矩阵，$\boldsymbol{A}^*,\boldsymbol{B}^*$ 分别为 $\boldsymbol{A},\boldsymbol{B}$ 的伴随矩阵，若 $|\boldsymbol{A}|=2$，$|\boldsymbol{B}|=3$，则分块矩阵 $\begin{pmatrix}\boldsymbol{0} & \boldsymbol{A}\\ \boldsymbol{B} & \boldsymbol{0}\end{pmatrix}$ 的伴随矩阵为(　).

A. $\begin{pmatrix}\boldsymbol{0} & 3\boldsymbol{B}^*\\ 2\boldsymbol{A}^* & \boldsymbol{0}\end{pmatrix}$　　B. $\begin{pmatrix}\boldsymbol{0} & 2\boldsymbol{B}^*\\ 3\boldsymbol{A}^* & \boldsymbol{0}\end{pmatrix}$

C. $\begin{pmatrix}\boldsymbol{0} & 3\boldsymbol{A}^*\\ 2\boldsymbol{B}^* & \boldsymbol{0}\end{pmatrix}$　　D. $\begin{pmatrix}\boldsymbol{0} & 2\boldsymbol{A}^*\\ 3\boldsymbol{B}^* & \boldsymbol{0}\end{pmatrix}$

(2009 年数学一、二、三)

28. 设 $\boldsymbol{A},\boldsymbol{P}$ 均为三阶矩阵，$\boldsymbol{P}^{\mathrm{T}}$ 为 $\boldsymbol{P}$ 的转置矩阵，且 $\boldsymbol{P}^{\mathrm{T}}\boldsymbol{A}\boldsymbol{P}=\begin{pmatrix}1&0&0\\0&1&0\\0&0&2\end{pmatrix}$，若 $\boldsymbol{P}=(\boldsymbol{\alpha}_1,\boldsymbol{\alpha}_2,\boldsymbol{\alpha}_3)$，$\boldsymbol{Q}=(\boldsymbol{\alpha}_1+\boldsymbol{\alpha}_2,\boldsymbol{\alpha}_2,\boldsymbol{\alpha}_3)$，则 $\boldsymbol{Q}^{\mathrm{T}}\boldsymbol{A}\boldsymbol{Q}$ 为(　).

A. $\begin{pmatrix}2&1&0\\1&1&0\\0&0&2\end{pmatrix}$　　B. $\begin{pmatrix}1&1&0\\1&2&0\\0&0&2\end{pmatrix}$

C. $\begin{pmatrix}2&0&0\\0&1&0\\0&0&2\end{pmatrix}$　　D. $\begin{pmatrix}1&0&0\\0&2&0\\0&0&2\end{pmatrix}$　(2009 年数学二、三)

29. 设向量组Ⅰ：$\boldsymbol{\alpha}_1,\boldsymbol{\alpha}_2,\cdots,\boldsymbol{\alpha}_r$ 可由向量组Ⅱ：$\boldsymbol{\beta}_1,\boldsymbol{\beta}_2,\cdots,\boldsymbol{\beta}_s$ 线性表示，下列命题正确的是(　).

A. 向量组Ⅰ线性无关，则 $r\leqslant s$　　B. 向量组Ⅰ线性相关，则 $r>s$

C. 向量组Ⅱ线性无关，则 $r\leqslant s$　　D. 向量组Ⅱ线性相关，则 $r>s$

(2010 年数学二、三)

30. 设 $\boldsymbol{A}$ 为 $m\times n$ 矩阵，$\boldsymbol{B}$ 为 $n\times m$ 矩阵，$\boldsymbol{E}$ 为 m 阶单位矩阵，若 $\boldsymbol{AB}=\boldsymbol{E}$，则(　).

A. 秩 $r(\boldsymbol{A})=m$，秩 $r(\boldsymbol{B})=m$　　B. 秩 $r(\boldsymbol{A})=m$，秩 $r(\boldsymbol{B})=n$

C. 秩 $r(\boldsymbol{A})=n$，秩 $r(\boldsymbol{B})=m$　　D. 秩 $r(\boldsymbol{A})=n$，秩 $r(\boldsymbol{B})=n$

(2010 年数学一)

31. 设 $\boldsymbol{A}$ 为四阶实对称矩阵，且 $\boldsymbol{A}^2+\boldsymbol{A}=\boldsymbol{0}$. 若 $\boldsymbol{A}$ 的秩为 3，则 $\boldsymbol{A}$ 相似于(　).

A. $\begin{pmatrix}1&&&\\&1&&\\&&1&\\&&&0\end{pmatrix}$　　B. $\begin{pmatrix}1&&&\\&1&&\\&&-1&\\&&&0\end{pmatrix}$

C. $\begin{pmatrix}1&&&\\&-1&&\\&&-1&\\&&&0\end{pmatrix}$ D. $\begin{pmatrix}-1&&&\\&-1&&\\&&-1&\\&&&0\end{pmatrix}$

(2010 年数学一、二、三)

32. 设 $\boldsymbol{A}$ 为三阶矩阵，将 $\boldsymbol{A}$ 的第二列加到第一列得到矩阵 $\boldsymbol{B}$，再交换 $\boldsymbol{B}$ 的第二行与第三行得到单位矩阵 $\boldsymbol{E}$，记 $\boldsymbol{P}_1=\begin{pmatrix}1&0&0\\1&1&0\\0&0&1\end{pmatrix}$，$\boldsymbol{P}_2=\begin{pmatrix}1&0&0\\0&0&1\\0&1&0\end{pmatrix}$，则 $\boldsymbol{A}=$（ ）.

A. $\boldsymbol{P}_1\boldsymbol{P}_2$ B. $\boldsymbol{P}_1^{-1}\boldsymbol{P}_2$

C. $\boldsymbol{P}_2\boldsymbol{P}_1$ D. $\boldsymbol{P}_2\boldsymbol{P}_1^{-1}$ (2011 年数学一、二、三)

33. 设 $\boldsymbol{A}=(\boldsymbol{\alpha}_1,\boldsymbol{\alpha}_2,\boldsymbol{\alpha}_3,\boldsymbol{\alpha}_4)$ 是四阶矩阵，$\boldsymbol{A}^*$ 为 $\boldsymbol{A}$ 的伴随矩阵. 若 $(1,0,1,0)^{\mathrm{T}}$ 是 $\boldsymbol{Ax}=\boldsymbol{0}$ 的一个基础解系，则 $\boldsymbol{A}^*\boldsymbol{x}=\boldsymbol{0}$ 的基础解系可为（ ）.

A. $\boldsymbol{\alpha}_1,\boldsymbol{\alpha}_3$ B. $\boldsymbol{\alpha}_1,\boldsymbol{\alpha}_2$

C. $\boldsymbol{\alpha}_1,\boldsymbol{\alpha}_2,\boldsymbol{\alpha}_3$ D. $\boldsymbol{\alpha}_2,\boldsymbol{\alpha}_3,\boldsymbol{\alpha}_4$ (2011 年数学一、二)

34. 设 $\boldsymbol{A}$ 为 4×3 矩阵，$\boldsymbol{\eta}_1,\boldsymbol{\eta}_2,\boldsymbol{\eta}_3$ 是非齐次线性方程组 $\boldsymbol{Ax}=\boldsymbol{\beta}$ 的 3 个线性无关的解，k_1,k_2,k_3 是任意常数，则 $\boldsymbol{Ax}=\boldsymbol{\beta}$ 的通解为（ ）.

A. $\dfrac{\boldsymbol{\eta}_2+\boldsymbol{\eta}_3}{2}+k_1(\boldsymbol{\eta}_2-\boldsymbol{\eta}_1)$ B. $\dfrac{\boldsymbol{\eta}_2-\boldsymbol{\eta}_3}{2}+k_2(\boldsymbol{\eta}_2-\boldsymbol{\eta}_1)$

C. $\dfrac{\boldsymbol{\eta}_2+\boldsymbol{\eta}_3}{2}+k_1(\boldsymbol{\eta}_3-\boldsymbol{\eta}_1)+k_2(\boldsymbol{\eta}_2-\boldsymbol{\eta}_1)$ D. $\dfrac{\boldsymbol{\eta}_2-\boldsymbol{\eta}_3}{2}+k_2(\boldsymbol{\eta}_2-\boldsymbol{\eta}_1)+k_3(\boldsymbol{\eta}_3-\boldsymbol{\eta}_1)$

(2011 年数学三)

35. 设 $\boldsymbol{\alpha}_1=\begin{pmatrix}0\\0\\c_1\end{pmatrix}$，$\boldsymbol{\alpha}_2=\begin{pmatrix}0\\1\\c_2\end{pmatrix}$，$\boldsymbol{\alpha}_3=\begin{pmatrix}1\\-1\\c_3\end{pmatrix}$，$\boldsymbol{\alpha}_4=\begin{pmatrix}-1\\1\\c_4\end{pmatrix}$，其中 c_1,c_2,c_3,c_4 为任意常数，则下列向量组线性相关的为（ ）.

A. $\boldsymbol{\alpha}_1,\boldsymbol{\alpha}_2,\boldsymbol{\alpha}_3$ B. $\boldsymbol{\alpha}_1,\boldsymbol{\alpha}_2,\boldsymbol{\alpha}_4$

C. $\boldsymbol{\alpha}_1,\boldsymbol{\alpha}_3,\boldsymbol{\alpha}_4$ D. $\boldsymbol{\alpha}_2,\boldsymbol{\alpha}_3,\boldsymbol{\alpha}_4$

(2012 年数学一、二、三)

36. 设 $\boldsymbol{A}$ 为三阶矩阵，$\boldsymbol{P}$ 为三阶可逆矩阵，且 $\boldsymbol{P}^{-1}\boldsymbol{AP}=\begin{pmatrix}1&0&0\\0&1&0\\0&0&2\end{pmatrix}$，若 $\boldsymbol{P}=(\boldsymbol{\alpha}_1,\boldsymbol{\alpha}_2,\boldsymbol{\alpha}_3)$，$\boldsymbol{Q}=(\boldsymbol{\alpha}_1+\boldsymbol{\alpha}_2,\boldsymbol{\alpha}_2,\boldsymbol{\alpha}_3)$，则 $\boldsymbol{Q}^{-1}\boldsymbol{AQ}=$（ ）.

A. $\begin{pmatrix}1&0&0\\0&2&0\\0&0&1\end{pmatrix}$　B. $\begin{pmatrix}1&0&0\\0&1&0\\0&0&2\end{pmatrix}$

C. $\begin{pmatrix}2&0&0\\0&1&0\\0&0&2\end{pmatrix}$　D. $\begin{pmatrix}2&0&0\\0&2&0\\0&0&1\end{pmatrix}$

(2012 年数学一、二、三)

37. 设矩阵 $\boldsymbol{A},\boldsymbol{B},\boldsymbol{C}$ 均为 n 阶矩阵,若 $\boldsymbol{AB}=\boldsymbol{C}$,且 $\boldsymbol{B}$ 可逆,则(　).

A. 矩阵 $\boldsymbol{C}$ 的行向量组与矩阵 $\boldsymbol{A}$ 的行向量组等价

B. 矩阵 $\boldsymbol{C}$ 的列向量组与矩阵 $\boldsymbol{A}$ 的列向量组等价

C. 矩阵 $\boldsymbol{C}$ 的行向量组与矩阵 $\boldsymbol{B}$ 的行向量组等价

D. 矩阵 $\boldsymbol{C}$ 的列向量组与矩阵 $\boldsymbol{B}$ 的列向量组等价　(2013 年数学一)

38. 矩阵 $\begin{pmatrix}1&a&1\\a&b&a\\1&a&1\end{pmatrix}$ 和 $\begin{pmatrix}2&0&0\\0&b&0\\0&0&0\end{pmatrix}$ 相似的充要条件为(　).

A. $a=0,b=2$　B. $a=0,b$ 为任意常数

C. $a=2,b=0$　D. $a=2,b$ 为任意常数

(2013 年数学一)

39. 行列式 $\begin{vmatrix}0&a&b&0\\a&0&0&b\\0&c&d&0\\c&0&0&d\end{vmatrix}=$(　).

A. $(ad-bc)^2$　B. $-(ad-bc)^2$

C. $a^2d^2-b^2c^2$　D. $b^2c^2-a^2d^2$　(2014 年数学一)

40. 设 $\boldsymbol{\alpha}_1,\boldsymbol{\alpha}_2,\boldsymbol{\alpha}_3$ 是三维向量,则对任意常数 k,l,向量 $\boldsymbol{\alpha}_1+k\boldsymbol{\alpha}_3,\boldsymbol{\alpha}_2+l\boldsymbol{\alpha}_3$ 线性无关是向量组 $\boldsymbol{\alpha}_1,\boldsymbol{\alpha}_2,\boldsymbol{\alpha}_3$ 线性无关的(　).

A. 必要不充分条件　B. 充分不必要条件

C. 充要条件　D. 既不充分也不必要条件

(2014 年数学一)

41. 设矩阵 $\boldsymbol{A}=\begin{pmatrix}1&1&1\\1&2&a\\1&4&a^2\end{pmatrix}$,$\boldsymbol{b}=\begin{pmatrix}1\\d\\d^2\end{pmatrix}$,若集合 $\Omega=\{1,2\}$,则线性方程组 $\boldsymbol{Ax}=\boldsymbol{b}$ 有无穷多解的充要条件是(　).

A. $a\notin\Omega,d\notin\Omega$　B. $a\notin\Omega,d\in\Omega$

C. $a\in\Omega,d\notin\Omega$　　D. $a\in\Omega,d\in\Omega$　（2015 年数学一）

42. 设二次型 $f(x_1,x_2,x_3)$在正交变换 $\boldsymbol{x}=\boldsymbol{P}\boldsymbol{y}$ 下的标准型为 $2y_1^2+y_2^2-y_3^2$，其中$\boldsymbol{P}=(\boldsymbol{e}_1,\boldsymbol{e}_2,\boldsymbol{e}_3)$，若 $\boldsymbol{Q}=(\boldsymbol{e}_1,-\boldsymbol{e}_3,\boldsymbol{e}_2)$，则 $f(x_1,x_2,x_3)$在正交变换 $\boldsymbol{x}=\boldsymbol{Q}\boldsymbol{y}$ 下的标准型为（　）.

A. $2y_1^2-y_2^2+y_3^2$　　B. $2y_1^2+y_2^2-y_3^2$

C. $2y_1^2-y_2^2-y_3^2$　　D. $2y_1^2+y_2^2+y_3^2$　（2015 年数学一）

43. 设 $\boldsymbol{A},\boldsymbol{B}$ 是可逆矩阵，且 $\boldsymbol{A}$ 与 $\boldsymbol{B}$ 相似，则下列结论错误的是（　）.

A. $\boldsymbol{A}^{\mathrm{T}}$ 与 $\boldsymbol{B}^{\mathrm{T}}$ 相似　　B. $\boldsymbol{A}^{-1}$ 与 $\boldsymbol{B}^{-1}$ 相似

C. $\boldsymbol{A}+\boldsymbol{A}^{\mathrm{T}}$ 与 $\boldsymbol{B}+\boldsymbol{B}^{\mathrm{T}}$ 相似　　D. $\boldsymbol{A}+\boldsymbol{A}^{-1}$ 与 $\boldsymbol{B}+\boldsymbol{B}^{-1}$ 相似

（2016 年数学一）

44. 设二次型

$$f(x_1,x_2,x_3)=a(x_1^2+x_2^2+x_3^2)+2x_1x_2+2x_2x_3+2x_1x_3$$

的正、负惯性指数分别为 1,2，则（　）.

A. $a>1$　　B. $a<-2$

C. $-2<a<1$　　D. $a=1$ 或 $a=-2$（2016 年数学二）

45. 设 $\boldsymbol{\alpha}$ 为 n 维单位列向量，$\boldsymbol{E}$ 为 n 阶单位矩阵，则（　）.

A. $\boldsymbol{E}-\boldsymbol{\alpha}\boldsymbol{\alpha}^{\mathrm{T}}$ 不可逆　　B. $\boldsymbol{E}+\boldsymbol{\alpha}\boldsymbol{\alpha}^{\mathrm{T}}$ 不可逆

C. $\boldsymbol{E}+2\boldsymbol{\alpha}\boldsymbol{\alpha}^{\mathrm{T}}$ 不可逆　　D. $\boldsymbol{E}-2\boldsymbol{\alpha}\boldsymbol{\alpha}^{\mathrm{T}}$ 不可逆

（2017 年数学一）

46. 已知矩阵 $\boldsymbol{A}=\begin{pmatrix}2&0&0\\0&2&1\\0&0&1\end{pmatrix}$，$\boldsymbol{B}=\begin{pmatrix}2&1&0\\0&2&0\\0&0&1\end{pmatrix}$，$\boldsymbol{C}=\begin{pmatrix}1&0&0\\0&2&0\\0&0&2\end{pmatrix}$，则（　）.

A. $\boldsymbol{A}$ 与 $\boldsymbol{C}$ 相似，$\boldsymbol{B}$ 与 $\boldsymbol{C}$ 相似　　B. $\boldsymbol{A}$ 与 $\boldsymbol{C}$ 相似，$\boldsymbol{B}$ 与 $\boldsymbol{C}$ 不相似

C. $\boldsymbol{A}$ 与 $\boldsymbol{C}$ 不相似，$\boldsymbol{B}$ 与 $\boldsymbol{C}$ 相似　　D. $\boldsymbol{A}$ 与 $\boldsymbol{C}$ 不相似，$\boldsymbol{B}$ 与 $\boldsymbol{C}$ 不相似

（2017 年数学一）

47. 下列矩阵中，与矩阵 $\begin{pmatrix}1&1&0\\0&1&1\\0&0&1\end{pmatrix}$ 相似的为（　）.

A. $\begin{pmatrix}1&1&-1\\0&1&1\\0&0&1\end{pmatrix}$　　B. $\begin{pmatrix}1&0&-1\\0&1&1\\0&0&1\end{pmatrix}$

C. $\begin{pmatrix}1&1&-1\\0&1&0\\0&0&1\end{pmatrix}$　　D. $\begin{pmatrix}1&0&-1\\0&1&0\\0&0&1\end{pmatrix}$　（2018 年数学一）

48. 设 $\boldsymbol{A},\boldsymbol{B}$ 为 n 阶矩阵，记 $r(\boldsymbol{X})$ 为矩阵 $\boldsymbol{X}$ 的秩，$(\boldsymbol{X}\ \boldsymbol{Y})$ 表示分块矩阵，则(　).

A. $r(\boldsymbol{A}\ \boldsymbol{AB})=r(\boldsymbol{A})$　　B. $r(\boldsymbol{A}\ \boldsymbol{BA})=r(\boldsymbol{A})$

C. $r(\boldsymbol{A}\ \boldsymbol{B})=\max\{r(\boldsymbol{A}),r(\boldsymbol{B})\}$　　D. $r(\boldsymbol{A}\ \boldsymbol{B})=r(\boldsymbol{A}^{\mathrm{T}}\ \boldsymbol{B}^{\mathrm{T}})$

(2018 年数学一)

三、计算题与证明题

1. 已知四阶方阵 $\boldsymbol{A}=(\boldsymbol{\alpha}_1,\boldsymbol{\alpha}_2,\boldsymbol{\alpha}_3,\boldsymbol{\alpha}_4)$，$\boldsymbol{\alpha}_1,\boldsymbol{\alpha}_2,\boldsymbol{\alpha}_3,\boldsymbol{\alpha}_4$ 均为四维列向量，其中 $\boldsymbol{\alpha}_2,\boldsymbol{\alpha}_3,\boldsymbol{\alpha}_4$ 线性无关，$\boldsymbol{\alpha}_1=2\boldsymbol{\alpha}_2-\boldsymbol{\alpha}_3$. 如果 $\boldsymbol{\beta}=\boldsymbol{\alpha}_1+\boldsymbol{\alpha}_2+\boldsymbol{\alpha}_3+\boldsymbol{\alpha}_4$，求线性方程组 $\boldsymbol{Ax}=\boldsymbol{\beta}$ 的通解.　(2002 年数学一、二)

2. 设 $\boldsymbol{A},\boldsymbol{B}$ 为同阶方阵.

(1) 如果 $\boldsymbol{A},\boldsymbol{B}$ 相似，试证：$\boldsymbol{A},\boldsymbol{B}$ 的特征多项式相等；

(2) 举一个二阶方阵的例子说明(1)的逆命题不成立；

(3) 当 $\boldsymbol{A},\boldsymbol{B}$ 均为实对称矩阵时，试证：(1)的逆命题成立.　(2002 年数学一)

3. 已知 $\boldsymbol{A},\boldsymbol{B}$ 为三阶矩阵，且满足 $2\boldsymbol{A}^{-1}\boldsymbol{B}=\boldsymbol{B}-4\boldsymbol{E}$，其中 $\boldsymbol{E}$ 是三阶单位矩阵.

(1) 证明：矩阵 $\boldsymbol{A}-2\boldsymbol{E}$ 可逆；

(2) 若 $\boldsymbol{B}=\begin{pmatrix}1&-2&0\\1&2&0\\0&0&2\end{pmatrix}$，求矩阵 $\boldsymbol{A}$.　(2002 年数学二)

4. 设齐次线性方程组

$$\begin{cases}ax_1+bx_2+bx_3+\cdots+bx_n=0,\\bx_1+ax_2+bx_3+\cdots+bx_n=0,\\\cdots\cdots\\bx_1+bx_2+bx_3+\cdots+ax_n=0,\end{cases}$$

其中 $a\neq0,b\neq0,n\geqslant2$. 试讨论 a,b 为何值时，方程组仅有零解、有无穷多个解. 在有无穷多个解时，求出全部解，并用基础解系表示全部解.　(2002 年数学三)

5. 设 $\boldsymbol{A}$ 为三阶实对称矩阵，且满足条件 $\boldsymbol{A}^2+2\boldsymbol{A}=\boldsymbol{0}$，已知 $r(\boldsymbol{A})=2$.

(1) 求 $\boldsymbol{A}$ 的全部特征值；

(2) 当 k 为何值时，矩阵 $\boldsymbol{A}+k\boldsymbol{E}$ 为正定矩阵？其中 $\boldsymbol{E}$ 为三阶单位矩阵.

(2002 年数学三)

6. 设四元齐次线性方程组(Ⅰ)为

$$\begin{cases}2x_1+3x_2-x_3\qquad=0,\\x_1+2x_2+x_3-x_4=0,\end{cases}$$

且已知另一四元齐次线性方程组(Ⅱ)的一个基础解系为

$$\boldsymbol{\alpha}_1=(2,-1,a+2,1)^{\mathrm{T}},\quad \boldsymbol{\alpha}_2=(-1,2,4,a+8)^{\mathrm{T}}.$$

(1) 求方程组(Ⅰ)的一个基础解系;

(2) 当 a 为何值时,方程组(Ⅰ)与(Ⅱ)有非零公共解?在有非零公共解时,求出全部非零公共解. (2002 年数学四)

7. 设实对称矩阵 $\boldsymbol{A}=\begin{pmatrix} a & 1 & 1 \\ 1 & a & -1 \\ 1 & -1 & a \end{pmatrix}$,求可逆矩阵 $\boldsymbol{P}$,使 $\boldsymbol{P}^{-1}\boldsymbol{AP}$ 为对角矩阵,并计算行列式 $|\boldsymbol{A}-\boldsymbol{E}|$ 的值. (2002 年数学四)

8. 设矩阵 $\boldsymbol{A}=\begin{pmatrix} 3 & 2 & 2 \\ 2 & 3 & 2 \\ 2 & 2 & 3 \end{pmatrix}$,$\boldsymbol{P}=\begin{pmatrix} 0 & 1 & 0 \\ 1 & 0 & 1 \\ 0 & 0 & 1 \end{pmatrix}$,$\boldsymbol{B}=\boldsymbol{P}^{-1}\boldsymbol{A}^{*}\boldsymbol{P}$,求 $\boldsymbol{B}+2\boldsymbol{E}$ 的特征值与特征向量,其中 $\boldsymbol{A}^{*}$ 为 $\boldsymbol{A}$ 的伴随矩阵,$\boldsymbol{E}$ 为三阶单位矩阵. (2003 年数学一)

9. 已知平面上 3 条不同直线的方程分别为

$$l_1: ax+2by+3c=0,$$
$$l_2: bx+2cy+3a=0,$$
$$l_3: cx+2ay+3b=0.$$

试证:这 3 条直线交于一点的充分必要条件为 $a+b+c=0$. (2003 年数学一、二)

10. 若矩阵 $\boldsymbol{A}=\begin{pmatrix} 2 & 2 & 0 \\ 8 & 2 & a \\ 0 & 0 & 6 \end{pmatrix}$ 相似于对角矩阵 $\boldsymbol{\Lambda}$,试确定常数 a 的值;并求可逆矩阵 $\boldsymbol{P}$ 使 $\boldsymbol{P}^{-1}\boldsymbol{AP}=\boldsymbol{\Lambda}$. (2003 年数学二)

11. 已知齐次线性方程组

$$\begin{cases} (a_1+b)x_1+a_2x_2+a_3x_3+\cdots+a_nx_n=0, \\ a_1x_1+(a_2+b)x_2+a_3x_3+\cdots+a_nx_n=0, \\ a_1x_1+a_2x_2+(a_3+b)x_3+\cdots+a_nx_n=0, \\ \cdots\cdots \\ a_1x_1+a_2x_2+a_3x_3+\cdots+(a_n+b)x_n=0, \end{cases}$$

其中 $\sum\limits_{i=1}^{n}a_i\neq 0$. 试讨论 $a_1,a_2,\cdots,a_n$ 和 b 满足何种关系时,

(1) 方程组仅有零解;

(2) 方程组有非零解,在有非零解时,求此方程组的一个基础解系.

(2003 年数学三)

12. 设二次型

$$f(x_1,x_2,x_3)=\boldsymbol{x}^{\mathrm{T}}\boldsymbol{Ax}=ax_1^2+2x_2^2-2x_3^2+2bx_1x_3 \quad (b>0),$$

其中二次型的矩阵 $\boldsymbol{A}$ 的特征值之和为 1,特征值之积为 -12.

(1) 求 a,b 的值；

(2) 利用正交变换将二次型 f 化为标准型，并写出所用的正交变换和对应的正交矩阵.　　(2003 年数学三)

13. 设有向量组(Ⅰ)：$\boldsymbol{\alpha}_1=(1,0,2)^{\mathrm{T}},\boldsymbol{\alpha}_2=(1,1,3)^{\mathrm{T}},\boldsymbol{\alpha}_3=(1,-1,a+2)^{\mathrm{T}}$ 和向量组(Ⅱ)：$\boldsymbol{\beta}_1=(1,2,a+3)^{\mathrm{T}},\boldsymbol{\beta}_2=(2,1,a+6)^{\mathrm{T}},\boldsymbol{\beta}_3=(2,1,a+4)^{\mathrm{T}}$. 试问：(1)当 a 为何值时，向量组(Ⅰ)与(Ⅱ)等价？(2)当 a 为何值时，向量组(Ⅰ)与(Ⅱ)不等价？

2003 年数学四)

14. 设矩阵 $\boldsymbol{A}=\begin{pmatrix}2&1&1\\1&2&1\\1&1&a\end{pmatrix}$ 可逆，向量 $\boldsymbol{\alpha}=\begin{pmatrix}1\\b\\1\end{pmatrix}$ 是矩阵 $\boldsymbol{A}^*$ 的一个特征向量，λ 是 $\boldsymbol{\alpha}$ 对应的特征值，其中 $\boldsymbol{A}^*$ 是矩阵 $\boldsymbol{A}$ 的伴随矩阵，试求 a,b 和 λ 的值.

(2003 年数学四)

15. 设有齐次线性方程组

$$\begin{cases}(1+a)x_1+x_2+\cdots+x_n=0,\\2x_1+(2+a)x_2+\cdots+2x_n=0,\\\cdots\cdots\\nx_1+nx_2+\cdots+(n+a)x_n=0\end{cases}\quad(n\geqslant 2).$$

试问 a 取何值时，该方程组有非零解？并求出其通解.　　(2004 年数学一)

16. 设矩阵 $\boldsymbol{A}=\begin{pmatrix}1&2&-3\\-1&4&-3\\1&a&5\end{pmatrix}$ 的特征方程有一个二重根，求 a 的值，并讨论 $\boldsymbol{A}$ 是否可相似对角化.　　(2004 年数学一、二)

17. 设有齐次线性方程组

$$\begin{cases}(1+a)x_1+x_2+x_3+x_4=0,\\2x_1+(2+a)x_2+2x_3+2x_4=0,\\3x_1+3x_2+(3+a)x_3+3x_4=0,\\4x_1+4x_2+4x_3+(4+a)x_4=0.\end{cases}$$

试问 a 取何值时，该方程组有非零解？并求出其通解.　　(2004 年数学二)

18. 设 $\boldsymbol{\alpha}_1=(1,2,0)^{\mathrm{T}},\boldsymbol{\alpha}_2=(1,a+2,-3a)^{\mathrm{T}},\boldsymbol{\alpha}_3=(-1,-b-2,a+2b)^{\mathrm{T}}$，$\boldsymbol{\beta}=(1,3,-3)^{\mathrm{T}}$，试讨论当 a,b 为何值时，

(1) $\boldsymbol{\beta}$ 不能由 $\boldsymbol{\alpha}_1,\boldsymbol{\alpha}_2,\boldsymbol{\alpha}_3$ 线性表示；

(2) $\boldsymbol{\beta}$ 可由 $\boldsymbol{\alpha}_1,\boldsymbol{\alpha}_2,\boldsymbol{\alpha}_3$ 唯一地线性表示，并求出表示式；

(3) $\boldsymbol{\beta}$ 可由 $\boldsymbol{\alpha}_1,\boldsymbol{\alpha}_2,\boldsymbol{\alpha}_3$ 线性表示，但表示式不唯一，并求出表示式.

(2004 年数学三)

19. 设 n 阶矩阵

$$A=\begin{pmatrix} 1 & b & \cdots & b \\ b & 1 & \cdots & b \\ \vdots & \vdots & & \vdots \\ b & b & \cdots & 1 \end{pmatrix}.$$

(1) 求 $\boldsymbol{A}$ 的特征值和特征向量;

(2) 求可逆矩阵 $\boldsymbol{P}$,使得 $\boldsymbol{P}^{-1}\boldsymbol{AP}$ 为对角矩阵. (2004 年数学三)

20. 设线性方程组

$$\begin{cases} x_1+\lambda x_2+ux_3+x_4=0, \\ 2x_1+x_2+x_3+2x_4=0, \\ 3x_1+(2+\lambda)x_2+(4+u)x_3+4x_4=1. \end{cases}$$

已知$(1,-1,1,-1)^{\mathrm{T}}$ 是该方程组的一个解,试求:

(1) 方程组的全部解,并用对应的齐次线性方程组的基础解系表示全部解;

(2) 该方程组满足 $x_2=x_3$ 的全部解. (2004 年数学四)

21. 设三阶实对称矩阵 $\boldsymbol{A}$ 的秩为 2,$\lambda_1=\lambda_2=6$ 是 $\boldsymbol{A}$ 的二重特征值,若 $\boldsymbol{\alpha}_1=(1,1,0)^{\mathrm{T}}$,$\boldsymbol{\alpha}_2=(2,1,1)^{\mathrm{T}}$,$\boldsymbol{\alpha}_3=(-1,2,-3)^{\mathrm{T}}$ 都是 $\boldsymbol{A}$ 的属于特征值 6 的特征向量.

(1) 求 $\boldsymbol{A}$ 的另一特征值和对应的特征向量;

(2) 求矩阵 $\boldsymbol{A}$. (2004 年数学四)

22. 已知二次型 $f(x_1,x_2,x_3)=(1-a)x_1^2+(1-a)x_2^2+2x_3^2+2(1+a)x_1x_2$ 的秩为 2.

(1) 求 a 的值;

(2) 求正交变换 $\boldsymbol{x}=\boldsymbol{Qy}$,把 $f(x_1,x_2,x_3)$化成标准型;

(3) 求方程 $f(x_1,x_2,x_3)=0$ 的解. (2005 年数学一)

23. 已知三阶矩阵 $\boldsymbol{A}$ 的第一行是(a,b,c),a,b,c 不全为零,矩阵 $\boldsymbol{B}=\begin{pmatrix} 1 & 2 & 3 \\ 2 & 4 & 6 \\ 3 & 6 & k \end{pmatrix}$($k$ 为常数),且 $\boldsymbol{AB}=\boldsymbol{0}$,求线性方程组 $\boldsymbol{Ax}=\boldsymbol{0}$ 的通解.

(2005 年数学一、二)

24. 确定常数 a,使向量组 $\boldsymbol{\alpha}_1=(1,1,a)^{\mathrm{T}}$,$\boldsymbol{\alpha}_2=(1,a,1)^{\mathrm{T}}$,$\boldsymbol{\alpha}_3=(a,1,1)^{\mathrm{T}}$ 可由向量组 $\boldsymbol{\beta}_1=(1,1,a)^{\mathrm{T}}$,$\boldsymbol{\beta}_2=(-2,a,4)^{\mathrm{T}}$,$\boldsymbol{\beta}_3=(-2,a,a)^{\mathrm{T}}$ 线性表示,但向量组 $\boldsymbol{\beta}_1,\boldsymbol{\beta}_2,\boldsymbol{\beta}_3$ 不能由向量组 $\boldsymbol{\alpha}_1,\boldsymbol{\alpha}_2,\boldsymbol{\alpha}_3$ 线性表示. (2005 年数学二)

25. 已知齐次线性方程组

$$(\text{Ⅰ})\begin{cases}x_1+2x_2+3x_3=0,\\2x_1+3x_2+5x_3=0\\x_1\ \ +x_2+ax_3=0\end{cases}\text{和}(\text{Ⅱ})\begin{cases}x_1\ \ +bx_2\ \ \ \ \ \ \ +cx_3=0,\\2x_1+b^2x_2+(c+1)x_3=0\end{cases}$$

同解,求 a,b,c 的值.　　(2005 年数学三、四)

26. 设 $\boldsymbol{D}=\begin{pmatrix}\boldsymbol{A}&\boldsymbol{C}\\\boldsymbol{C}^{\mathrm{T}}&\boldsymbol{B}\end{pmatrix}$ 为正定矩阵,其中 $\boldsymbol{A},\boldsymbol{B}$ 分别为 m 阶、n 阶对称矩阵,$\boldsymbol{C}$ 为 $m\times n$ 矩阵.

(1) 计算 $\boldsymbol{P}^{\mathrm{T}}\boldsymbol{DP}$,其中 $\boldsymbol{P}=\begin{pmatrix}\boldsymbol{E}_m&-\boldsymbol{A}^{-1}\boldsymbol{C}\\\boldsymbol{0}&\boldsymbol{E}_n\end{pmatrix}$;

(2) 利用(1)的结果判断矩阵 $\boldsymbol{B}-\boldsymbol{C}^{\mathrm{T}}\boldsymbol{A}^{-1}\boldsymbol{C}$ 是否为正定矩阵,并证明你的结论.　　(2005 年数学三)

27. 设 $\boldsymbol{A}$ 为三阶矩阵,$\boldsymbol{\alpha}_1,\boldsymbol{\alpha}_2,\boldsymbol{\alpha}_3$ 是线性无关的三维列向量,且满足

$$\boldsymbol{A\alpha}_1=\boldsymbol{\alpha}_1+\boldsymbol{\alpha}_2+\boldsymbol{\alpha}_3,\quad \boldsymbol{A\alpha}_2=2\boldsymbol{\alpha}_2+\boldsymbol{\alpha}_3,\quad \boldsymbol{A\alpha}_3=2\boldsymbol{\alpha}_2+3\boldsymbol{\alpha}_3.$$

(1) 求矩阵 $\boldsymbol{B}$,使得 $\boldsymbol{A}(\boldsymbol{\alpha}_1,\boldsymbol{\alpha}_2,\boldsymbol{\alpha}_3)=(\boldsymbol{\alpha}_1,\boldsymbol{\alpha}_2,\boldsymbol{\alpha}_3)\boldsymbol{B}$;

(2) 求矩阵 $\boldsymbol{A}$ 的特征值;

(3) 求可逆矩阵 $\boldsymbol{P}$,使得 $\boldsymbol{P}^{-1}\boldsymbol{AP}$ 为对角矩阵.　　(2005 年数学四)

28. 已知非齐次线性方程组

$$\begin{cases}x_1+\ x_2+\ x_3+\ x_4=-1,\\4x_1+3x_2+5x_3-\ x_4=-1,\\ax_1+\ x_2+3x_3+bx_4=1\end{cases}$$

有 3 个线性无关的解.

(1) 证明:方程组系数矩阵 $\boldsymbol{A}$ 的秩 $r(\boldsymbol{A})=2$;

(2) 求 a,b 的值及方程组的通解.　　(2006 年数学一、二)

29. 设四维向量组 $\boldsymbol{\alpha}_1=(1+a,1,1,1)^{\mathrm{T}},\boldsymbol{\alpha}_2=(2,2+a,2,2)^{\mathrm{T}},\boldsymbol{\alpha}_3=(3,3,3+a,3)^{\mathrm{T}},\boldsymbol{\alpha}_4=(4,4,4,4+a)^{\mathrm{T}}$,问 a 为何值时,$\boldsymbol{\alpha}_1,\boldsymbol{\alpha}_2,\boldsymbol{\alpha}_3,\boldsymbol{\alpha}_4$ 线性相关?当 $\boldsymbol{\alpha}_1,\boldsymbol{\alpha}_2,\boldsymbol{\alpha}_3,\boldsymbol{\alpha}_4$ 线性相关时,求其一个极大线性无关组,并将其余向量用该极大线性无关组线性表示.　　(2006 年数学三、四)

30. 设三阶实对称矩阵 $\boldsymbol{A}$ 的各行元素之和均为 3,向量 $\boldsymbol{\alpha}_1=(-1,2,-1)^{\mathrm{T}},\boldsymbol{\alpha}_2=(0,-1,1)^{\mathrm{T}}$ 是线性方程组 $\boldsymbol{Ax}=\boldsymbol{0}$ 的两个解.

(1) 求 $\boldsymbol{A}$ 的特征值与特征向量;

(2) 求正交矩阵 $\boldsymbol{Q}$ 和对角矩阵 $\boldsymbol{\Lambda}$,使得 $\boldsymbol{Q}^{\mathrm{T}}\boldsymbol{AQ}=\boldsymbol{\Lambda}$;

(2006 年数学一、二、三、四)

(3) 求 $\boldsymbol{A}$ 及 $\left(\boldsymbol{A}-\frac{3}{2}\boldsymbol{E}\right)^6$,其中 $\boldsymbol{E}$ 为三阶单位矩阵.　　(2006 年数学三、四)

31. 设线性方程组

$$\begin{cases} x_1 + x_2 + x_3 = 0, \\ x_1 + 2x_2 + ax_3 = 0, \\ x_1 + 4x_2 + a^2 x_3 = 0 \end{cases}$$

与方程

$$x_1 + 2x_2 + x_3 = a - 1$$

有公共解,求 a 的值及所有公共解. (2007 年数学一、二、三、四)

32. 设三阶对称矩阵 $\boldsymbol{A}$ 的特征值 $\lambda_1 = 1, \lambda_2 = 2, \lambda_3 = -2$,且 $\boldsymbol{\alpha}_1 = (1, -1, 1)^{\mathrm{T}}$ 是 $\boldsymbol{A}$ 的属于 λ_1 的一个特征向量,记 $\boldsymbol{B} = \boldsymbol{A}^5 - 4\boldsymbol{A}^3 + \boldsymbol{E}$,其中 $\boldsymbol{E}$ 为三阶单位矩阵.

(1) 验证 $\boldsymbol{\alpha}_1$ 是矩阵 $\boldsymbol{B}$ 的特征向量,并求 $\boldsymbol{B}$ 的全部特征值与特征向量;

(2) 求矩阵 $\boldsymbol{B}$. (2007 年数学一、二、三、四)

33. 设 $\boldsymbol{\alpha}, \boldsymbol{\beta}$ 为三维列向量,矩阵 $\boldsymbol{A} = \boldsymbol{\alpha}\boldsymbol{\alpha}^{\mathrm{T}} + \boldsymbol{\beta}\boldsymbol{\beta}^{\mathrm{T}}$,其中 $\boldsymbol{\alpha}^{\mathrm{T}}$ 为 $\boldsymbol{\alpha}$ 的转置,$\boldsymbol{\beta}^{\mathrm{T}}$ 为 $\boldsymbol{\beta}$ 的转置. 证明:

(1) $r(\boldsymbol{A}) \leqslant 2$;

(2) 若 $\boldsymbol{\alpha}, \boldsymbol{\beta}$ 线性相关,则 $r(\boldsymbol{A}) < 2$. (2008 年数学一)

34. 设矩阵 $\boldsymbol{A} = \begin{pmatrix} 2a & 1 & & \\ a^2 & 2a & \ddots & \\ & \ddots & \ddots & 1 \\ & & a^2 & 2a \end{pmatrix}_{n \times n}$,现矩阵 $\boldsymbol{A}$ 满足方程 $\boldsymbol{A}\boldsymbol{x} = \boldsymbol{B}$,其中 $\boldsymbol{x} = (x_1, x_2, \cdots, x_n)^{\mathrm{T}}, \boldsymbol{B} = (1, 0, \cdots, 0)^{\mathrm{T}}$.

(1) 求证 $|\boldsymbol{A}| = (a+1)a^n$;

(2) a 为何值,方程组有唯一解,并求 x_1;

(3) a 为何值,方程组有无穷多组解,并求通解. (2008 年数学一、二、三、四)

35. 设 $\boldsymbol{A}$ 为三阶矩阵,$\boldsymbol{\alpha}_1, \boldsymbol{\alpha}_2$ 为 $\boldsymbol{A}$ 的分别属于特征值 $-1, 1$ 的特征向量,向量 $\boldsymbol{\alpha}_3$ 满足 $\boldsymbol{A}\boldsymbol{\alpha}_3 = \boldsymbol{\alpha}_2 + \boldsymbol{\alpha}_3$,

(1) 证明:$\boldsymbol{\alpha}_1, \boldsymbol{\alpha}_2, \boldsymbol{\alpha}_3$ 线性无关;

(2) 令 $\boldsymbol{P} = (\boldsymbol{\alpha}_1, \boldsymbol{\alpha}_2, \boldsymbol{\alpha}_3)$,求 $\boldsymbol{P}^{-1}\boldsymbol{A}\boldsymbol{P}$. (2008 年数学二、三、四)

36. 设 $\boldsymbol{A} = \begin{pmatrix} 1 & -1 & -1 \\ -1 & 1 & 1 \\ 0 & -4 & -2 \end{pmatrix}, \boldsymbol{\xi}_1 = \begin{pmatrix} -1 \\ 1 \\ -2 \end{pmatrix}$.

(1) 求满足 $\boldsymbol{A}\boldsymbol{\xi}_2 = \boldsymbol{\xi}_1, \boldsymbol{A}^2\boldsymbol{\xi}_3 = \boldsymbol{\xi}_1$ 的所有向量 $\boldsymbol{\xi}_2, \boldsymbol{\xi}_3$;

(2) 求(1)的任意向量 $\boldsymbol{\xi}_2, \boldsymbol{\xi}_3$,证明:$\boldsymbol{\xi}_1, \boldsymbol{\xi}_2, \boldsymbol{\xi}_3$ 线性无关.

(2009 年数学一、二、三)

37. 设二次型 $f(x_1, x_2, x_3) = ax_1^2 + ax_2^2 + (a-1)x_3^2 + 2x_1x_3 - 2x_2x_3$.

(1) 求二次型 f 的矩阵的所有特征值;

(2) 若二次型 f 的规范型为 $y_1^2+y_2^2$,求 a 的值. (2009 年数学一、二、三)

38. 设 $\boldsymbol{A}=\begin{pmatrix}\lambda & 1 & 1\\ 0 & \lambda-1 & 0\\ 1 & 1 & \lambda\end{pmatrix}$,$\boldsymbol{b}=\begin{pmatrix}a\\ 1\\ 1\end{pmatrix}$,已知线性方程组 $\boldsymbol{Ax}=\boldsymbol{b}$ 存在两个不同的解.

(1) 求 λ,a;

(2) 求方程组 $\boldsymbol{Ax}=\boldsymbol{b}$ 的通解. (2010 年数学一、二、三)

39. 已知二次型 $f(x_1,x_2,x_3)=\boldsymbol{x}^{\mathrm{T}}\boldsymbol{Ax}$ 在正交变换 $\boldsymbol{x}=\boldsymbol{Qy}$ 下的标准型为 $y_1^2+y_2^2$,且 $\boldsymbol{Q}$ 的第三列为 $\left(\frac{\sqrt{2}}{2},0,\frac{\sqrt{2}}{2}\right)^{\mathrm{T}}$.

(1) 求矩阵 $\boldsymbol{A}$;

(2) 证明:$\boldsymbol{A}+\boldsymbol{E}$ 为正定矩阵,其中 $\boldsymbol{E}$ 为三阶单位矩阵. (2010 年数学一)

40. 设 $\boldsymbol{A}=\begin{pmatrix}0 & -1 & 4\\ -1 & 3 & a\\ 4 & a & 0\end{pmatrix}$,正交矩阵 $\boldsymbol{Q}$ 使得 $\boldsymbol{Q}^{\mathrm{T}}\boldsymbol{AQ}$ 为对角矩阵,若 $\boldsymbol{Q}$ 的第一列为 $\frac{1}{\sqrt{6}}(1,2,1)^{\mathrm{T}}$,求 $a,\boldsymbol{Q}$. (2010 年数学二、三)

41. 设向量组 $\boldsymbol{\alpha}_1=(1,0,1)^{\mathrm{T}},\boldsymbol{\alpha}_2=(0,1,1)^{\mathrm{T}},\boldsymbol{\alpha}_3=(1,3,5)^{\mathrm{T}}$ 不能由向量组 $\boldsymbol{\beta}_1=(1,1,1)^{\mathrm{T}},\boldsymbol{\beta}_2=(1,2,3)^{\mathrm{T}},\boldsymbol{\beta}_3=(3,4,a)^{\mathrm{T}}$ 线性表示.

(1) 求 a 的值;

(2) 将 $\boldsymbol{\beta}_1,\boldsymbol{\beta}_2,\boldsymbol{\beta}_3$ 用 $\boldsymbol{\alpha}_1,\boldsymbol{\alpha}_2,\boldsymbol{\alpha}_3$ 线性表示. (2011 年数学一、二、三)

42. 设 $\boldsymbol{A}$ 为三阶实对称矩阵,$\boldsymbol{A}$ 的秩为 2,且 $\boldsymbol{A}\begin{pmatrix}1 & 1\\ 0 & 0\\ -1 & 1\end{pmatrix}=\begin{pmatrix}-1 & 1\\ 0 & 0\\ 1 & 1\end{pmatrix}$.求:

(1) $\boldsymbol{A}$ 的特征值与特征向量;

(2) 矩阵 $\boldsymbol{A}$. (2011 年数学一、二、三)

43. 设 $\boldsymbol{A}=\begin{pmatrix}1 & a & 0 & 0\\ 0 & 1 & a & 0\\ 0 & 0 & 1 & a\\ a & 0 & 0 & 1\end{pmatrix}$,$\boldsymbol{b}=\begin{pmatrix}1\\ -1\\ 0\\ 0\end{pmatrix}$,

(1) 求 $|\boldsymbol{A}|$;

(2) 已知线性方程组 $\boldsymbol{Ax}=\boldsymbol{b}$ 有无穷多解,求 a,并求 $\boldsymbol{Ax}=\boldsymbol{b}$ 的通解.

(2012 年数学一、二、三)

44. 设矩阵 $\boldsymbol{A}=\begin{pmatrix}1 & 0 & 1\\0 & 1 & 1\\-1 & 0 & a\\0 & a & -1\end{pmatrix}$，$\boldsymbol{A}^{\mathrm{T}}$ 为 $\boldsymbol{A}$ 的转置矩阵，已知 $r(\boldsymbol{A}\boldsymbol{A}^{\mathrm{T}})=2$，且 $f=\boldsymbol{x}^{\mathrm{T}}\boldsymbol{A}^{\mathrm{T}}\boldsymbol{A}\boldsymbol{x}$.

(1) 求 a；

(2) 求二次型对应的二次型矩阵，并将二次型化为标准型，写出正交变换过程. (2012 年数学一、二、三)

45. 设 $\boldsymbol{A}=\begin{pmatrix}1 & a\\1 & 0\end{pmatrix}$，$\boldsymbol{B}=\begin{pmatrix}0 & 1\\1 & b\end{pmatrix}$，当 a,b 为何值时，存在矩阵 $\boldsymbol{C}$，使得 $\boldsymbol{AC}-\boldsymbol{CA}=\boldsymbol{B}$? 求所有矩阵 $\boldsymbol{C}$. (2013 年数学二)

46. 设二次型

$$f(x_1,x_2,x_3)=2(a_1x_1+a_2x_2+a_3x_3)^2+(b_1x_1+b_2x_2+b_3x_3)^2.$$

记 $\boldsymbol{\alpha}=(a_1,a_2,a_3)^{\mathrm{T}}$，$\boldsymbol{\beta}=(b_1,b_2,b_3)^{\mathrm{T}}$.

(1) 证明：二次型 f 对应的矩阵为 $2\boldsymbol{\alpha}\boldsymbol{\alpha}^{\mathrm{T}}+\boldsymbol{\beta}\boldsymbol{\beta}^{\mathrm{T}}$；

(2) 若 $\boldsymbol{\alpha},\boldsymbol{\beta}$ 正交且均为单位向量，证明：二次型 f 在正交变换下的标准型为 $2y_1^2+y_2^2$. (2013 年数学一)

47. 设 $\boldsymbol{A}=\begin{pmatrix}1 & -2 & 3 & -4\\0 & 1 & -1 & 1\\1 & 2 & 0 & -3\end{pmatrix}$，$\boldsymbol{E}$ 为三阶单位矩阵.

(1) 求方程组 $\boldsymbol{Ax}=\boldsymbol{0}$ 的一个基础解系；

(2) 求满足 $\boldsymbol{AB}=\boldsymbol{E}$ 的所有矩阵 $\boldsymbol{B}$. (2014 年数学一)

48. 证明：n 阶矩阵 $\begin{pmatrix}1 & 1 & \cdots & 1\\1 & 1 & \cdots & 1\\\vdots & \vdots & & \vdots\\1 & 1 & \cdots & 1\end{pmatrix}$ 与 $\begin{pmatrix}0 & 0 & \cdots & 0 & 1\\0 & 0 & \cdots & 0 & 2\\\vdots & \vdots & & \vdots & \vdots\\0 & 0 & \cdots & 0 & n\end{pmatrix}$ 相似.

(2014 年数学一)

49. 设向量组 $\boldsymbol{\alpha}_1,\boldsymbol{\alpha}_2,\boldsymbol{\alpha}_3$ 是 $\mathbf{R}^3$ 的一组基，$\boldsymbol{\beta}_1=2\boldsymbol{\alpha}_1+2k\boldsymbol{\alpha}_3$，$\boldsymbol{\beta}_2=2\boldsymbol{\alpha}_2$，$\boldsymbol{\beta}_3=\boldsymbol{\alpha}_1+(k+1)\boldsymbol{\alpha}_3$.

(1) 证明：向量组 $\boldsymbol{\beta}_1,\boldsymbol{\beta}_2,\boldsymbol{\beta}_3$ 为 $\mathbf{R}^3$ 的一组基；

(2) 当 k 为何值时，存在非零向量 $\boldsymbol{\xi}$ 在基 $\boldsymbol{\alpha}_1,\boldsymbol{\alpha}_2,\boldsymbol{\alpha}_3$ 与基 $\boldsymbol{\beta}_1,\boldsymbol{\beta}_2,\boldsymbol{\beta}_3$ 下的坐标相同，并求所有的 $\boldsymbol{\xi}$. (2015 年数学一)

50. 设矩阵 $\boldsymbol{A}=\begin{pmatrix}0 & 2 & -3\\-1 & 3 & -3\\1 & -2 & a\end{pmatrix}$ 相似于矩阵 $\boldsymbol{B}=\begin{pmatrix}1 & -2 & 0\\0 & b & 0\\0 & 3 & 1\end{pmatrix}$.

(1) 求 a,b 的值;

(2) 求可逆矩阵 $\boldsymbol{P}$,使 $\boldsymbol{P}^{-1}\boldsymbol{A}\boldsymbol{P}$ 为对角矩阵.　(2015 年数学一)

51. 设矩阵 $\boldsymbol{A}=\begin{pmatrix} a & 1 & 0 \\ 1 & a & -1 \\ 0 & 1 & a \end{pmatrix}$,且 $\boldsymbol{A}^3=\boldsymbol{0}$.

(1) 求 a 的值;

(2) 若矩阵 $\boldsymbol{X}$ 满足 $\boldsymbol{X}-\boldsymbol{X}\boldsymbol{A}^2-\boldsymbol{A}\boldsymbol{X}+\boldsymbol{A}\boldsymbol{X}\boldsymbol{A}^2=\boldsymbol{E}$,其中 $\boldsymbol{E}$ 为三阶单位矩阵,求 $\boldsymbol{X}$.

(2015 年数学二、三)

52. 设矩阵

$$\boldsymbol{A}=\begin{pmatrix} 1 & -1 & -1 \\ 2 & a & 1 \\ -1 & 1 & a \end{pmatrix},\quad \boldsymbol{B}=\begin{pmatrix} 2 & 2 \\ 1 & a \\ -a-1 & -2 \end{pmatrix},$$

当 a 为何值时,方程 $\boldsymbol{A}\boldsymbol{X}=\boldsymbol{B}$ 无解、有唯一解、有无穷多解? 在有解时,求此方程.

(2016 年数学一)

53. 已知矩阵

$$\boldsymbol{A}=\begin{pmatrix} 0 & -1 & 1 \\ 2 & -3 & 0 \\ 0 & 0 & 0 \end{pmatrix}.$$

(1) 求 $\boldsymbol{A}^{99}$;

(2) 设三阶矩阵 $\boldsymbol{B}=(\boldsymbol{\alpha}_1,\boldsymbol{\alpha}_2,\boldsymbol{\alpha}_3)$ 满足 $\boldsymbol{B}^2=\boldsymbol{B}\boldsymbol{A}$,记 $\boldsymbol{B}^{100}=(\boldsymbol{\beta}_1,\boldsymbol{\beta}_2,\boldsymbol{\beta}_3)$,将 $\boldsymbol{\beta}_1$, $\boldsymbol{\beta}_2,\boldsymbol{\beta}_3$ 分别表示为 $\boldsymbol{\alpha}_1,\boldsymbol{\alpha}_2,\boldsymbol{\alpha}_3$ 的线性组合.　(2016 年数学一)

54. 设矩阵

$$\boldsymbol{A}=\begin{pmatrix} 1 & 1 & 1-a \\ 1 & 0 & a \\ a+1 & 1 & 1+a \end{pmatrix},\quad \boldsymbol{\beta}=\begin{pmatrix} 0 \\ 1 \\ 2a-2 \end{pmatrix},$$

且方程组 $\boldsymbol{A}\boldsymbol{x}=\boldsymbol{\beta}$ 无解.

(1) 求 a 的值;

(2) 求方程组 $\boldsymbol{A}^{\mathrm{T}}\boldsymbol{A}\boldsymbol{x}=\boldsymbol{A}^{\mathrm{T}}\boldsymbol{\beta}$ 的通解.　(2016 年数学二)

55. 设三阶矩阵 $\boldsymbol{A}=(\boldsymbol{\alpha}_1,\boldsymbol{\alpha}_2,\boldsymbol{\alpha}_3)$ 有 3 个不同的特征值,且 $\boldsymbol{\alpha}_3=\boldsymbol{\alpha}_1+2\boldsymbol{\alpha}_2$.

(1) 证明:$r(\boldsymbol{A})=2$;

(2) 若 $\boldsymbol{\beta}=\boldsymbol{\alpha}_1+\boldsymbol{\alpha}_2+\boldsymbol{\alpha}_3$,求方程组 $\boldsymbol{A}\boldsymbol{x}=\boldsymbol{\beta}$ 的通解.　(2017 年数学一)

56. 设二次型 $f(x_1,x_2,x_3)=2x_1^2-x_2^2+ax_3^2+2x_1x_2-8x_1x_3+2x_2x_3$ 在正交变换 $\boldsymbol{x}=\boldsymbol{Q}\boldsymbol{y}$ 下的标准型为 $\lambda_1y_1^2+\lambda_2y_2^2$,求 a 的值及一个正交矩阵 $\boldsymbol{Q}$.

(2017 年数学一)

57. 设实二次型 $f(x_1,x_2,x_3)=(x_1-x_2+x_3)^2+(x_2+x_3)^2+(x_1+ax_3)^2$，其中 a 是参数.

(1) 求 $f(x_1,x_2,x_3)=0$ 的解；

(2) 求 $f(x_1,x_2,x_3)$的规范型. (2018 年数学一)

58. 已知 a 是常数，且矩阵 $\boldsymbol{A}=\begin{pmatrix}1 & 2 & a\\ 1 & 3 & 0\\ 2 & 7 & -a\end{pmatrix}$ 可经初等变换化为矩阵 $\boldsymbol{B}=\begin{pmatrix}1 & a & 2\\ 0 & 1 & 1\\ -1 & 1 & 1\end{pmatrix}$.

(1) 求 a；

(2) 求满足 $\boldsymbol{AP}=\boldsymbol{B}$ 的可逆矩阵 $\boldsymbol{P}$. (2018 年数学一)

答案与提示

一、填空题

1. 2； 2. 4； 3. −1； 4. $\begin{pmatrix} 0 & \frac{1}{2} \\ -1 & -1 \end{pmatrix}$； 5. $abc\neq 0$； 6. $\begin{pmatrix} 2 & 3 \\ -1 & -2 \end{pmatrix}$；

7. 3； 8. $\frac{1}{2}$； 9. −1； 10. $\begin{bmatrix} 0 & 0 & 1 \\ 0 & 1 & 0 \\ 1 & 0 & 0 \end{bmatrix}$； 11. $\frac{1}{9}$； 12. 2；

13. $\begin{bmatrix} 3 & 0 & 0 \\ 0 & 3 & 0 \\ 0 & 0 & -1 \end{bmatrix}$； 14. $(1,0,0)^{\mathrm{T}}$； 15. 2； 16. $\frac{1}{2}$； 17. 2；

18. −2； 19. 1； 20. 1； 21. −1； 22. 3； 23. 2； 24. 2； 25. 2；

26. 2； 27. 6； 28. 3； 29. 1； 30. 2； 31. $3y_1^2$； 32. 2； 33. −27；

34. −1； 35. $-2\leqslant a\leqslant 2$； 36. $2^{n+1}-2$； 37. 21；

38. 2； 39. $\lambda^4+\lambda^3+2\lambda^2+3\lambda+4$； 40. 2； 41. −1； 42. 2.

二、选择题

1.～5.	BADBD	6.～10.	DBCBC	11.～15.	DADBB
16.～20.	CAAAB	21.～25.	ABCBD	26.～30.	ABAAA
31.～35.	DDDCC	36.～40.	BBBBA	41.～45.	DACCA
46.～48.	BAA				

三、计算题与证明题

1. 通解为 $\boldsymbol{x}=(1,1,1,1)^{\mathrm{T}}+k(1,-2,1,0)^{\mathrm{T}}$，$k$ 为任意常数.

2. (1) 由矩阵相似和特征多项式的定义可证；

(2) 可取 $\boldsymbol{A}=\begin{bmatrix} 0 & 1 \\ 0 & 0 \end{bmatrix}$，$\boldsymbol{B}=\begin{bmatrix} 0 & 0 \\ 0 & 0 \end{bmatrix}$；

(3) 由矩阵 $\boldsymbol{A}$ 和 $\boldsymbol{B}$ 有相同的特征值，因而相似于同一个对角阵可证.

3. (1) 略； (2) $\boldsymbol{A}=\begin{bmatrix} 0 & 2 & 0 \\ -1 & -1 & 0 \\ 0 & 0 & -2 \end{bmatrix}$.

4. 当 $a\neq b$ 且 $a\neq(1-n)b$ 时，方程组仅有零解；

当 $a=b$ 时，方程组有无穷多个解，全部解为

$$\boldsymbol{x}=c_1(-1,1,0,\cdots,0)^{\mathrm{T}}+c_2(-1,0,1,\cdots,0)^{\mathrm{T}}+\cdots+c_{n-1}(-1,0,0,\cdots,1)^{\mathrm{T}},$$

$c_1,c_2,\cdots,c_{n-1}$为任意常数；

当$a=(1-n)b$时，方程组有无穷多个解，全部解为$\boldsymbol{x}=c(1,1,1,\cdots,1)^{\mathrm{T}}$，$c$为任意常数.

5. (1) $\lambda_1=\lambda_2=-2,\lambda_3=0$； (2) 当$k>2$时，$\boldsymbol{A}+k\boldsymbol{E}$为正定矩阵.

6. (1) 方程组(Ⅰ)的一个基础解系为

$$\boldsymbol{\xi}_1=(5,-3,1,0)^{\mathrm{T}},\quad \boldsymbol{\xi}_2=(-3,2,0,1)^{\mathrm{T}};$$

(2) 当$a=-1$时，方程组(Ⅰ)与(Ⅱ)有非零公共解，全部非零公共解为

$$\boldsymbol{x}=k_1(2,-1,1,1)^{\mathrm{T}}+k_2(-1,2,4,7)^{\mathrm{T}},$$

k_1,k_2是不全为零的任意常数.

7. $\boldsymbol{P}=\begin{pmatrix}1&1&-1\\1&0&1\\0&1&1\end{pmatrix}$，$\boldsymbol{P}^{-1}\boldsymbol{A}\boldsymbol{P}=\begin{pmatrix}a+1&&\\&a+1&\\&&a-2\end{pmatrix}$，$|\boldsymbol{A}-\boldsymbol{E}|=a^2(a-3)$.

8. $\boldsymbol{B}+2\boldsymbol{E}=\begin{pmatrix}9&0&0\\-2&7&-4\\-2&-2&5\end{pmatrix}$，特征值为$\lambda_1=\lambda_2=9,\lambda_3=3$.

当$\lambda_1=\lambda_2=9$时，对应的全部特征向量为

$$k_1\boldsymbol{\eta}_1+k_2\boldsymbol{\eta}_2=k_1\begin{pmatrix}-1\\1\\0\end{pmatrix}+k_2\begin{pmatrix}-2\\0\\1\end{pmatrix}\quad(k_1,k_2\text{ 为不同时为零的任意常数})；$$

当$\lambda_3=3$时，对应的特征向量为

$$k_3\boldsymbol{\eta}_3=k_3\begin{pmatrix}0\\1\\1\end{pmatrix}\quad(k_3\text{ 为任意非零常数}).$$

9. 证明：必要性. 3条直线交于一点，则线性方程组

$$\begin{cases}ax+2by=-3c,\\bx+2cy=-3a,\\cx+2ay=-3b\end{cases}$$

有唯一解，$r(\overline{\mathbf{A}})=r(\mathbf{A})=2$，$|\overline{\mathbf{A}}|=0$.

由于

$$\begin{aligned}|\overline{\mathbf{A}}|=\begin{vmatrix}a&2b&-3c\\b&2c&-3a\\c&2a&-3b\end{vmatrix}&=6(a+b+c)(a^2+b^2+c^2-ab-ac-bc)\\&=3(a+b+c)[(a-b)^2+(b-c)^2+(c-a)^2]\\&=0,\end{aligned}$$

得 $a+b+c=0$.

充分性. 由 $a+b+c=0$, 则 $|\overline{\mathbf{A}}|=0$, 故 $r(\overline{\mathbf{A}})<3$. 由于

$$\begin{vmatrix} a & 2b \\ b & 2c \end{vmatrix}=2(ac-b^2)=-2\left[\left(a+\frac{1}{2}b\right)^2+\frac{3}{4}b^2\right]\neq 0,$$

故 $r(\mathbf{A})=r(\overline{\mathbf{A}})=2$, 方程组有唯一解.

10. $a=0$, $\boldsymbol{P}=\begin{pmatrix} 0 & 1 & 1 \\ 0 & 2 & -2 \\ 1 & 0 & 0 \end{pmatrix}$, $\boldsymbol{P}^{-1}\boldsymbol{AP}=\begin{pmatrix} 6 & & \\ & 6 & \\ & & -2 \end{pmatrix}$.

11. $|\mathbf{A}|=b^{n-1}\left(b+\sum\limits_{i=1}^{n}a_i\right)$. (1) 当 $b\neq 0$ 且 $b+\sum\limits_{i=1}^{n}a_i\neq 0$ 时, $r(\mathbf{A})=n$, 方程组仅有零解.

(2) 当 $b=0$ 时, 原方程组的同解方程组为

$$a_1x_1+a_2x_2+\cdots+a_nx_n=0,$$

由 $\sum\limits_{i=1}^{n}a_i\neq 0$ 可知, $a_i(i=1,2,\cdots,n)$ 不全为零. 设 $a_1\neq 0$, 得原方程组的一个基础解系为

$$\boldsymbol{\alpha}_1=\left(-\frac{a_2}{a_1},1,0,\cdots,0\right)^{\mathrm{T}},$$

$$\boldsymbol{\alpha}_2=\left(-\frac{a_3}{a_1},0,1,\cdots,0\right)^{\mathrm{T}},$$

……

$$\boldsymbol{\alpha}_{n-1}=\left(-\frac{a_n}{a_1},0,0,\cdots,1\right)^{\mathrm{T}};$$

当 $b=-\sum\limits_{i=1}^{n}a_i$ 时, 有 $b\neq 0$, 原方程组的一个基础解系为

$$\boldsymbol{\alpha}=(1,1,1,\cdots,1)^{\mathrm{T}}.$$

12. (1) $a=1, b=2$;

(2) 正交矩阵 $\boldsymbol{Q}=\begin{pmatrix} \frac{2}{\sqrt{5}} & 0 & \frac{1}{\sqrt{5}} \\ 0 & 1 & 0 \\ \frac{1}{\sqrt{5}} & 0 & -\frac{2}{\sqrt{5}} \end{pmatrix}$, 正交变换 $\boldsymbol{x}=\boldsymbol{Qy}$, 二次型的标准型为 $f=2y_1^2+2y_2^2-3y_3^2$.

13. (1) 当 $a\neq -1$ 时, 向量组(Ⅰ)与(Ⅱ)等价;

(2) 当 $a=-1$ 时, 向量组(Ⅰ)与(Ⅱ)不等价.

14. $a=2,b=1,\lambda=1$ 或 $a=2,b=-2,\lambda=4$.

15. 当 $a=0$ 时，通解 $\boldsymbol{x}=k_1(-1,1,0,\cdots,0)^{\mathrm{T}}+k_2(-1,0,1,\cdots,0)^{\mathrm{T}}+\cdots+k_{n-1}(-1,0,0,\cdots,1)^{\mathrm{T}}$，其中 $k_1,\cdots,k_{n-1}$ 为任意常数；当 $a=-\dfrac{n(n+1)}{2}$ 时，通解 $\boldsymbol{x}=k(1,2,\cdots,n)^{\mathrm{T}}$，其中 k 为任意常数.

16. 当 $a=-2$ 时，$\boldsymbol{A}$ 可相似对角化；当 $a=-\dfrac{2}{3}$ 时，$\boldsymbol{A}$ 不可相似对角化.

17. 当 $a=0$ 时，其通解为 $\boldsymbol{x}=k_1(-1,1,0,0)^{\mathrm{T}}+k_2(-1,0,1,0)^{\mathrm{T}}+k_3(-1,0,0,1)^{\mathrm{T}}$，其中 k_1,k_2,k_3 为任意常数；当 $a=-10$ 时，其通解为 $\boldsymbol{x}=k(1,2,3,4)^{\mathrm{T}}$，其中 k 为任意常数.

18. (1) $a=0$，b 为任意常数；

(2) $a\neq 0$ 且 $a\neq b$ 时，$\boldsymbol{\beta}=\left(1-\dfrac{1}{a}\right)\boldsymbol{\alpha}_1+\dfrac{1}{a}\boldsymbol{\alpha}_2$；

(3) $a=b\neq 0$ 时，$\boldsymbol{\beta}=\left(1-\dfrac{1}{a}\right)\boldsymbol{\alpha}_1+\left(\dfrac{1}{a}+k\right)\boldsymbol{\alpha}_2+k\boldsymbol{\alpha}_3$（$k$ 为任意常数）.

19. (1) 当 $b\neq 0$ 时，$\boldsymbol{A}$ 的特征值 $\lambda_1=1+(n-1)b,\lambda_2=\cdots=\lambda_n=1-b$. 与 λ_1 对应的全部特征向量为 $k(1,1,\cdots,1)^{\mathrm{T}}$（$k$ 为任意非零常数），与 $\lambda_2,\cdots,\lambda_n$ 对应的全部特征向量为 $k_2(1,-1,0,\cdots,0)^{\mathrm{T}}+k_3(1,0,-1,\cdots,0)^{\mathrm{T}}+\cdots+k_n(1,0,0,\cdots,-1)^{\mathrm{T}}$（$k_2,\cdots,k_n$ 是不全为零的常数）；

当 $b=0$ 时，特征值 $\lambda_1=\cdots=\lambda_n=1$，任意非零列向量均为特征向量；

(2) 当 $b\neq 0$ 时，$\boldsymbol{A}$ 有 n 个线性无关的特征向量，令 $\boldsymbol{P}=(\boldsymbol{\xi}_1,\boldsymbol{\xi}_2,\cdots,\boldsymbol{\xi}_n)$，则 $\boldsymbol{P}^{-1}\boldsymbol{AP}=\mathrm{diag}\{1+(n-1)b,1-b,\cdots,1-b\}$；

当 $b=0$ 时，$\boldsymbol{A}=\boldsymbol{E}$，对任意可逆矩阵 $\boldsymbol{P}$，均有 $\boldsymbol{P}^{-1}\boldsymbol{AP}=\boldsymbol{E}$.

20. (1) 当 $\lambda\neq\dfrac{1}{2}$ 时，全部解为 $\boldsymbol{x}=\left(0,-\dfrac{1}{2},\dfrac{1}{2},0\right)^{\mathrm{T}}+k(-2,1,-1,2)^{\mathrm{T}}$，$k$ 为任意常数；当 $\lambda=\dfrac{1}{2}$ 时，全部解为 $\boldsymbol{x}=\left(-\dfrac{1}{2},1,0,0\right)^{\mathrm{T}}+k_1(1,-3,1,0)^{\mathrm{T}}+k_2(-1,-2,0,2)^{\mathrm{T}}$，$k_1,k_2$ 为任意常数；

(2) 当 $\lambda\neq\dfrac{1}{2}$ 时，所求解为 $\boldsymbol{x}=(-1,0,0,1)^{\mathrm{T}}$；当 $\lambda=\dfrac{1}{2}$ 时，所求解为 $\boldsymbol{x}=(-1,0,0,1)^{\mathrm{T}}+k(3,1,1,-4)^{\mathrm{T}}$，其中 k 为任意常数.

21. (1) $\lambda_3=0$，对应的特征向量为 $k(-1,1,1)^{\mathrm{T}}$，k 为任意非零常数；

(2) $\begin{pmatrix}4&2&2\\2&4&-2\\2&-2&4\end{pmatrix}$.

22. (1) $a=0$;

(2) $Q=\begin{pmatrix}\frac{1}{\sqrt{2}} & 0 & -\frac{1}{\sqrt{2}}\\ \frac{1}{\sqrt{2}} & 0 & \frac{1}{\sqrt{2}}\\ 0 & 1 & 0\end{pmatrix}$, $f(x_1,x_2,x_3)=2y_1^2+2y_2^2$;

(3) $\boldsymbol{x}=k(-1,1,0)^{\mathrm{T}}$,其中 k 为任意常数.

23. $k\neq 9$ 时,通解为 $\boldsymbol{x}=c_1(1,2,3)^{\mathrm{T}}+c_2(3,6,k)^{\mathrm{T}}$,其中 c_1,c_2 为任意常数;$k=9$ 时,通解为 $\boldsymbol{x}=c(1,2,3)^{\mathrm{T}}$,$c$ 为任意常数,或 $\boldsymbol{x}=c_1(-b,a,0)^{\mathrm{T}}+c_2(-c,0,a)^{\mathrm{T}}$,其中 c_1,c_2 为任意常数.

24. $a=1$.

25. $a=2,b=1,c=2$.

26. (1) $\begin{pmatrix}\boldsymbol{A} & \boldsymbol{0}\\ \boldsymbol{0} & \boldsymbol{B}-\boldsymbol{C}^{\mathrm{T}}\boldsymbol{A}^{-1}\boldsymbol{C}\end{pmatrix}$; (2) 是.

27. (1) $\begin{pmatrix}1 & 0 & 0\\ 1 & 2 & 2\\ 1 & 1 & 3\end{pmatrix}$; (2) $\lambda_1=\lambda_2=1,\lambda_3=4$;

(3) $\boldsymbol{P}=(-\boldsymbol{\alpha}_1+\boldsymbol{\alpha}_2,-2\boldsymbol{\alpha}_1+\boldsymbol{\alpha}_3,\boldsymbol{\alpha}_2+\boldsymbol{\alpha}_3)$.

28. (1) 略;

(2) $\begin{cases}a=2,\\ b=-3,\end{cases}$ $\boldsymbol{x}=\begin{pmatrix}2\\-3\\0\\0\end{pmatrix}+k_1\begin{pmatrix}-2\\1\\1\\0\end{pmatrix}+k_2\begin{pmatrix}4\\-5\\0\\1\end{pmatrix}$,其中 k_1,k_2 为任意常数.

29. $a=0$ 或 $a=-10$ 时,$\boldsymbol{\alpha}_1,\boldsymbol{\alpha}_2,\boldsymbol{\alpha}_3,\boldsymbol{\alpha}_4$ 线性相关. 当 $a=0$ 时,$\boldsymbol{\alpha}_1$ 为 $\boldsymbol{\alpha}_1,\boldsymbol{\alpha}_2,\boldsymbol{\alpha}_3,\boldsymbol{\alpha}_4$ 的一个极大线性无关组,且 $\boldsymbol{\alpha}_2=2\boldsymbol{\alpha}_1,\boldsymbol{\alpha}_3=3\boldsymbol{\alpha}_1,\boldsymbol{\alpha}_4=4\boldsymbol{\alpha}_1$;当 $a=-10$ 时,$\boldsymbol{\alpha}_2,\boldsymbol{\alpha}_3,\boldsymbol{\alpha}_4$ 为 $\boldsymbol{\alpha}_1,\boldsymbol{\alpha}_2,\boldsymbol{\alpha}_3,\boldsymbol{\alpha}_4$ 的一个极大线性无关组,且 $\boldsymbol{\alpha}_1=-\boldsymbol{\alpha}_2-\boldsymbol{\alpha}_3-\boldsymbol{\alpha}_4$.

30. (1) $\boldsymbol{A}$ 的特征值为 0,0,3. 属于特征值 0 的全体特征向量为 $k_1\boldsymbol{\alpha}_1+k_2\boldsymbol{\alpha}_2$ (k_1,k_2 不全为零),属于特征值 3 的全体特征向量为 $k_3\boldsymbol{\alpha}_3$ ($k_3\neq 0$);

(2) $\boldsymbol{Q}=(\boldsymbol{\beta}_1,\boldsymbol{\beta}_2,\boldsymbol{\beta}_3)=\begin{pmatrix}-\frac{1}{\sqrt{6}} & -\frac{1}{\sqrt{2}} & \frac{1}{\sqrt{3}}\\ \frac{2}{\sqrt{6}} & 0 & \frac{1}{\sqrt{3}}\\ -\frac{1}{\sqrt{6}} & \frac{1}{\sqrt{2}} & \frac{1}{\sqrt{3}}\end{pmatrix}$, $\boldsymbol{\Lambda}=\begin{pmatrix}0 & & \\ & 0 & \\ & & 3\end{pmatrix}$;

(3) $A=\begin{pmatrix}1&1&1\\1&1&1\\1&1&1\end{pmatrix}$,$A-\frac{3}{2}E=Q\left(A-\frac{3}{2}E\right)Q^{\mathrm{T}}$,所以

$$\left(A-\frac{3}{2}E\right)^6=Q\left(A-\frac{3}{2}E\right)^6Q^{\mathrm{T}}=\left(\frac{3}{2}\right)^6E.$$

31. 当 $a=1$ 时,全部公共解为 $k\begin{pmatrix}-1\\0\\1\end{pmatrix}$,$k$ 为任意常数;

当 $a=2$ 时,有唯一公共解为 $x=\begin{pmatrix}x_1\\x_2\\x_3\end{pmatrix}=\begin{pmatrix}0\\1\\-1\end{pmatrix}$.

32. (1) B 的 3 个特征值为 -2,1(二重),对应的特征向量分别为:$k_1\begin{pmatrix}1\\-1\\1\end{pmatrix}$,

$k_2\begin{pmatrix}1\\1\\0\end{pmatrix}+k_3\begin{pmatrix}-1\\0\\1\end{pmatrix}$,其中 k_1 是不为零的任意常数,k_2,k_3 是不同时为零的任意常数;

(2) $B=\begin{pmatrix}0&1&-1\\1&0&1\\-1&1&0\end{pmatrix}$.

33. (1) α,β 为三维列向量,则

$$r(\alpha\alpha^{\mathrm{T}})\leqslant1,\quad r(\beta\beta^{\mathrm{T}})\leqslant1,$$

$$r(A)=r(\alpha\alpha^{\mathrm{T}}+\beta\beta^{\mathrm{T}})\leqslant r(\alpha\alpha^{\mathrm{T}})+r(\beta\beta^{\mathrm{T}})\leqslant2;$$

(2) $r(A)=r[\alpha\alpha^{\mathrm{T}}+(k\alpha)(k\alpha)^{\mathrm{T}}]=r[(1+k^2)\alpha\alpha^{\mathrm{T}}]=r(\alpha\alpha^{\mathrm{T}})\leqslant1<2$.

34. (1) 用初等行变换计算 A 的行列式可证;

(2) $a\neq0$ 时,方程组有唯一解;由克拉默法则,可求出 $x_1=\frac{n}{(n+1)a}$;

(3) $a=0$ 时,方程组有无穷多组解;通解为 $k\begin{pmatrix}1\\0\\0\\\vdots\\0\end{pmatrix}+\begin{pmatrix}0\\1\\0\\\vdots\\0\end{pmatrix}$,$k$ 为任意常数.

35. (1) 可利用反证法证明； (2) $P^{-1}AP=\begin{pmatrix}-1&0&0\\0&1&1\\0&0&1\end{pmatrix}$.

36. (1) $\boldsymbol{\xi}_2=k_1\begin{pmatrix}1\\-1\\2\end{pmatrix}+\begin{pmatrix}0\\0\\1\end{pmatrix}$,$k_1$ 为任意常数；

$\boldsymbol{\xi}_3=k_2\begin{pmatrix}1\\-1\\0\end{pmatrix}+k_3\begin{pmatrix}0\\0\\1\end{pmatrix}+\begin{pmatrix}-\frac{1}{2}\\0\\0\end{pmatrix}$,$k_2,k_3$ 为任意常数；

(2) 略.

37. (1) $\lambda_1=a,\lambda_2=a-2,\lambda_3=a+1$； (2) $a=2$.

38. (1) $\lambda=-1,a=-2$；

(2) 通解为 $\boldsymbol{x}=k\begin{pmatrix}1\\0\\1\end{pmatrix}+\begin{pmatrix}\frac{3}{2}\\-\frac{1}{2}\\0\end{pmatrix}$,$k$ 为任意常数.

39. (1) $A=\begin{pmatrix}\frac{1}{2}&0&-\frac{1}{2}\\0&1&0\\-\frac{1}{2}&0&\frac{1}{2}\end{pmatrix}$； (2) 略.

40. $a=-1,Q=\begin{pmatrix}\frac{1}{\sqrt{6}}&-\frac{1}{\sqrt{2}}&\frac{1}{\sqrt{3}}\\\frac{2}{\sqrt{6}}&0&-\frac{1}{\sqrt{3}}\\\frac{1}{\sqrt{6}}&\frac{1}{\sqrt{2}}&\frac{1}{\sqrt{3}}\end{pmatrix}$.

41. (1) $a=5$；

(2) $(\boldsymbol{\beta}_1,\boldsymbol{\beta}_2,\boldsymbol{\beta}_3)=(\boldsymbol{\alpha}_1,\boldsymbol{\alpha}_2,\boldsymbol{\alpha}_3)\begin{pmatrix}2&1&5\\4&2&10\\-1&0&-2\end{pmatrix}$.

42. (1) 特征值为$-1,1,0$,与之对应的特征向量依次为$\begin{pmatrix}1\\0\\-1\end{pmatrix},\begin{pmatrix}1\\0\\1\end{pmatrix},\begin{pmatrix}0\\1\\0\end{pmatrix}$；

(2) $\boldsymbol{A}=\begin{pmatrix}0&0&1\\0&0&0\\1&0&0\end{pmatrix}$.

43. (1) $|\boldsymbol{A}|=1-a^4$； (2) 通解为 $k\begin{pmatrix}1\\1\\1\\1\end{pmatrix}+\begin{pmatrix}0\\-1\\0\\0\end{pmatrix}$，$k$ 为任意常数.

44. (1) $a=-1$； (2) 二次型的矩阵 $\boldsymbol{B}=\begin{pmatrix}2&0&2\\0&2&2\\2&2&4\end{pmatrix}$，标准型为 $2y_2^2+6y_3^2$，

所用的正交交换为 $\boldsymbol{x}=\begin{pmatrix}-\frac{1}{\sqrt{3}}&-\frac{1}{\sqrt{2}}&\frac{1}{\sqrt{6}}\\-\frac{1}{\sqrt{3}}&\frac{1}{\sqrt{2}}&\frac{1}{\sqrt{6}}\\\frac{1}{\sqrt{3}}&0&\frac{2}{\sqrt{6}}\end{pmatrix}\boldsymbol{y}$.

45. 当 $a=-1,b=0$ 时，存在满足条件的矩阵 $\boldsymbol{C}$，且

$$\boldsymbol{C}=\begin{pmatrix}1+k_1+k_2&-k_1\\k_1&k_2\end{pmatrix},$$

其中 k_1,k_2 为任意常数.

46. 略.

47. (1) $\boldsymbol{\alpha}=\begin{pmatrix}-1\\2\\3\\1\end{pmatrix}$；

(2) $\boldsymbol{B}=\begin{pmatrix}2&6&-1\\-1&-3&1\\-1&-4&1\\0&0&0\end{pmatrix}+(k_1,k_2,k_3)\boldsymbol{\alpha}$，$k_1,k_2,k_3$ 为任意常数.

48. 略.

49. (1) 略；

(2) $\boldsymbol{\xi}=(\boldsymbol{\alpha}_1,\boldsymbol{\alpha}_2,\boldsymbol{\alpha}_3)\begin{pmatrix}k\\0\\-k\end{pmatrix}=k(\boldsymbol{\alpha}_1-\boldsymbol{\alpha}_3)$，$k$ 为任意非零常数.

50. (1) $a=4, b=5$;

(2) $\boldsymbol{P}=\begin{pmatrix}2 & -3 & -1\\ 1 & 0 & -1\\ 0 & 1 & 1\end{pmatrix}$，且 $\boldsymbol{P}^{-1}\boldsymbol{AP}=\begin{pmatrix}1 & 0 & 0\\ 0 & 1 & 0\\ 0 & 0 & 5\end{pmatrix}$.

51. (1) $a=0$;

(2) $\boldsymbol{X}=(\boldsymbol{E}-\boldsymbol{A})^{-1}(\boldsymbol{E}-\boldsymbol{A}^2)^{-1}=\begin{pmatrix}3 & 1 & -2\\ 1 & 1 & -1\\ 2 & 1 & -1\end{pmatrix}$.

52. $a=-2$ 时，无解；

$a=1$ 时，有无穷多解，$\boldsymbol{X}=\begin{pmatrix}3 & 3\\ -k_1-1 & -k_2-1\\ k_1 & k_2\end{pmatrix}$；

$a\neq-2$ 且 $a\neq1$ 时，有唯一解，$\boldsymbol{X}=\begin{pmatrix}1 & \dfrac{3a}{a+2}\\ 0 & \dfrac{a-4}{a+2}\\ -1 & 0\end{pmatrix}$.

53. (1) $\begin{pmatrix}-2+2^{99} & 1-2^{99} & 2-2^{98}\\ -2+2^{100} & 1-2^{100} & 2-2^{99}\\ 0 & 0 & 0\end{pmatrix}$；

(2) $\boldsymbol{\beta}_1=(-2+2^{99})\boldsymbol{\alpha}_1+(-2+2^{100})\boldsymbol{\alpha}_2$,

$\boldsymbol{\beta}_2=(1-2^{99})\boldsymbol{\alpha}_1+(1-2^{100})\boldsymbol{\alpha}_2$,

$\boldsymbol{\beta}_3=(2-2^{98})\boldsymbol{\alpha}_1+(2-2^{99})\boldsymbol{\alpha}_2$.

54. (1) $a=0$;

(2) $\boldsymbol{x}=k\begin{pmatrix}0\\ -1\\ 1\end{pmatrix}+\begin{pmatrix}1\\ -2\\ 0\end{pmatrix}$，其中 k 为任意常数.

55. (1) 略； (2) $\begin{pmatrix}1\\ 1\\ 1\end{pmatrix}+k\begin{pmatrix}1\\ 2\\ -1\end{pmatrix}$，其中 k 为任意常数.

56. $a=2$, $\boldsymbol{Q}=\begin{pmatrix}\dfrac{1}{\sqrt{2}} & \dfrac{1}{\sqrt{3}} & \dfrac{1}{\sqrt{6}}\\ 0 & -\dfrac{1}{\sqrt{3}} & \dfrac{2}{\sqrt{6}}\\ -\dfrac{1}{\sqrt{2}} & \dfrac{1}{\sqrt{3}} & \dfrac{1}{\sqrt{6}}\end{pmatrix}$.

57. (1) 如果 $a=2$,则解为$(x_1,x_2,x_3)^{\mathrm{T}}=c(-2,-1,1)^{\mathrm{T}}$,如果 $a\neq 2$,则解为$(x_1,x_2,x_3)^{\mathrm{T}}=c(0,0,0)^{\mathrm{T}}$;

(2) 如果 $a\neq 2$,规范型为 $f(y_1,y_2,y_3)=y_1^2+y_2^2+y_3^2$,如果 $a=2$,规范型为 $f(y_1,y_2,y_3)=y_1^2+y_2^2$.

58. (1) $a=2$;

(2) $\boldsymbol{P}=\begin{pmatrix}-6k_1+3 & -6k_2+4 & -6k_3+4\\ 2k_1-1 & 2k_2-1 & 2k_3-1\\ k_1 & k_2 & k_3\end{pmatrix}$,$k_1,k_2,k_3$ 为任意常数.注意到 $\boldsymbol{P}$ 是可逆矩阵,因此$|\boldsymbol{P}|\neq 0$,这要求 $k_2\neq k_3$.

参考文献

[1] 北京大学数学系几何与代数教研室前代数小组.高等代数[M].3版.北京:高等教育出版社,2003.

[2] 张禾瑞,郝钢新.高等代数[M].5版.北京:高等教育出版社,2007.

[3] 同济大学应用数学系.工程数学——线性代数[M].4版.北京:高等教育出版社,2003.

[4] 刘金旺,李冬梅.线性代数[M].3版.上海:复旦大学出版社,2016.

[5] 牛少彰,刘吉佑.线性代数[M].2版.北京:北京邮电大学出版社,2004.

[6] 周勇.线性代数[M].北京:北京大学出版社,2018.

图书在版编目(CIP)数据

线性代数/谭琼华主编. —北京：北京大学出版社，2019.3

ISBN 978-7-301-30271-2

Ⅰ. ①线…　Ⅱ. ①谭…　Ⅲ. ①线性代数—高等学校—教材　Ⅳ. ①O151.2

中国版本图书馆 CIP 数据核字(2019)第 033439 号

书　　名　线性代数

XIANXING DAISHU

著作责任者　谭琼华　主编

责任编辑　刘　啸

标准书号　ISBN 978-7-301-30271-2

出版发行　北京大学出版社

地　　址　北京市海淀区成府路 205 号　100871

网　　址　http://www.pup.cn

电子信箱　zpup@pup.cn

新浪微博　@北京大学出版社

电　　话　邮购部 010-62752015　发行部 010-62750672　编辑部 010-62754271

印 刷 者　长沙超峰印刷有限公司

经 销 者　新华书店

787 毫米×960 毫米　16 开本　13 印张　233 千字

2019 年 3 月第 1 版　2020 年 7 月第 2 次印刷

定　　价　35.00 元
